经典译丛·信息与通信技术

异步电路应用

Asynchronous Circuit Applications

〔美〕Jia Di　Scott C. Smith　主编

何安平　王　蕾　尚德龙　周　裕　陈文波　译

電子工業出版社

Publishing House of Electronics Industry

北京·BEIJING

内 容 简 介

与传统的同步电路不同，异步电路不使用时钟脉冲进行同步，而使用握手协议控制电路行为。如今，电子行业对更小、更高效的集成电路的需求越来越高，而异步电路相比同步电路具有低功耗、高性能、高健壮性、高模块化、时序要求灵活的特点，越来越受到设计人员的青睐。本书介绍了异步电路各种现有和潜在的应用，每种应用都对应着相关的电路设计理论及采样电路的实现、结果和分析。本书为异步应用程序和设计方法开发方面的研究人员拓宽了思路并提供了实用的建议。

本书可作为电子、通信类专业高年级本科生及研究生的参考教材，也可作为电路设计工程师的参考用书。

版权贸易合同登记号 图字：01-2022-7109

图书在版编目（CIP）数据

异步电路应用 / （美）狄佳，（美）斯科特·C.史密斯（Scott C. Smith）主编；何安平等译. -- 北京：电子工业出版社，2024. 11. --（经典译丛）. -- ISBN 978-7-121-49244-0

Ⅰ．TM02

中国国家版本馆 CIP 数据核字第 2024HY8748 号

责任编辑：冯小贝
印　　刷：三河市鑫金马印装有限公司
装　　订：三河市鑫金马印装有限公司
出版发行：电子工业出版社
　　　　　北京市海淀区万寿路 173 信箱　　邮编：100036
开　　本：787×980　1/16　印张：18.75　　字数：432 千字
版　　次：2024 年 11 月第 1 版
印　　次：2024 年 11 月第 1 次印刷
定　　价：99.00 元

凡所购买电子工业出版社图书有缺损问题，请向购买书店调换。若书店售缺，请与本社发行部联系，联系及邮购电话：(010) 88254888，88258888。

质量投诉请发邮件至 zlts@phei.com.cn，盗版侵权举报请发邮件至 dbqq@phei.com.cn。

本书咨询联系方式：fengxiaobei@phei.com.cn。

译 者 序[①]

本书的编者之一 Jia Di 教授出生于中国北京，分别于 1997 年和 2000 年获得清华大学理学学士和理学硕士学位，后于美国佛罗里达大学获得电子工程博士学位；本书的另一位编者 Scott C. Smith 教授分别于 1996 年和 1998 年获得电子工程和计算机工程学士学位及电子工程硕士学位，后于美国佛罗里达大学获得计算机工程博士学位。两位教授长期从事与归零逻辑（NULL convention logic，NCL）相关的异步电路设计方法学和芯片研究，理论知识强，经验丰富。

本书的译者之一何安平在兰州大学工作，长期从事异步电路设计方法学和微架构研究。原著中，Jia Di 和 Scott C. Smith 教授组织多位业界有影响力的工程师和研究员，详细介绍了异步电路当前的应用场景，每章都附有相应的异步电路设计理论、示例电路实现、结果和分析。总而言之，尽管到目前为止，同步电路仍是行业主流，但是异步电路在本书重点介绍的若干应用中，仍因一个或多个优点而优于同步电路，例如无时钟树、灵活的定时要求、健壮的操作、性能的提升、能效高、模块化和可扩展性高，以及低噪声和低电磁辐射等。译者认为想要系统了解和学习异步电路应用的读者，通过阅读本书能够受益匪浅。

为了保证翻译质量，译者团队"兰州大学异步系统研究团队（AsyncSys）"成员分四次翻译和仔细校对了本书，特别是方菲同学不但对翻译初稿进行了细致的订正，还组织团队成员进行了后续的校对工作。在本译作完稿之际，在此对参与校对工作的学生（方菲、胡蓉青、廖壮壮、陆钇桦、覃婧恬、邢云鹏、钟景烨、陈名书、郭刚、王艳、刁文麒、关明晓、赵康利、孙若云、万宝霞、康振邦、张鸿锐、付桐、刘嘉堃、樊荣、周明阳、李亦凡等）表示最诚挚的谢意。

这本译作虽经我们多人反复修正校对，但仍可能存在部分翻译内容不够准确或有误之处。在此希望各位读者不吝指教。译者电子邮箱：heap@lzu.edu.cn。

何安平

2024 年 3 月于兰州大学致远楼

---

① 中文翻译版的一些字体、正斜体、图示及参考文献沿用英文原版的写作风格。

编 者 序

Ever since the invention of the first integrated circuit by Jack Kilby in 1958, these circuits have been the major driver for the advancements of microelectronics in the past years. Nowadays integrated circuits are widely adopted in people's everyday life, among which digital integrated circuits normally handle decision making, computation, control, etc. The prevailing implementations of these circuits are synchronous, where the sequential elements in the circuits are controlled by a master clock signal or its derivations. As the entire semiconductor industry eco system has been built around synchronous circuits, e.g., computer-aided design tools, these circuits have been dominating the market. While synchronous circuits have a number of benefits, there exist many applications where such synchronized control either is not the most optimal solution or cannot satisfy the needs. Asynchronous circuits, on the other hand, do not use such centralized timing control. These circuits adopt local handshaking protocols to coordinate circuit behavior. The elimination of clock fundamentally changes the design and performance of these circuits. With the tradeoffs made in replacing clock with handshaking, asynchronous circuits have their own suitable applications. This book summarizes a series of such applications where asynchronous circuits' benefits over their synchronous counterparts have been proven. Since this list is far from complete, it is expected that this book serves as a trigger to inspire more asynchronous circuit applications to be identified.

Jia Di

目　　录

第1章 引 言

本章作者: Jia Di[1], Scott C. Smith[2]

世界的本源是异步的,时间虽然连续,但大自然的支配力(例如,温度、湿度、照度等)随时会变化,是不可以预先定义的。动物和植物的反应由事件驱动,也不由特定的时间间隔决定。计算机科学家和电子电路开发者对世界进行抽象,会采用各种近似手段来创造计算机和电子电路。如表 1.1 所示,与其模拟(analog)方式不同,数字设计利用离散值来同步或者异步地表示"它们的世界"。同步逻辑的近似手段更进一步,它将时间表示为离散事件系列,进而将周期性时钟作为指示变化发生的信号。而异步逻辑是一种更自然的事件驱动方法,并不依赖于针对时间的近似(即没有同步时钟信号)。

表 1.1 不同计算方式的说明

	离散时间	连续时间
离散值	数字,同步逻辑	数字,异步逻辑
连续值	开关电容级的模拟电路	常规的模拟计算

异步和同步逻辑之间存在根本区别,而在设计时,这种区别赋予彼此一些独特的考量。表 1.2 列出了这些考量的一个子集,涵盖了设计抽象的所有级别(例如,架构描述、门级网表、晶体管级原理图,以及物理版图)。这些考量随后转化为电路设计时所考虑的各种因素,如动态/泄漏功耗、传播延迟、吞吐量、面积/尺寸、可靠性/健壮性、模块化/重用性、噪声/辐射、设计复杂度、设计自动化等。这些因素对于系统架构和电路设计来说至关重要。

表 1.2 异步逻辑和同步逻辑的部分对比

异步逻辑	同步逻辑
连续时间计算	离散时间计算
本地握手/自定时控制	全局时钟控制
在某些方式中,观测到的延迟是电路路径中的平均值	观测到的延迟是电路路径中的最大值

---

1 Computer Science and Computer Engineering Department, University of Arkansas, Fayetteville, AR, USA

2 Department of Electrical Engineering and Computer Science, Texas A&M University-Kingsville, Kingsville, TX, USA

异步逻辑	同步逻辑
数据驱动引起的局部翻转导致低功耗操作	时钟驱动的全局活动需要细致的门控时钟来实现低功耗操作
对于一些方式而言，吞吐率主要由**器件速度**决定	**操作余量**和器件速度共同决定吞吐率
某些方式必须对数据**编码**，从而需要**额外的导线**(如用两根导线表示 1 比特数据)	**不要求数据编码**(可用一根导线表示 1 比特数据)

1.1　异步电路概述

异步逻辑的理论(即自定时电路，而不像同步电路那样由周期性时钟信号从外部定时)是在 20 世纪 50 年代首次提出的。从那时起，工业界和学术界都开展了许多关于异步电路的研究和开发活动，产生了大量的异步设计方案，并将其实现在硅芯片上。异步电路可以分为两种主要实现类型，即有界延迟(BD)型和准延迟非敏感(QDI)型，每一种又对应了许多不同的实现方案。BD 电路通常实现为绑定数据(bundled data)的形式，数据的传输需要一根导线(与同步电路的情况相同)，但需要一根额外导线在一组数据线都有效时发送信号。而 QDI 电路将待传输的实际数据及其有效性一起编码，因此每比特位由多根导线表示。下面是 QDI 和 BD 电路的概述。

QDI 电路的典型数据编码是一种独热码的双轨逻辑，每比特位需要两根导线，其中 $(D^1=0, D^0=1) = \text{DATA0}$；$(D^1=1, D^0=0) = \text{DATA1}$；$(D^1=0, D^0=0) = $ 无 DATA，也称为 NULL(零)或间隔子；$(D^1=1, D^0=1)$ 表示无效态，不能出现在正常运行的电路中。有时也使用其他的数据编码，包括四轨逻辑(如使用四根导线的独热码表示 2 比特数据)[1]、每比特位对应超过两根导线的其他独热码表示方法[1]，以及依赖轨变迁来表示数据的编码[2]。这些编码使得 QDI 电路了解其数据何时有效，而不用参考时间因素，并基于此认知生成握手信号，从而将数据传送到电路的其他部分。

典型的 QDI 电路在表示数据有效的 DATA 态(即所有数据信号均为 DATA)和 NULL 态(即所有数据信号均为 NULL)之间交替，并采用四相握手协议与相邻电路通信，但也有部分 QDI 方案采用两相方式握手(如参考文献[2])。如图 1.1 所示，四相握手需要发送者和接收者间的独立握手信号来请求和应答两者间的数据传输。在 1 相位中，数据通道归零，处于 NULL 态，接收者设置握手信号有效以请求数据。在 2 相位中，发送者在接收到握手请求后，将数据通道设置为 DATA 态来发送数据。在 3 相位中，接收者获取数据并释放握手信号来应答(发送者)。在 4 相位中，发送者在接收到握手应答后将数据通道归零。接收者获知数据通道归零后，就可以在此设置握手信号来请求下一个数据，然后到达 1 相位。

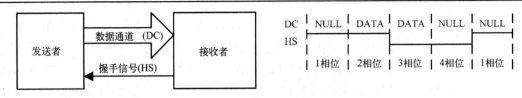

图 1.1 四相握手协议

通常，一个发送者将数据传递到一个以上的接收者时，发送者必须确保在收到所有接收者的 DATA/NULL 信号之后，才能发送后续的 NULL/DATA 信号。这需要借助 C 单元电路来设计完备性检测逻辑[3]，以合取计算来自多个接收者的握手信号。C 单元的运算如下：当所有输入都有效时，输出有效；当所有输入均无效时，输出无效；其他情况下输出不变(即 C 单元电路具有保持状态的滞后能力)。可采用比特位或整字方式来实现完备性检测逻辑：在比特位完备性检测中，接收者 b 给每一个输出到 b 的发送者发送完备性信号；而整字完备性检测将电路划分为多个层级，并将一个层级中所有接收者输出的握手信号合取为一个独立信号，随后作为与本层级相关的所有发送者的输入握手信号。图 1.2 给出了一个具有两个发送者和三个接收者的比特位完备性检测和整字完备性检测的实例。

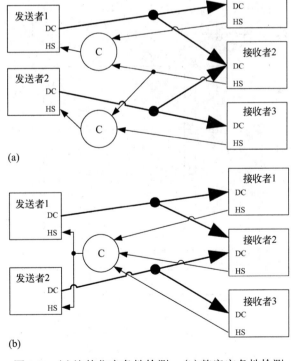

图 1.2 (a)比特位完备性检测；(b)整字完备性检测

　　有一系列相异的 QDI 方案都采用了典型的双轨逻辑和四相握手协议，但在组合逻辑(C/L)实现、C/L 和寄存器/锁存器的划分方面有所不同。常见的两种 QDI 方案使用预充电半缓冲(PCHB)[4]和归零逻辑(NCL)[5]。PCHB 将 C/L 和寄存器/锁存器合并到独立的门结构中，产生一种极细粒度的流水线结构，而 NCL 将 C/L 和寄存器/锁存器分开，从而产生一种更粗粒度的流水线结构。对于包含 N 个 DATA 令牌的反馈循环，至少需要 $2N + 1$ 个异步寄存器/锁存器以防止死锁。

　　PCHB 门包含双轨的数据输入和输出(如图 1.3 中 NAND2 实例的 X 和 Y 和 F)，也包含输入和输出握手信号 R_{ack} 和 L_{ack}。置位函数 F^0 和 F^1 实现了特定的逻辑门功能。连接到输入轨和输出轨的 2 输入 NOR 门用于探测双轨信号何时为 DATA，何时为 NULL。这些完备性检测信号连接到 C 单元，以生成 PCHB 门的应答信号 L_{ack}。其中包含的弱反相器用于保持输出 DATA，直到预充电回 NULL 以实现延迟非敏感特性。当 L_{ack} 有效时，表示对数据的请求(rfd)，输入最终会到达 DATA 态；当 L_{ack} 无效时，表示对 NULL 的请求(rfn)，输入最终将变为 NULL 态。在函数计算的过程中，若 L_{ack} 和 R_{ack} 都为 rfd 且 X 和 Y 输入之一或两者均为 DATA，则输出为 DATA。若 R_{ack} 为 rfd 而 L_{ack} 为 rfn，或者相反，则状态由弱反相器保持。若 L_{ack} 和 R_{ack} 都为 rfn，则输出预充电回 NULL。当输入和输出都是 DATA 时，L_{ack} 就变为 rfn；当输入和输出都为 NULL 时，L_{ack} 就变为 rfd。

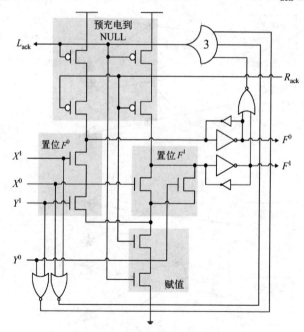

图 1.3　预充电半缓冲(PCHB) NAND2 门

　　NCL 系统框架由 QDI 寄存器/锁存器之间的 QDI 组合逻辑组成，如图 1.4 所示。这与同步系统类似，然而 NCL 系统的输入由本地握手信号和完备性检测控制，而不是由全局时钟信号控制。

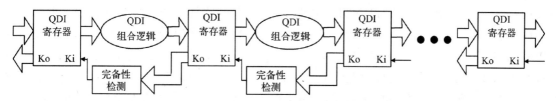

图 1.4　NCL 系统框架：基于整字完备性检测（即每层级为单个 Ki 信号）

NCL 电路由 27 个基础逻辑门组成，如表 1.3 所示，其中包含了由 4 个或少于 4 个变量组成的所有函数的集合，多轨数据信号的每条轨被视为独立的变量。NCL 阈值门的主要类型如图 1.5 所示，称为 THmn（阈值）门（$1 \leqslant m \leqslant n$）。TH$mn$ 门包含 n 个输入，当至少有 m 个输入有效时输出有效。在 THmn 门中，所有 n 个输入都连接到门的圆弧部分；输出从门的一端发出；门的阈值 m 写在门的图示符号内。另一种类型的阈值门称为加权阈值门，表示为 TH$mnww_1w_2\cdots w_R$，每个输入 input$_R$ 都被赋予了一个整数权值 w_R（$1 < w_R \leqslant m$），其中 $1 \leqslant R < n, n$ 是输入的个数，m 是门的阈值，$w_1, w_2, \cdots, w_R$（每个都大于 2）分别是 input$_1$，input$_2, \cdots,$ input$_R$ 的整数权值。如图 1.6 所示，我们考虑 TH34w2 门，其输入的个数 $n = 4$，分别标记为 A、B、C 和 D，其输入 A 的权值为 2。由于门的阈值 m 为 3，这意味着为了使输出有效，要么输入 B、C 和 D 全部有效，要么输入 A 有效且 B、C 或 D 至少有一个有效。

表 1.3　NCL 电路的 27 个基础逻辑门

NCL 阈值门	置位函数	NCL 阈值门	置位函数
TH12	$A + B$	TH34w3	$A + BCD$
TH22	AB	TH44w3	$AB + AC + AD$
TH13	$A + B + C$	TH24w22	$A + B + CD$
TH23	$AB + AC + BC$	TH34w22	$AB + AC + AD + BC + BD$
TH33	ABC	TH44w22	$AB + ACD + BCD$
TH23w2	$A + BC$	TH54w22	$ABC + ABD$
TH33w2	$AB + AC$	TH34w32	$A + BC + BD$
TH14	$A + B + C + D$	TH54w32	$AB + ACD$
TH24	$AB + AC + AD + BC + BD + CD$	TH44w322	$AB + AC + AD + BC$
TH34	$ABC + ABD + ACD + BCD$	TH54w322	$AB + AC + BCD$
TH44	$ABCD$	THxor0	$AB + CD$
TH24w2	$A + BC + BD + CD$	THand0	$AB + BC + AD$
TH34w2	$AB + AC + AD + BCD$	TH24comp	$AC + BC + AD + BD$
TH44w2	$ABC + ABD + ACD$		

NCL 阈值门被设计成具有迟滞状态保持功能，因此在输出有效或者置位之后，直到输出无效之前，所有输入必须有效。迟滞有助于保证在下一波输入数据导致的输出有效之前，输入可以完成一个返回 NULL 态的变迁。因此，THnn 门等效于 n 输入 C 单元；TH1n 门等效于一个 n 输入 OR 门。NCL 阈值门还包含用于初始化输出的 reset 输入。在电路图中，可复位门通常在其图示符号内部的阈值旁标注字母 d 或者 n，其中 d 表示门被复位为逻辑 1；n 表示复位为逻辑 0。

如图 1.7 所示，可复位门用于设计 QDI 寄存器/锁存器，这样的 N 个副本就形成了 N 位寄存器的层级。寄存器由 TH22 门组成，当 Ki（相当于预充电半缓冲门的 R_{ack}）为 rfd 时，从输入端传递 DATA；同样，仅当 Ki 为 rfn 时，传递 NULL。寄存器也包含一个 NOR 门，用于生成 Ko（相当于预充电半缓冲门的 L_{ack}），当寄存器输出为 DATA 时，其值为 rfn；与之相反，当寄存器输出为 NULL 时，其值为 rfd。图 1.7 中的两个 TH22 门都被复位为逻辑 0，所以寄存器复位为 NULL，当然，也可以将两个 TH22n 门中的一个换为 TH22d 门，这样寄存器就可以复位为 DATA。

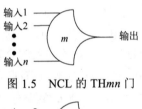

图 1.5　NCL 的 THmn 门

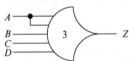

图 1.6　NCL 的 TH34w2 门：$Z =$
$AB + AC + AD + BCD$

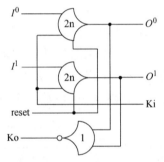

图 1.7　可复位为 NULL 的 QDI 寄存器/锁存器

NCL 的 C/L 电路必须被设计成输入完备的和可观测的。输入完备性要求直到所有输入都从 NULL 变迁为 DATA 时，C/L 电路的所有输出才能从 NULL 变迁为 DATA；同时，直到所有输入都已从 DATA 变迁为 NULL 时，C/L 电路的所有输出才能从 DATA 变迁为 NULL。在具有多个输出的电路中，根据 Seitz 的延迟非敏感信号的"弱条件"理论，一些输出在没有完备性输入的情况下变迁是可以接受的，只要所有输出在完备性输入到达之前没有变迁即可。可观测性要求所有门的变迁在输出处都是可观测的，这意味着每个门的必要变迁最少影响一个输出的变迁。

NCL 的 C/L 要求也可以放宽[6]，采用精挑细选的具有迟滞功能的 NCL 阈值门和普通布尔门（即置位函数相同但没有迟滞功能，也就是当置位函数为 False 时，门输出为逻辑 0）设计的 C/L，仍然可同时保持输入完备性和可观测性。我们知道当 NCL 电路仅使用具有迟滞功能的阈值门构建时，可确保 NULL 到 DATA 变迁的输入完备性和可观测性，也可确保 DATA 到 NULL 变迁的输入完备性和可观测性，因为门迟滞能保证所有输入都变为 0 之后，门输出才能变为 0。但是，对于放宽要求以后由具有迟滞功能的阈值门和布尔门组成的 NCL 电路，情况并非如此。

如图 1.8 所示，一种常用的 BD 电路的应用场景是微流水线[7]，其中采用了每层级两个握手信号的两相绑定数据协议，Req 信号在相应的数据束有效时发出信号，而 Ack 信号应答数据传输。当发送者准备好传输时，会将 N 个数据输出线设置为正确的布尔值，然后切换输出 Req 信号，发出新的传输已启动的信号[见图 1.8 标注的 (1)]；Req 线包括一个延迟单元，它必须至少与通过该级 C/L 的最坏情况路径一样长，以确保接收者的所有 M 个数据输入都达到正确值之前，Req 信号不会到达接收者[见图 1.8 标注的 (2)]；Req 变迁到达后(即 Req_R 切换)，接收者可以锁住这 M 个数据输入[见图 1.8 标注的 (3)]；之后再切换和输出其 Ack 信号，以应答发送者可以发送下一个数据包[见图 1.8 标注的 (4)]。如图 1.8 的信号波形所示，使用两相握手，Req/Ack 信号上 0 到 1 的变迁和 1 到 0 的变迁的作用一样。第 7 章会详细介绍其他类型的 BD 电路。

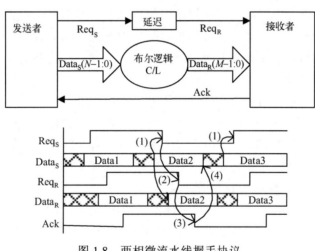

图 1.8　两相微流水线握手协议

1.2　异步电路的优点

大多数异步方案具有下列的许多优点。这份清单仅给出一些基本优点，特定的异步方案可能还有其他优点。

- **灵活的定时要求。** 异步电路不使用时钟进行定时/同步。相反，握手协议用于控制和协调电路的行为，从而提供更高的定时灵活性。例如，在 BD 电路中，只要每个独立流水线层级的传播延迟短于该层级的预定延迟边界，电路就会正常工作。QDI 电路的定时要求更加灵活，因为一方面数据和控制是一起编码的，另一方面则采用完备性检测生成握手信号，而不依赖预定的延迟进行控制。定时的收敛已成为同步电路设计中越来越困难的任务，但对于异步电路来说则要简单得多。这种灵活的按需定时特性是异步电路最重要的优点之一，也是以下几个优点的深层次原因。

● 健壮的操作。由于制程-电压-温度(PVT)可变性，同步电路容易受到电路单元延迟波动的影响。这些变化是不可避免的，特别是随着晶体管尺寸不断缩小而导致工艺变化的情况下，确保大型复杂同步电路的可靠运行是一个挑战。与此相对应，因为异步电路的握手协议可以自动兼容引起的延迟波动，其定时要求灵活，所以异步电路在 PVT 变化时表现得更加健壮，保证了正确的电路行为。

● 性能的提升。在同步电路中，所有流水线层级由同一个时钟协调，其周期要求长于任意一级的最坏情况延迟。与这种最坏情况的性能相反，QDI 电路表现为依赖于数据的平均性能。当新数据到达时，每个流水线层级都尽可能快地完成计算；完成计算后，每个层级就可以将结果传递给下一个层级，并从前一个层级获取新数据。但由于每个流水线层级的延迟取决于正在处理的数据的模式，因此流水线层级可能比其相邻层级更早或更晚地完成其计算，在这种情况下，它将根据需要自动推迟发送或接收数据，具体由其握手协议确定。因此，无须调整性能以适应最慢的层级，就能得到平均性能的提升；然而，还需要在下一波数据到达之前将当前层级复位为 NULL，这个额外的性能开销在某种程度上抵消了优势。QDI 方案将握手和 C/L 功能合并到单一的门结构中，如 PCHB，产生了一种极细粒度的流水线，可以带来更高的性能。BD 电路也具有高性能，因为它们使用绑定数据协议，没有返回 NULL 的开销。

● 能效高。在同步电路中，除非对时钟采用特殊的门控机制，时钟一直会高速切换，甚至在不执行有用工作时，所有时钟树部件也会不断翻转而产生动态功耗。此外，所有触发器即使输出没有改变，其内部栅极都会在每个时钟边沿变迁。而异步电路采用了更自然的事件驱动机制，可将其当作自动化的门控时钟。在完成所有先前计算，等待处理新数据时，异步电路本质上保持空闲，因此不会发生变迁。而且在操作过程中，只有那些特定计算任务所需的电路部件才会翻转，其他电路部件则保持空闲。

● 模块化和可扩展性高。随着现代片上系统(system-on-chip，SoC)的设计复杂性不断提高，设计人员需要将许多现有的知识产权(IP)集成在一起，并在短时间内验证 SoC 的功能，才能满足产品上市时间的要求。这就要求 IP 具有明确定义的接口、轻松跨不同工艺节点的迁移能力，以及针对各种系统规格(例如温度)的准确定时信息。这些要求对于同步 IP 和 SoC 来说非常困难，但对于异步系统来说相当简单。由于其定时灵活性，异步 IP 更容易在工艺节点之间迁移，并且由此产生的定时波动对其行为的正确性几乎没有影响。对于 SoC 集成，只需进行少量定时分析和电路调整即可优化性能。因此，异步电路可以更容易扩展以形成更大的系统。

● 低噪声和低电磁辐射。同步电路的高频时钟信号会导致大量的电磁干扰 (EMI) 的尖峰辐射脉冲，特别是在时钟频率基波处可能成为外围电路的问题。此外，时钟边缘的集中翻转行为会产生大量电噪声，这可能会对邻近导线产生破坏性影响。而异步电路的翻转行为更加分散，依赖于局部握手信号而不是周期性全局时钟，这导致噪声低得多，EMI 发射频谱更平坦，没有大的尖峰，从而使异步电路更容易与其他电路和系统部件集成。

1.3 异步电路应用概述

尽管上面讨论了许多异步电路的优点，但同步电路已经主导了半导体行业。造成这种情况的原因有很多，但大多数源于这样一个基本事实，即直到最近同步电路还足以用于设计大多数下一代 IC。这导致在过去的 50 年里对开发用于设计同步电路的 EDA 工具进行了大量投资，而在开发类似的商业异步 EDA 工具方面的努力却很少。此外，同步应用在传统上是电气工程、计算机工程和计算机科学课程中教授的内容，因此与同步电路相比，绝大多数 IC 设计人员对异步电路及其优势和相关替换代价知之甚少。因此，异步电路在过去主要应用于利基市场和研究领域。

然而，随着晶体管尺寸的不断缩小，业界正在寻求异步电路来解决与当今不断缩小的特征尺寸相关的功耗和工艺变化问题。2003 年，国际半导体技术路线图 (ITRS) 预测，随着工艺尺寸的不断缩小，行业将逐渐从同步设计风格转向异步设计风格，以帮助降低功耗、提高工艺变化的健壮性和解决定时问题。2005 ITRS 预测，到 2013 年异步电路将占整个行业份额的 22%；2013 ITRS 确认这一占比为 20%。展望未来，ITRS 预测异步电路的使用将继续增长，到 2027 年将占半导体行业的 50% 以上。

在许多应用中，异步电路明显优于同步电路，可充分发挥前面讨论过的优势。一个例子是人工智能的神经形态计算浪潮的应用。由于神经元是事件驱动的，因此异步实现是这些器件的自然选择。2014 年，IBM 公司开创性的 TrueNorth 神经拟态处理器由大约 100 万个神经元和 2.68 亿个突触组成，共计 54 亿个晶体管，是一个全异步系统，实现了 70 mW 的实时操作功耗，相当于每秒 460 亿个突触操作消耗 1 W[8]。

本书后面的章节介绍了异步电路应用，每章都附有相应的异步电路设计理论、示例电路实现、结果和分析。第 2 章讨论了异步电路中按需功耗的动态电压缩放技术。第 3 章介绍了一种通过在异步数据处理平台中利用并行性来平衡功耗和性能的方法。第 4 章讨论了在使用超低供电电压时实现稳定运行的异步电路设计。第 5 章介绍了一种事件驱动异步电路，可用于与混合信号系统中的模拟电路接口。第 6 章讨论了利用异步电路与传感器连接。第 7 章介绍了使用绑定数据的高速（每秒数兆比特）自定时电路的设计方法。第 8 章详细介绍了全局异步本地同步（GALS）片上网络（NoC）架构，结合了同步和异步设计方式，利用异步通信连接多个同步电路，每个同步电路都由自己的独立时钟控制。第 9 章讨论了异步现场可编程门阵列（FPGA）的设计，它提高了性能并降低了功耗。第 10 章和第 11 章分别详细介绍了在极端温度和高辐射环境下稳定运行的异步电路设计技术。第 12 章介绍了一种将异步电路应用在安全领域，以减轻侧信道攻击的技术。第 13 章讨论了异步超导电路的控制机制。最后，第 14 章和第 15 章详细介绍了异步 EDA 工具，分别是 NCL 综合工具（Uncle）和 NCL 验证工具。

参考文献

[1] S. C. Smith and J. Di, "Designing asynchronous circuits using NULL convention logic (NCL)," *Synthesis Lectures on Digital Circuits and Systems*, Vol. 4/1, 2009.

[2] D. H. Linder and J. H. Harden, "Phased logic: supporting the synchronous design paradigm with delay-insensitive circuitry," *IEEE Transactions on Computers*, Vol. 45/9, pp. 1031–1044, 1996.

[3] D. E. Muller, "Asynchronous logics and application to information processing," in *Switching Theory in Space Technology*, Stanford University Press, pp. 289–297, 1963.

[4] A. J. Martin and M. Nystrom, "Asynchronous techniques for system-on chip design", *Proceedings of the IEEE*, Vol. 94/6, pp. 1089–1120, 2006.

[5] K. M. Fant and S. A. Brandt, "NULL convention logic: a complete and consistent logic for asynchronous digital circuit synthesis," *International Conference on Application Specific Systems, Architectures, and Processors*, pp. 261–273, 1996.

[6] C. Jeong and S. M. Nowick, "Optimization of robust asynchronous circuits by local input completeness relaxation," *Asia and South Pacific Design Automation Conference*, pp. 622–627, 2007.

[7] I. E. Sutherland, "Micropipelines," *Communications of the ACM*, Vol. 32/6, pp. 720–738, 1989.

[8] P. A. Merolla, J. V. Arthur, R. Alvarez-Icaza, *et al.*, "A million spiking-neuron integrated circuit with a scalable communication network and interface," *Science*, Vol. 345/6197, p. 668, 2014.

第 2 章　面向动态电压缩放的异步电路

本章作者：Kwen-Siong Chong[1]，Tong Lin[1]，Weng-Geng Ho[1]，Bah-Hwee Gwee[2]，Joseph S. Chang[2]

2.1　简介

动态电压缩放(DVS)[1]是针对轨上供电压(V_{DD})量级的缩放,提供了一种权衡功耗-速度的方法。具体来说,对于高速需求(伴随着高功耗),V_{DD} 被"提高";反之,当速度需求较低(伴随着低功耗)时,V_{DD} 被"降低"。DVS 中 V_{DD} 的整体阈值可划分为三种类型：

(a)高速的正常工作电压状态：标称电压。

(b)中速的较低工作电压状态：近阈值(近 V_t)电压。

(c)极低速的极低工作电压状态：亚阈值(亚 V_t)电压。

为了有助于领会不同工作电压阈值的含义,图 2.1 绘制了 130 nm CMOS 反相器的延迟和总功耗与 V_{DD}(@ 50 kHz)翻转频率的仿真结果。这里的延迟定义为高到低(t_{HL})和低到高(t_{LH})的翻转延迟之和,其中低电平和高电平分别定义为 10% V_{DD} 和 90% V_{DD}。这里考虑常规电压阈值(RVT)制程选项(常规 V_t;$|V_t| \approx 0.4$ V),为了便于比较,将图 2.1 规范化到 RVT 反相器@标称 V_{DD} = 1.2 V。

从图 2.1 可以看出,通过将 V_{DD} 从标称电压降至近阈值/亚阈值电压,反相器的总功耗(包括动态和静态)大大降低。例如,当 V_{DD} 从标称 V_{DD} = 1.2 V 降至深亚阈值电压且 V_{DD} = 0.15 V 时,基于 RVT 制程的反相器总功耗降为原有的约 1/51。缩放 V_{DD} 对延迟的影响更加显著,特别是在近阈值/亚阈值范围内。例如,当 V_{DD} 从 1.2 V 降为 0.15 V 时,RVT 反相器的延迟增大约 4262 倍。有趣的是,分析表明理论上的最低功耗点位于极亚阈值电压的范围内[2]。有充分的证据表明,在应用 DVS 之后,最节能的点位于亚阈值电压的范围内[3],但该点不一定对应最低的电压。换句话说,确定了给定系统最节能的点,在 DVS 阈值内就能得到最低的实际电压(因为进一步降低电压将导致更高的功耗和更慢的速度)。

1　Temasek Laboratories, Nanyang Technological University, Singapore, Singapore

2　VIRTUS, IC Design Centre of Excellence, School of Electrical and Electronic Engineering, Nanyang Technological University, Singapore, Singapore

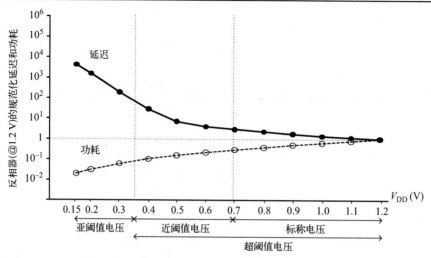

图 2.1　130 nm CMOS 反相器(@50 kHz，1.2 V)的延迟与功耗的规范化特征图

要启用 DVS，集成电路(IC)的制程-电压-温度(PVT)条件的变化通常被认为是电路设计中最具挑战性的方面，因为这些电路条件往往决定了给定电路是否工作正常，特别是当需要优化电路设计的时候。当 V_{DD} 接近亚阈值电压($V_{DD} \ll V_t$)时，随着工作电压的降低，PVT 更加多变，其特征会模糊，从而导致极端/棘手的情况。为了适应当前实际近阈值复杂数字系统的 PVT 变化，我们要采用的方法包括：严格的操作环境(如昂贵的高度控制的制造工艺和电气条件)、晶体管放大(transistor upsizing)[4]，电流模式处理(current-mode approach)[5]，自适应基底偏置(adaptive body biasing)[6]，双栅 MOSFET[7]，自校准工艺(self-calibration technique)[8]，冗余/重复(redundancy/duplication)电路[9]，以及在很大程度上具有大延迟安全余量的"悲观"设计方法(将会完全或部分采用上述方法)。大延迟安全余量通常包括最坏情况延迟，其中包括时钟偏移、寄存器的建立时间和保持时间等。因此，基于同步理念[10](使用全局时钟)，如果要设计近阈值和亚阈值的系统，那么其工作的健壮性将是一个挑战[11]，并且/或者这样的系统可能会比额定速度慢。然而，由于 PVT 变化的完整轮廓是模糊的，特别是在亚阈值电压的阈值，同步设计无法在实际中保证系统健壮且无错误运行。此外，用于亚阈值电压工作的同步电路的良率可能很低，而且它们的可靠性也不能保证。在我们项目的背景下，同步设计通常无法实际实现 DVS 的全部功能。

相反，同步设计的替代方案是有点深奥的异步设计方法学[12]，其使用握手信号(而不是全局时钟)来实现无错误的同步。在图 2.2 中，我们描述了同步和异步设计理念，异步设计可以很好地支持健壮的 DVS 机制。图 2.2 也从底层描述了异步设计的分类。在第二行中，有三种通用的异步定时方法：绑定数据(BD)型，准延迟非敏感(QDI)型/速度无关(SI)型/定时流水线(TP)型，以及延迟非敏感(DI)型。延迟非敏感型定时被认为是不切实际的[13]实现。BD 电路在某种程度上类似于同步电路，因为它的操作依赖于门电路和导线的有界延迟假设。由于实际上棘手的 PVT 变化，有界延迟假设可能与之不匹配或不足，因此这种电路对亚阈值操作并不具有健壮性。为了方便起见，QDI/SI/TP 电路在这里被分组在一起，它们天生就能检测自己的计算时间——其特殊的定时假设已经得到应用[14]。重要的是，QDI 电路可以接受任意的线延迟，而不需要假设导线叉的各分支具有相同的线延迟[15]，此特点满足了实践需求。因此，QDI 异步方法为亚阈值操作提供了最实用的方法[16]。在第三行中，我们根据异步电路的流水线粒度对其进行分类——一种是基于数据-控制-分解的块级流水线结构[17]，另一种是基于集成锁存器的门级流水线结构[18]。图 2.2 的最后一行给出了各种异步元件设计方法。对于块级流水线结构而言，包括预充电静态逻辑 (precharged-static-logic，PCSL)[19]，归零逻辑 (NULL convertion logic，NCL)[20]，延迟非敏感最小项综合 (delay-insensitive-minterm-synthesis，DIMS)[21] 和直接静态逻辑实现 (direct static logic implementation，DSLI)[22]；对于门级流水线结构而言，包括灵敏放大器型半缓冲器 (sense-amplifier half buffer，SAHB)[23]，PS0[24]，LP2/1[25]，灵敏放大器型通道晶体管逻辑 (sense-amplifier pass-transistor-logic，SAPTL)[26]，单轨异步脉冲逻辑 (single-track asynchronous pulse logic，STAPL)[27]，单轨满缓冲器 (single-track full buffer，STFB)[28] 和预充电半缓冲器 (precharge half buffer，PCHB)[29]。

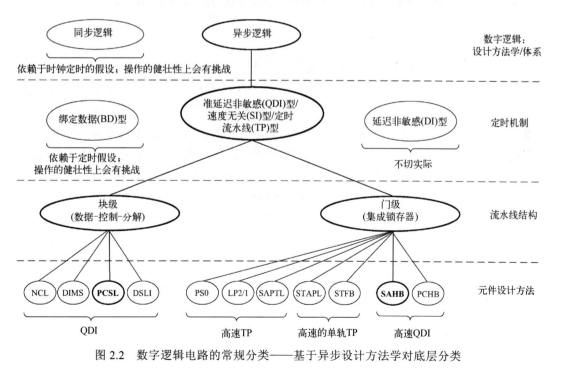

图 2.2　数字逻辑电路的常规分类——基于异步设计方法学对底层分类

本章介绍了一些基于 QDI/伪 QDI 定时假设的实用异步实现,适用于各种 DVS 机制。本章还会讨论块级和门级 QDI 异步电路及其相关应用。对于异步元件设计方法,我们提出了用于块级异步电路的 PCSL 和用于门级异步电路的 SAHB。这一章的组织如下:2.2 节介绍了块级异步电路;2.3 节介绍门级异步电路;2.4 节总结了本章。

2.2　块级异步电路

在本节中,我们首先介绍一种基于块级 QDI 异步电路的全阈值 DVS 方案,其目的是在主流场景下最小化能耗/功耗。我们将这种自适应 V_{DD} 缩放系统称为亚阈值自适应 V_{DD} 缩放技术,简称 SSAVS。通过应用频率响应屏蔽(FRM)滤波器组(FB)设计,可以实现典型的 SSAVS 系统。为了降低传统 QDI 异步元件的硬件、功耗和延迟开销,我们提出了一种预充电静态逻辑(PCSL)元件,用于实现块级 QDI 异步电路的双轨数据通路。为了进一步减少标准异步 QDI 协议的硬件和功耗开销,我们对上述协议进行了简化,并将此简化协议称为"伪 QDI"。对于提出的协议,虽然需要一个定时假设,但我们证明了定时假设在实际的数字电路和系统中是很容易满足的。

2.2.1　准延迟非敏感(QDI)亚阈值自适应 V_{DD} 缩放(SSAVS)

2.2.1.1　SSAVS 系统设计

我们用块级 QDI 异步流水线结构实现的 8 × 8 位四通道 FRM FB[30] 来展示 SSAVS 系统。这个异步 FRM FB 是无线传感器网络(WSN)节点[19]的一部分,此 WSN 节点会在极端环境条件下运行,温度范围是从–55℃到+125℃,工作负载适度但覆盖范围广泛,并会以 0.1 千样本/秒(kS/s)到 100 kS/s 的不同速率处理输入样本。此外,作为电池供电的独立设备,还需要尽可能保证能耗/功耗。这些严格的需求导致要采用自适应 V_{DD} 缩放系统,特别是将全阈动态 V_{DD} 缩放到亚阈值区,最大限度地保证能耗/功耗,同时满足工作负载需求和工作条件。

图 2.3 描述了一种具有功耗管理模块的 SSAVS 系统,其中包含 SSAVS 控制器、可调 V_{DD} 方法(Buck 型 DC-DC 转换器)和 8 × 8 位四通道 QDI 异步 FRM FB。在整个 SSAVS 系统中有两个 V_{DD} 电压轨:一个 V_{DD_NOM} = 1.2 V 的固定电压轨和一个 V_{DD_ADJ} 的可变电压轨,其亚阈值电压通常在 150~400 mV 之间。为了便于说明,供电轨和不同模块的信号的 V_{DD} 轨已写在括号内。一个持续供电的简单处理器(@V_{DD_NOM})用于监控 WSN 的传感器输入,并确定输入是否有效,如果有效,则 WSN 进入主动模式,简单处理器向功耗管理模块发出信号,通过 V_{DD_ADJ} 激活异步 FRM FB。

在图 2.3 中,输入电压(合法的输入样本)和 Req 信号的电压首先由步降电平转换器从 V_{DD_NOM} = 1.2 V 调整到 V_{DD_ADJ},然后在输入(Input_FB 和 Req_FB)到达异步 FRM FB 之前,由(深度为 50 的)异步 FIFO 缓冲区缓冲。FB 输出(Output 1~4)及它们对应的 Ack 信号(Ack 1~4 由完备性检测电路组合在一起)输出到微控制器(MCU)进一步处理。Ack 信号也反馈到异步 FIFO 缓冲区。Req 和 Ack 信号将输入功耗管理模块，Ack 信号从 V_{DD_ADJ} 阶跃上升到 V_{DD_NOM}。功耗管理模块中的 SSAVS 控制器监控 Req_vs_Ack_Clk 周期(由更新 V_{DD} 时钟生成器产生的可调节 10 Hz 时钟，目标吞吐量小于 1 kS/s)中 Req 和 Ack 信号的数量。V_{DD}_Code 是一个 5 位代码，共设置 24 个电压等级(在 Buck 型 DC-DC 转换器中)，V_{DD_ADJ} 的范围是从 $V_{DD}\_Code = 00000$ 时的 50 mV 到 $V_{DD}\_Code = 10111$ 时的 1.2 V(以 50 mV 为间隔)。

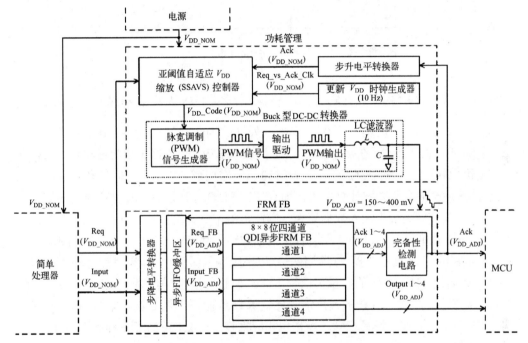

图 2.3　SSAVS 的块级异步流水线的总体结构：采用一个 QDI 异步 FRM FB 构成
WSN 节点[19]的一部分，$V_{DD\_NOM} = 1.2$ V，V_{DD_ADJ} 的范围为 150~400 mV

图 2.4 描述了 V_{DD_ADJ} 的自调整实例。当 WSN 节点首次初始化时，SSAVS 控制器输出 $V_{DD}\_Code = 10111$，相当于 $V_{DD\_ADJ} = 1.2$ V，而 FB 的速度将远远超过额定计算速度。在此场景中，FB 的 Ack 时钟的数量将等于每个 Req_vs_Ack_Clk 周期中 Req 时钟的数量。在接下来的 Req_vs_Ack_Clk 周期中，SSAVS 控制器随后将 V_{DD}_Code 减少 1 位至"10110"，V_{DD_ADJ} 相应减少 50 mV~1.15 V。随着 V_{DD_ADJ} 的电压的降低，V_{DD}_Code 不断减少，该过程将持续下去。最终，在图 2.4 的 t 周期内，V_{DD}_Code 递减到"00010"，相当于 $V_{DD\_ADJ} = 150$ mV。在这种情况下，FRM FB 的速度仅略低于当前条件下的输入数据速率——因此在一个 Req_vs_Ack_Clk 周期内，Req 时钟的数量超过了 Ack 时钟的数量。

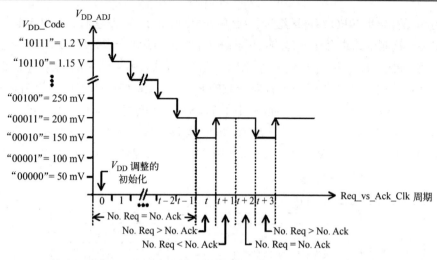

图 2.4　V_{DD_ADJ} 的自调整实例：纵坐标上的逻辑编号为 V_{DD}_Code 及其对应的直流电压(V_{DD_ADJ})

　　尽管 FRM FB 的速度略慢，但由于尚未处理的输入存储在异步 FIFO 缓冲区中(见图 2.3)，因此不会发生错误。在接下来的 $t+1$ 周期，SSAVS 控制器做出相应动作：V_{DD}_Code 增加 1 位至"00011"，对应的 V_{DD_ADJ} 从 150 mV 增加至 200 mV。随着 V_{DD_ADJ} 的增加，FRM FB 的速度会略高于额定计算要求，而存储在 FIFO 缓冲区(Input_FB)中的未处理的输入依次计算，其速度略快于输入数据速率。因此，Req 时钟的数量现在小于 Ack 时钟的数量，并且在 $t+1$ 周期结束时，FIFO 中所有未处理的输入都可能被"一扫而光"；否则，V_{DD_ADJ} 的电压还需在下一个(或者更多个)周期保持(以清除输入缓存)。如果清除完输入，那么在下一个 $t+2$ 周期，Req 时钟的数量再次等于 Ack 时钟的数量(与 t 周期之前一样)。此时由于 V_{DD_ADJ} 略有提高，导致 FB 的速度能够比输入数据速率更快，这与以前的情况类似。下一个 $t+3$ 周期与 t 周期的场景相同，操作也相应重复。表 2.1 总结了三种操作条件。

表 2.1　SSAVS 控制器的操作

操作条件	SSAVS 控制器行为
(1)操作太快(Req时钟的数量＝Ack时钟的数量)	递减 V_{DD}_Code 和降低 V_{DD_ADJ}(图 2.4 中小于 t 的周期)
(2)操作太慢(Req时钟的数量＞Ack时钟的数量)	递增 V_{DD}_Code 和升高 V_{DD_ADJ}(图 2.4 中的 t 周期)
(3)操作比要求的稍快及正在清除 FIFO 缓冲区 (Req 时钟的数量＜Ack 时钟的数量)	保持 V_{DD}_Code 和 V_{DD_ADJ}(图 2.4 中的 $t+1$ 周期)

　　简而言之，FB 的 V_{DD_ADJ} 会就地(situ)自调整到尽可能低(在 50 mV 以内)的水平，以满足当前操作条件下的吞吐量，平均而言，V_{DD_ADJ} 略高于实际所需的最低电压。因此，FB 具有超低功耗和高能效。注意，这个自调整 V_{DD} 的开销非常适中(一个计数器的开销)，并且在 V_{DD} 转换时，电路操作是不间断的。

2.2.1.2 预充电静态逻辑(PCSL)

块级 QDI 异步流水线的关键设计步骤是异步流水线中双轨逻辑元件的设计,用于实现异步流水线中的数据通路。考虑到亚阈值操作的需要,必须采用基于静态逻辑族的电路,以减轻临界晶体管面积[31]的影响。综合考虑 QDI 异步元件的硬件、功耗和延迟开销,我们提出了预充电静态逻辑(PCSL)元件[22]。

图 2.5(a)描述了 PCSL 的基本架构。这个基本架构包括 1 个反向静态逻辑元件、3 个晶体管(用于在复位相位或者计算相位赋值时,对输出预充电)和两个反相器(用于输出缓冲),其输出是 Q.T(输出 True)和 Q.F(输出 False)。在 PCSL 元件中,当 Req 为"0"时,两个输出都为"0"。此外,当 Req 为"1"(暗示了操作准备就绪)且输入信号有效时,操作开始并获得随后的有效输出。PCSL 元件的结构集成了 Req 信号与(每个输出)缓冲区组成的子电路,以及标准静态逻辑库元件(为双轨异步电路重新设计),从而共享了(公共)晶体管,减少了晶体管的数量,降低了能耗/功耗,提高了速度,缩小了 IC 面积(见表 2.2)。在这种架构的基础上,图 2.5(b)～(g)给出了 6 个基本 PCSL 元件的原理图[任何堆叠(stack)都限制为 3 个晶体管,可减轻亚阈值操作中 I_{on}/I_{off} 退化的影响[32]]。

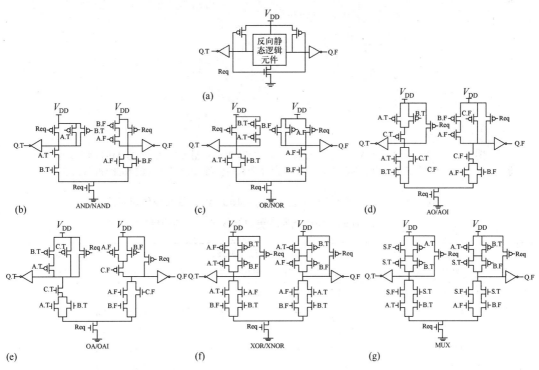

图 2.5　(a)预充电静态逻辑(PCSL)的基本架构,以及 PCSL 双轨 QDI 逻辑型的 6 个基础元件:(b)2 输入 AND/NAND 门;(c)2 输入 OR/NOR 门;(d)3 输入 AO/AOI 门;(e)3 输入 OA/OAI 门;(f)2 输入 XOR/XNOR 门;(g)2 输入 MUX

为了分析我们提出的 PCSL 元件的优势，可以将图 2.5(b)中的 2 输入 AND/NAND 门与图 2.6(a)～(c)中 3 个由静态 QDI 型逻辑实现的同样功能的门进行比较，这 3 种静态逻辑是：(a)DIMS 型逻辑[21]，(b)带有复杂门的 NCL[33]（即 NCL1）和(c)带有可快速复位复杂门的 NCL[34]（即 NCL2）。根据仿真结果（@130 nm CMOS），表 2.2 给出了上述 6 种不同类型的基本元件在每次操作时耗费的能量（E_{per}）、延迟和 IC 面积。参与比较的元件等效为 PCSL 元件，其实际值显示在括号中，平均性能列在最后一行。

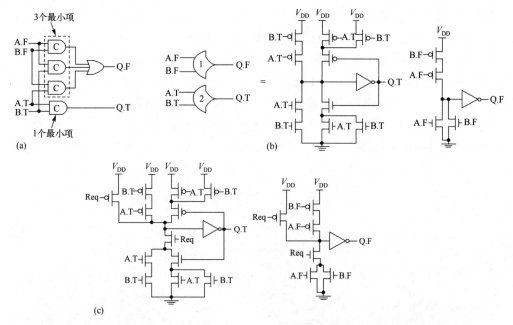

图 2.6　双轨的 AND/NAND 电路设计：(a)延迟非敏感最小项综合(DIMS)型逻辑；
(b)带有复杂门的 NCL（即 NCL1）；(c)带有可快速复位复杂门的 NCL（即 NCL2）

表 2.2　130 nm CMOS 工艺，V_{DD} = 150 mV，每次操作时不同
逻辑实现的双轨库元件耗费的能量（E_{per}）、延迟和 IC 面积

	E_{per} [等效为 PCSL (10⁻¹⁸ J)]				延迟[等效为 PCSL(ns)]				IC 面积[等效为 PCSL（μm²）]			
	PCSL	DIMS	NCL1	NCL2	PCSL	DIMS	NCL1	NCL2	PCSL	DIMS	NCL1	NCL2
AND/NAND	1(185)	3.2	0.9	1.2	1(663)	3.2	1.0	1.2	1(21)	4.5	1.6	1.6
OR/NOR	1(185)	3.2	0.9	1.3	1(661)	3.2	1.0	1.2	1(21)	4.2	1.5	1.5
AO/AOI	1(229)	6.8	2.0	2.2	1(696)	7.0	2.2	2.3	1(26)	6.8	3.1	3.3
OA/OAI	1(229)	6.9	2.0	2.2	1(696)	7.0	2.2	2.3	1(26)	6.8	3.1	3.3
XOR/XNOR	1(330)	1.8	2.0	2.1	1(997)	2.1	2.3	2.3	1(34)	2.9	3.1	3.3
MUX	1(326)	1.8	2.0	2.1	1(1021)	2.1	2.3	2.3	1(32)	3.1	3.2	3.4
平均	1(247)	4.0	1.6	1.9	1(789)	4.1	1.8	1.9	1(27)	4.7	2.6	27

从表 2.2 可以明显看出，除了 NCL1 中简单的 AND/NAND 门及 OR/NOR 门，PCSL 元件具有最低的 E_{per}。平均而言，DIMS、NCL1 和 NCL2 元件的 E_{per} 明显更高：分别为 4.0×（指为 PCSL 的 4.0 倍，余同）、1.6× 和 1.9×。而且很明显，PCSL 元件具有最短的延迟 [t_{LH}（计算相位）与 t_{HL}（复位相位）两部分的延迟之和，并在所有输入组合中取其平均]，可以减少 NCL1 的简单 AND/NAND 门及 OR/NOR 门的使用；平均而言，DIMS、NCL1 和 NCL2 元件明显较慢：分别为 4.1×、1.8× 和 1.9×。显然，PCSL 元件需要最小的 IC 面积；其版图基于标准元件方法，元件高度固定为 4 μm，元件宽度为 0.4 μm 的倍数。平均而言，DIMS、NCL1 和 NCL2 元件所需的 IC 面积明显更大：分别为 4.7×、2.6× 和 2.7×；从双轨异步和（单轨）同步电路的角度来看，较小的 IC 面积是值得的，因为前者的 IC 面积开销有所减少。简而言之，PCSL 元件同时表现出最低的 E_{per}、最短的延迟和最小的 IC 面积。

2.2.1.3　块级 QDI 异步 FRM FB

我们采用半定制的块级 QDI 异步流水线的设计流程，前端使用各种内部（in-house）设计工具和基于类似 NCL-X[33] 流程的商业综合工具进行设计，后端实现则基于商业电子设计自动化（EDA）工具和我们定制的库元件（包括这里介绍的 PCSL）。每个 FB 通道是独立的，图 2.7 描述了一个包含实现 FRM 算法的 FIR 滤波器的 FB 通道的框图。由于所设计的无线传感器网络的吞吐量要求不高，因此采用串行实现，其中每个 FB 信道由异步读/写控制器、8×8 位系数存储器、8×8 位数据存储器、8 位 PCSL 乘法器和 20 位 PCSL 加法器组成。为了确保 QDI 协议和合适的异步握手，由 Muller C 单元（用 "C" 门符号表示）构成的电路进行数据通路完备性检测（DCD）和锁存完备性检测（LCD）[33]。数据通路中的所有异步双轨锁存器都被初始化为一个 "0"（NULL），只有用于保存累加积（accumulated product）的 Latch 3 被初始化为一个有效的 "0"（数值）。

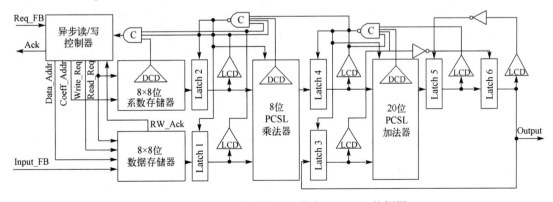

图 2.7　8×8 位四通道 QDI 异步 FRM FB 的框图

异步 FIFO 缓冲区(见图 2.3)产生的 Input_FB 数据和 Req_FB"时钟"将输入每一个 FB 通道。图 2.7 中的异步读/写控制器首先发起写操作,在 Data_Addr 上提供一个有效的存储地址,使 Write_Req 有效,从而将 Input_FB 数据写入 8×8 位数据存储器。在写操作完成后,异步读/写控制器将 Data_Addr 和 Coeff_Addr 的有效地址送到 8×8 位数据存储器和 8×8 位系数存储器,然后使 Read_Req 有效,从而启动乘法累加(MAC)操作的第一个读操作。将输入数据及其对应的系数分别读出到 Latch 1 和 Latch 2,随后进入 8 位 PCSL 乘法器相乘。乘积由 Latch 4 捕获,并且符号扩展到 20 位,以应对可能的溢出。20 位 PCSL 加法器将该乘积加到存储在 Latch 3 中的累加积中。加法器的结果循环送回 Latch 3,并更新其值,这样第一个 MAC 操作完成。MAC 操作将重复进行,直到滤波器的最后一次抽头(tap)。当最终计算输出(图 2.3 中的 Output 1~4 之一)时,各通道的异步读/写控制器将使其 Ack 时钟有效来表示完成操作。整体 Ack 时钟输出到异步 FIFO 缓冲区,该缓冲区随后复位 Input_FB 并使 Req_FB 时钟无效。这反过来又复位所有 FB 通道,系统开始准备处理下一个来自 FIFO 缓冲区的数据。

2.2.1.4　电路实现及测试结果

我们首先针对包含 SSAVS 系统和 FB 的原型 IC(@130 nm CMOS)测量其物理量,证明所提出的异步 FB 对 PVT 变化的健壮性,特别是大 V_{DD} 变化时的健壮性。图 2.8 给出了原型 IC 的显微照片(左)和版图(右),其中包含 4 个通道的异步 FB 占据了约 0.18 mm^2 的 IC 面积。所有 30 个原型 IC 都在 $V_{DD} \geqslant 130$ mV($|V_t| \approx 400$ mV)的条件下测试其功能,这在某种程度上可证实不同设计的健壮性。通过采样输入数据(由模式生成器生成)并将随后的输出数据(通过逻辑分析仪)与预期的数据进行比较,就可以验证其功能。

首先考虑异步 FB 对 PVT 变化的健壮性。在这种情况下,V_{DD} 在 150 mV 和 300 mV 之间以 1 kHz 变化,如图 2.9 的顶部轨迹所示。在这种"严苛的" V_{DD} 条件下,由 Ack 信号(通过逻辑分析仪)验证,异步 FB 操作无错误,如图 2.9 中的底部轨迹所示。值得注意的是,由于 V_{DD} 可以在无错误的情况下实现大范围变化,再加上 FB 操作是不间断的,异步 FB 很容易使用 SSAVS 系统自调整到满足当前条件下的吞吐量的最低电压。

现在,我们通过两个 SSAVS 系统实例来展示就地自调整 V_{DD} 过程。在第一个实例中,之前图 2.4 中描述的 SSAVS 系统的操作实现在图 2.10(a)中,顶部和底部的轨迹分别是 V_{DD_ADJ} 和 Ack 信号。图 2.10(b)描述了第二个实例,其中 V_{DD_ADJ} 除了根据吞吐量自调整,还可以根据当前条件自调整。在图 2.10(b)的顶部轨迹中,原型 IC 在某个关键时刻遇到温度突降(通过在其封装上喷洒制冷剂)的情况,V_{DD_ADJ} 首先增加到 200~250 mV 之间,然后随着低温渗透到 IC 封装,V_{DD_ADJ} 增加到 250~300 mV 之间,以此实现自调整。虽然这里没有显示，但当原型 IC 受热(例如使用热风枪)——V_{DD_ADJ} 降低并最终在两个较低的电压水平之间切换时，可以得到相反的结果。

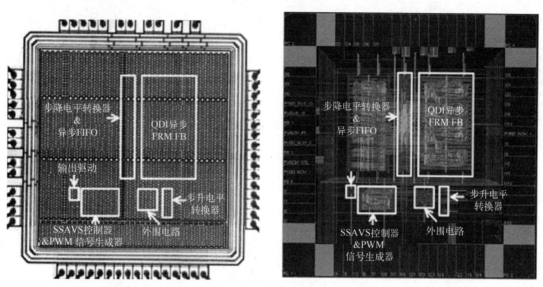

图 2.8 带有 QDI 异步 FRM FB 的 SSAVS 系统测试芯片的显微照片(左)和版图(右)

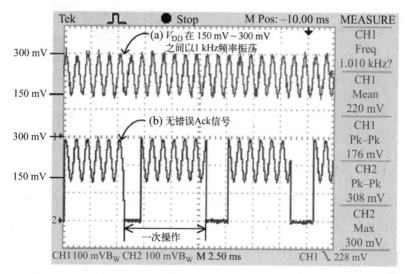

图 2.9 (a)高 V_{DD} 变化(@1 kHz，150~300 mV)；(b)QDI 异步 FRM FB 的无错误响应(Ack 信号)

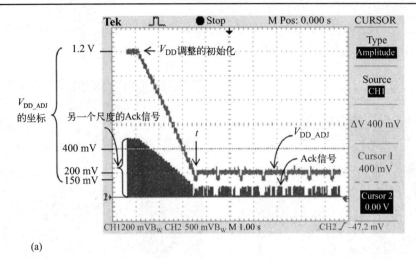

(a)

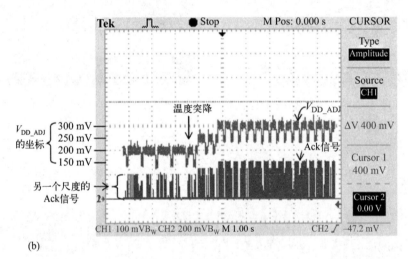

(b)

图 2.10　两个实例的波形：(a) QDI 异步 FRM FB V_{DD_ADJ} 和 Ack 信号
的自调整；(b)在温度突降时，V_{DD_ADJ} 和 Ack 信号的自调整

2.2.2　伪准延迟非敏感亚阈值自适应 V_{DD} 缩放

虽然 QDI 异步电路非常健壮，但与 QDI 相关的成本（即能耗/功耗开销）也很高。在本节中，我们提出了一种替代的 QDI 方法，称为"伪 QDI"[35]，以实现 SSAVS，我们的目标是与标准化 QDI 相比减少能耗/功耗开销，同时保持健壮性。该方法包括一个简化的异步四相流水线结构［见图 2.11(b)］，以及前面描述过的 PCSL 双轨逻辑元件。伪 QDI 流水线和标准化 QDI（后续称为"真 QDI"）流水线之间的显著区别是去除 DCD 而保留 LCD。这种简化的技术对异步四相操作的复位周期提出了额外的时间要求——特别

是某些内部节点必须在下一个赋值周期开始之前复位，这在一定程度上是由我们提出的 PCSL 元件的快速复位特性导致的。我们已证明，这种定时要求很容易满足，从而确保即使在剧烈的亚阈值 PVT 变化下也能健壮地运行（见 2.2.2.3 节中原型 IC 的测量结果）。

2.2.2.1　异步伪 QDI 实现方法

首先考虑一个真 QDI 流水线设计，我们使用前面提出的 PCSL 元件提供亚阈值操作。为了保留其延迟非敏感性（保证基本的等时叉假设[13]），QDI 流水线需要解决"输入完备性"[36]（在新的流水线操作开始之前，所有输入端都必须被应答）和"孤立门"[36]（内部门自身翻转输出，但被整体电路的可观测性要求所屏蔽）的问题。为了解决这两个问题，可以使用 NCL-X 流水线结构[33]或 NCL-D 流水线结构[37]。我们之所以采用前者，是因为它相对简单地实现了数据通路[33]，从而占用了更小的面积，而且功能电路可以先综合[使用（单轨）标准综合工具]，再从单轨转换到双轨。

图 2.11（a）描述了异步真 QDI 流水线的层级（层级 i），其中包括一个 QDI Handshake$_i$ [由 Latch-Controller$_i$、Latches$_i$ 和锁存完备性检测电路（LCD$_i$）组成]和一个 QDI Datapath$_i$；为了便于说明，图中也给出了 Handshake$_{i+1}$。Handshake$_i$ 根据预定义的握手信号序列控制异步 QDI 数据通路。初始 ACK$_{i+1}$ = 0 和 REQ$_i$ = 1 表示（双轨）Latches$_i$ 是透明的，等待有效 Data$_i$。当 Data$_i$ 全部有效时，LCD$_i$ 将检查数据，而后应答前面流水线的 Latches$_{i-1}$（未显示在图中）。ACK$_i$ = 1 也会应答 Latch-Controller$_i$，以确保流水线的输入完备性。有效的 Data$_i$ 将触发 QDI Datapath$_i$ 进行计算。一旦输出（Data$_{i+1}$）有效并存储在 Latches$_{i+1}$（如果 REQ$_{i+1}$ = 1）上，LCD$_{i+1}$ 将应答 Latch-Controller$_i$。为了解决孤立门问题（如果有的话），在中间检测信号 AVE$_i$ 有效之前，中部列的双轨 PCSL 电路的所有输出都必须完成数据通路完备性检测[图 2.11（a）中的 DCD$_i$]。Latch-Controller$_i$ 之后会使 REQ$_i$ 无效，从而复位 PCSL 电路，AVE$_i$ 和 ACK$_{i+1}$ 将同样复位为"0"。一旦 Data$_i$ 归零，ACK$_i$ 将无效并置为"0"，LCD$_i$ 将 REQ$_i$ 恢复到其初始条件（REQ$_i$ = 1），并等待 Data$_i$ 再次有效。这个异步流水线（带有 DCD$_i$）完全满足 QDI 协议，因此如上所述为"真 QDI"。

众所周知，DCD$_i$ 的面积和功耗开销是很大的，特别是如果 QDI Datapath$_i$ 的功能电路的复杂度很高，则开销更大[33]。然而，由于 DCD$_i$ 与功能电路并行执行（也与 QDI Handshake$_{i+1}$ 并行执行），因此 DCD$_i$ 的延迟开销几乎是不重要的。

为了减轻 DCD$_i$ 的面积和功耗开销，可以在流水线中去除 DCD$_i$，我们将这种异步方式称为"伪 QDI"，隐含地满足了 QDI 信号协议要求的电路定时条件。由于 REQ 信号已经集成到 PCSL 电路中，因此它们立即使自己进入伪 QDI 流水线，如图 2.11（b）所示。伪 QDI 流水线与真 QDI 流水线完全一样，只是 Latch-Controller$_i$ 不再像真 QDI 流水线中那样等待 AVE$_i$ 的有效和无效。请注意，只要遵守隐式定时条件（见 2.2.2.2 节），伪 QDI 流水线的健壮性就能保证。

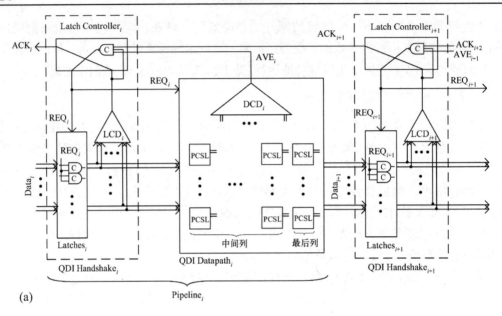

(a)

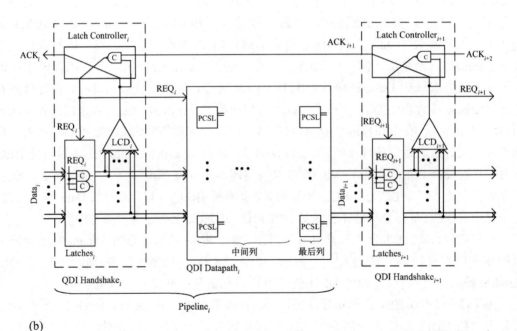

(b)

图 2.11 (a)传统异步真 QDI 流水线；(b)我们提出的包含 PCSL 元件的异步伪 QDI 流水线

2.2.2.2 基于伪 QDI 实现方法的定时分析

现在通过两个场景来考虑的如图 2.11(b)所示伪 QDI 流水线的延迟属性。

(a) QDI 数据通路只包含一层(列)PCSL 电路——一种细粒度的门级流水线,其中每个电路都是流水线化的。

(b) QDI 数据通路包含多层(列)PCSL 电路——一种粗粒度的块级流水线,其中许多电路被集中在一起形成流水线。

为了简化分析, $t_{\uparrow cycle}$ 表示前向周期时间(REQ$_i$+ → REQ$_i$−,表示有效的 Data$_i$ 发送到 Pipeline$_i$,直到 Latches$_i$ 关闭), $t_{\downarrow cycle}$ 表示复位周期时间(REQ$_i$− → REQ$_i$+,表示将零(NULL)Data$_i$ 发送到 Pipeline$_i$,直到 Latches$_i$ 重新打开进行下一个操作)。周期延迟 $t_{cycle} = t_{\uparrow cycle} + t_{\downarrow cycle}$ 表示异步流水线的速度。

对于场景(a),PCSL 电路的输入由 LCD$_i$ 检查和应答,其输出随后由 LCD$_{i+1}$(下一流水线阶段)检查和应答。在这个场景中,保留了 QDI 属性,并且流水线操作是健壮的。

对于场景(b),当 REQ$_i$− → REQ$_i$+时, $t_{\downarrow cycle}$ 路径具有一个隐含的延迟假设,而 $t_{\uparrow cycle}$ 路径没有延迟假设。给出这个隐含的延迟假设的原因是:由于 LCD$_{i+1}$ 只能在最后一列检查 QDI 数据通路的主要输出,而不能检查 PCSL 电路的中间输出(在中部列),因此那里可能存在"孤立门"。我们在式(2.1)中给出了无错误操作所需的隐式定时条件:

$$
\begin{aligned}
\max(t_{\downarrow(PSCL_{col \neq last})}) &< t_{\downarrow cycle} \\
&< \max[(t_{\downarrow LCD_i} + t_{\downarrow Latches_i}),(t_{\downarrow(PSCL_{col=last})} + t_{\downarrow Latches_{i+1}} + t_{\downarrow LCD_{i+1}})] + t_{\downarrow LC_i}
\end{aligned}
\tag{2.1}
$$

其中:

- $t_{\downarrow(PCSL_{col \neq last})}$ 是中部列的 PCSL 电路的复位延迟。
- $t_{\downarrow(PCSL_{col=last})}$ 是最后一列的 PCSL 电路的复位延迟。
- $t_{\downarrow Latches_i}$ 是 Latches$_i$ 的复位延迟。
- $t_{\downarrow Latches_{i+1}}$ 是 Latches$_{i+1}$ 的复位延迟。
- $t_{\downarrow LCD_i}$ 是 LCD$_i$ 的复位延迟。
- $t_{\downarrow LCD_{i+1}}$ 是 LCD$_{i+1}$ 的复位延迟。
- $t_{\downarrow LC_i}$ 是 Latch-Controller$_i$ 的复位延迟。

从流水线原理图来看,理想情况下,当 REQ$_i$ 从"1"切换到"0"用于复位相位时, $t_{\downarrow(PCSL_{col \neq last})} \cong t_{\downarrow(PCSL_{col=last})}$,此时所有 PCSL 电路都同时复位。一般来说,这个隐式定时条件很容易满足——具体来说,只要在所有可能的 PVT 变化下 $t_{\downarrow cycle} / t_{\downarrow(PCSL_{col=last})} > 1$,伪 QDI 流水线就会保持健壮性。

2.2.2.3　电路实现及测量结果

基于真 QDI 和我们提出的伪 QDI 方法,我们设计且整体实现了两个异步四通道 FRM FB(@130 nm CMOS)。真 QDI 滤波器组与 2.2.1 节描述的 SSAVS 系统的滤波器组相同。

根据原型 IC 的测量结果，这两组滤波器均完全适用于 $V_{DD} > 130$ mV 的条件。此外，如图 2.12(a) 所示，两组滤波器对于极端的 V_{DD} 变化也是完全有效的，对于广泛的温度变化也完全有效(图中未显示)，因此表明了它们在剧烈的亚阈值 PVT 变化下的健壮性。

图 2.12(b) 给出了在亚阈值条件下，针对两个异步滤波器组的 E_{per} 进行基准测试的结果，表明相对于真 QDI 滤波器组，伪 QDI 滤波器组具有约低 40% 的 E_{per} 优势。而且伪 QDI 滤波器组与真 QDI 滤波器组相比，IC 面积减小为原有的 1/1.34。

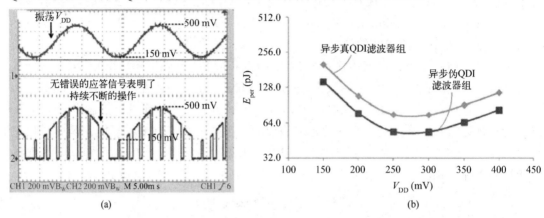

图 2.12 　(a) 亚阈值环境下制造的伪 QDI 滤波器组在较大 V_{DD} 变
化下操作的健壮性；(b) 测量的异步滤波器组的 E_{per}

总而言之，我们提出的 QDI 替代方案——伪 QDI 方法——比真 QDI 方法具有更低的 E_{per} 和更小的 IC 面积，并且在亚阈值(适用于 SSAVS)和极端 PVT 变化下仍然具有健壮性。

2.3　门级异步电路

在本节中，我们介绍灵敏放大器型半缓冲器(SAHB)——面向门级异步电路的一种新型 QDI 元件设计方法，其具有较高的操作健壮性，以及高速和低能耗特性。然后通过描述一个 QDI 异步流水线加法器的实例，展示全域 DVS 操作下的 SAHB。

2.3.1　灵敏放大器型半缓冲器(SAHB)

图 2.13 给出了我们提出的双轨 SAHB 元件的通用接口信号。数据输入为 Data$_{in}$ 和 nData$_{in}$，数据输出为 Q.T/Q.F 和 nQ.T/nQ.F。左通道握手输出为 L_{ack} 和 nL_{ack}，右通道握手输入为 R_{ack} 和 nR_{ack}。信号 nData$_{in}$、nQ.T、nQ.F、nL_{ack} 和 nR_{ack} 是主输入/输出信号 Data$_{in}$、Q.T、Q.F、L_{ack} 和 R_{ack} 的逻辑补信号。为了简单起见，我们只使用主输入/输出信号来描述 SAHB 元件的操作。SAHB 元件严格遵守异步四相(4ϕ)握手协议——赋值和复位两个交替的操作序列。最初，L_{ack} 和 R_{ack} 复位为 "0"，Data$_{in}$ 和 Q.T/Q.F 为空即归零，意味

着每个信号的两个轨都为"0"。在赋值序列中，当 Data$_{in}$ 有效（即信号有一个轨为"1"）且 R_{ack} 为"0"时，Q.T/Q.F 被赋值并锁存，L_{ack} 被置为"1"来表明输出的有效性。在复位序列中，当 Data$_{in}$ 归零且 R_{ack} 为"1"时，Q.T/Q.F 将归零，而 L_{ack} 将被置为"0"。此时，SAHB 元件为下一次操作做好了准备。

图 2.13　SAHB 元件

SAHB 元件包括两个基础构建块——由 V_{DD_L} 供电的赋值块，以及由 V_{DD} 供电的灵敏放大器（SA）块。图 2.14（a）和（b）分别给出了包含 SAHB 的缓冲元件的赋值块和 SA 块的电路原理图，不同的子块由虚线框标注。V_{DD_L} 和 V_{DD} 可以具有相同或不同的电压[38]。可以选用带 RST 的 NMOS 晶体管来初始化此元件。

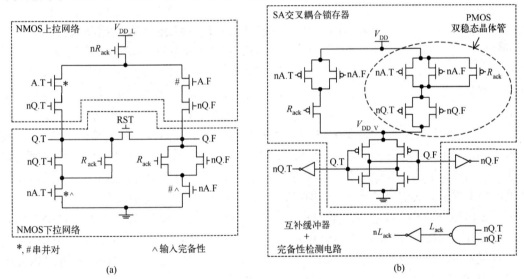

图 2.14　包含 SAHB 的缓冲元件的电路原理图：（a）由 V_{DD_L} 供电的赋值块；（b）由 V_{DD} 供电的 SA 块

在图 2.14（a）中，赋值块由一个 NMOS 上拉网络和一个 NMOS 下拉网络组成，分别对双轨输出 Q.T/Q.F 进行赋值和复位。有趣的是，NMOS 上拉网络具有低寄生电容（比通常的 PMOS 上拉网络的要低，后者的晶体管面积通常比 NMOS 的大 2 倍）。从结构上来看，后续信号的作用如下。首先考虑 NMOS 上拉网络，其中 Q.T/Q.F 根据数据输入（即 A.T/A.F）来赋值，nR_{ack} 是赋值流控制信号。NMOS 上拉网络实现了缓冲逻辑功能。为了减小短路电流，当 Q.T/Q.F 被赋值时，nQ.T/nQ.F 将断开赋值功能。

现在考虑 NMOS 下拉网络，其中 Q.T/Q.F 根据数据输入进行复位。对于图 2.14 所示的单输入缓冲元件，上拉网络中的 A.T/A.F 晶体管结构与下拉网络中的 nA.T/nA.F 晶体管结构形成一种"串并"拓扑。以 2 输入和 3 输入元件为例，图 2.15 描述了 2 输入 AND/NAND、2 输入 XOR/XNOR 和 3 输入 AO/AOI 元件。Q.T 路径和 Q.F 路径的串并对分别用*和#标记。在图 2.14 和图 2.15 中，R_{ack} 作为复位流控制信号，串联了数据输入（用^标记的晶体管），以实现输入完备性[23]。

在图 2.14(b)中，SA 模块包括 SA 交叉耦合锁存器、互补缓冲器和完备性检测电路。互补缓冲器和完备性检测电路分别产生互补输出信号（nQ.T/nQ.F）和左通道握手信号（L_{ack}/nL_{ack}）。从结构上来看，交叉耦合反相器将作为一个放大器，在复位阶段，Q.T 和 Q.F 均为"0"，V_{DD_v} 是浮动的。在赋值阶段，Q.T 和 Q.F 会产生一个很小的电压差，当 V_{DD_v} 连接到 V_{DD} 时，交叉耦合反相器会将 Q.T 和 Q.F 之间的电压差放大（通过正反馈机制）。为了实现输入完备性，SA 交叉耦合锁存器的左上分支检测所有输入（即 nA.T 和 nA.F）是否已经准备好，同时 $R_{ack}=0$。对于双稳态操作，SA 交叉耦合锁存器的右上分支（位于虚线椭圆中）保持输出，直到所有输入归零且 $R_{ack}=1$。

初始时，A.T、A.F、R_{ack} 和 L_{ack} 均为"0"，并且 nA.T、nA.F、nR_{ack} 和 nL_{ack} 均为"1"。在赋值阶段，例如当 A.F = 1（nA.F = 0）时，赋值块内的 NMOS 上拉网络将节点 Q.F 处的电压部分充电到 V_{DD_L}，此时 Q.T 保持为"0"（通过 NMOS 下拉网络）。当输入有效时，通过连接虚供电 V_{DD_v} 到 V_{DD}，SA 交叉耦合锁存器打开，并将 Q.F 放大到"1"。Q.F 随后（由 PMOS 双稳态晶体管和交叉耦合反相器一起）锁存，同时 nQ.F 变为"0"（将节点 Q.F 与赋值块中的 V_{DD_L} 断开，以防止电流短路）。此时 L_{ack} 置为"1"（nL_{ack} = 0），表示双轨输出的有效性。在复位阶段，输入归零（nA.T 和 nA.F 为"1"）且 $R_{ack}=1$，双轨输出归零，L_{ack} 被置为"0"。此时，SA 块已准备好进行新的操作。需要注意的是，赋值块和 SA 块是紧密耦合的，因此减少了翻转节点的数量，提高了速度，降低了功耗。此外，由于赋值块和 SA 块都采用静态逻辑方式实现，因此它们的晶体管面积并不是关键的考虑因素。

图 2.15(a)～(c)给出了三种基本 SAHB 库元件的电路原理图，即 2 输入 AND/NAND、2 输入 XOR/XNOR 和 3 输入 AO/AOI 元件。与缓冲元件类似，这些元件的赋值块和 SA 块的结构是根据它们的逻辑功能和输入信号设定的。这些库元件将用于基准测试和实现 64 位 SAHB 流水线加法器。

2.3.2 设计实例：包含 SAHB 的 64 位 Kogge-Stone(KS)加法器

我们现在对一个包含 SAHB 的 64 位 Kogge-Stone(KS)加法器进行评估。我们将在加法器上执行 DVS 操作，并在不同的 V_{DD} 上测量结果。

采用 ST 微电子(STM)的 65 nm CMOS 通用标准阈值电压(GP-SVT)工艺制造这个 64 位 SAHB KS 加法器 IC，其 $V_{tn}=0.35$，$V_{tp}=-0.35$ V(@ $V_{DD}=1$ V)。图 2.16(a)和(b)分别给出了带有测试结构的 64 位 SAHB KS 加法器的显微照片和版图。64 位 SAHB KS 加法器的核心面积为 306 μm× 209 μm。

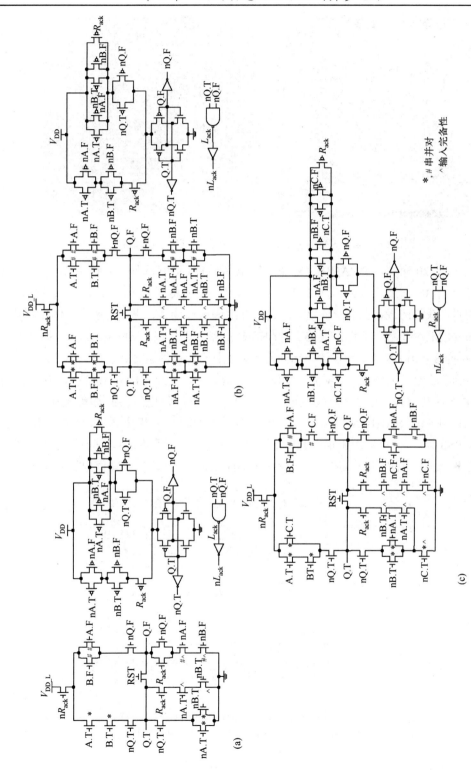

图 2.15　双轨 SAHB 库元件：（a）2 输入 AND/NAND 元件；（b）2 输入 XOR/XNOR 元件；（c）3 输入 AO/AOI 元件

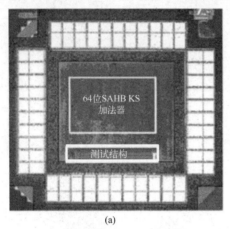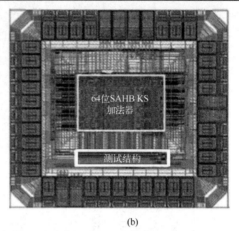

图 2.16　64 位 SAHB KS 加法器：(a) 显微照片；(b) 版图

我们对所有 20 个 64 位 SAHB KS 加法器 IC 都进行了测量且其功能完全。在这 20 个 IC 中，有 5 个 IC 适用于 $V_{DD} \geqslant 0.25\ V$ 的情况，有 15 个 IC 个适用于 $V_{DD} \geqslant 0.3\ V$ 的情况。有趣的是，我们的设计在亚阈值电压下比一些亚阈值设计具有更高的速度。例如，基于相同的 65 nm CMOS 工艺，最近报道的 32 位 KS 加法器[39]工作在 3 MHz(@ $V_{DD} = 300\ mV$)，而我们的 64 位 SAHB KS 加法器设计在相同的 V_{DD} 下具有更高的运行速度(3.76 MHz)。

图 2.17(a) 描述了上述 5 个 64 位 SAHB KS 加法器 IC 之一的 V_{DD}(0.25 V) 和输出时域波形。由于这些 IC 完全适应亚阈值电压(0.3 V) → 近阈值电压 → 标称电压(1.0 V) 的 V_{DD}，因此我们的 SAHB 元件设计方法适用于全域 DVS[1]。相比之下，QDI 和 TP 设计(PCHB、PS0 等)可能更适用于半域 DVS(即近阈值电压→标称电压)，其原因是这些设计采用动态逻辑方式，其中的交叉耦合反相器(在集成锁存器内部)在亚阈值电压范围内的性能不强。

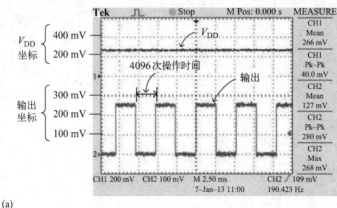

(a)

图 2.17　64 位 SAHB KS 加法器运算时的输出时域波形：(a) 亚阈值(V_{DD} 为 0.25 V)；(b) FDVS(V_{DD} 从 1.4 V 到 0.3 V)

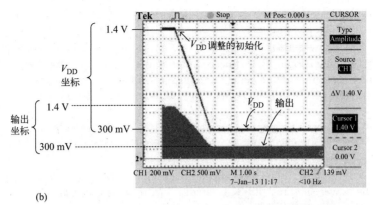

(b)

图 2.17（续）　64 位 SAHB KS 加法器运算时的输出时域波形：（a）亚阈值（V_{DD} 为 0.25 V）；（b）FDVS（V_{DD} 从 1.4 V 到 0.3 V）

再来考虑 64 位 SAHB KS 加法器对于就地自调整 V_{DD} 系统[19]的 V_{DD} 变化的操作健壮性，在参考文献[19]中，V_{DD} 可以自调整以施加最小的 V_{DD} 电压，其目的是测得普遍条件下的最低运行功耗。图 2.17（b）的上、下虚线分别描绘了 V_{DD} 的实时变化（从 1.4 V 到 0.3 V）和生成的输出。可以看出，即使 V_{DD} 变化很大，计算也会不间断且无错误。在此基础上，采用 SAHB 元件设计方法的电路有利于通过电压缩放实现功耗/速度平衡，而且变迁/恢复时间短[38, 40]。

2.4　结论

本章介绍了 QDI（和伪 QDI）异步逻辑设计方法的适用性，以实现适用于全域 DVS（从标称电压 ↔ 近阈值电压 ↔ 亚阈值电压范围）的电路和系统。本章也介绍了块级和门级流水线结构。

基于块级流水线结构，我们提出了一个包含块级 QDI 异步流水线的 WSN SSAVS 系统，其目标是在 V_{DD} 调整到最小电压的 50 mV 以内，在当前吞吐量和电路环境下实现最低的运行功耗，同时具有较较高的操作健壮性和最小的开销。采用异步 QDI 协议和 PCSL 元件设计方法，就可以实现强健壮性。而且通过采用异步伪 QDI 协议和 PCSL 元件设计方法，可以进一步降低开销。利用门级流水线结构，我们提出了 SAHB 元件设计方法，并评估了一个可进行全域 DVS 操作的 64 位 SAHB KS 加法器。

总之，我们证明了结合了 PCSL 或 SAHB 元件设计方法的 QDI（和伪 QDI）异步逻辑，能够提供一种低成本、高可靠性的无错误 DVS 电路和系统设计的解决方案。

参考文献

[1]　Chang J. S., Gwee B.-H., Chong K.-S. *Asynchronous-logic circuit for full dynamic voltage control*. US Patent US8791717B2, July 2014

[2]　Ma W.-H., Kao J. C., Sathe V. S., Papaefthymion M. C. "187MHz

subthreshold-supply charge recovery FIR." *IEEE J. Solid-State Circuits*, 2010, vol. 45(4), pp. 793–803

[3] Chang K.-L., Gwee B.-H., Chang J. S., Chong K.-S. "Synchronous-logic and asynchronous-logic 8051 microcontroller cores for realizing internet of things: a comparative study on dynamic voltage scaling and variation effects." *IEEE J. Emerg. Sel. Top. Circuits Syst.*, 2013, vol. 3(1), pp. 23–34

[4] Zhai B., Hanson S., Blaauw D., Sylvester D. "A variation-tolerant sub-200mV 6-T subthreshold SRAM." *IEEE J. Solid-State Circuits*, 2008, vol. 43(10), pp. 2338–2348

[5] Tajalli A., Alioto M., Leblebici Y. "Improving power-delay performance of ultra-low power subthreshold SCL circuits." *IEEE Trans. Circuits Syst. II*, 2009, vol. 56(2), pp. 127–131

[6] Jayakumar N., Khatri S. P. "A variation-tolerant sub-threshold design approach." *Proceedings of the 42nd Design Automation Conference (DAC)*, Anaheim, CA, USA, June 2005, pp. 716–719

[7] Hisamoto D., Lee W.-C., Kedzierski J., *et al.* "FinFET-a self-aligned double-gate MOSFET scalable to 20 nm." *IEEE Trans. Electron Devices*, 2000, vol. 47(12), pp. 2320–2325

[8] Wilson W. B., Un-Ku M., Lakshmikumar K. R., Liang D. "A CMOS self-calibrating frequency synthesizer." *IEEE J. Solid-State Circuits*, 2000, vol. 35(10), pp. 1437–1444

[9] Chang S.-C., Hsieh C.-T., Wu K.-C. "Re-synthesis for delay variation tolerance." *Proceedings of the 41st Design Automation Conf. (DAC)*, California, USA, June 2004, pp. 814–819

[10] Chong K.-S., Chang K.-L., Gwee B.-H., Chang J. S. "Synchronous-logic and globally-asynchronous-locally-synchronous (GALS) acoustic digital signal processors." *IEEE J. Solid-State Circuits*, 2012, vol. 47(3), pp. 769–780

[11] Raychowdhury A., Paul B. C., Bhunia S., Roy K. "Computing with sub-threshold leakage: device/circuit/architecture co-design for ultralow-power subthreshold operation." *IEEE Trans. VLSI Syst.*, 2005, vol. 13(11), pp. 1213–1224

[12] Sparsø J., Furber S. *Principle of Asynchronous Circuit Design: A System Perspective*. Norwell, MA: Kluwer Academic, 2001

[13] Martin A. J. "The limitations to delay-insensitivity in asynchronous circuits." In *Proceedings of the 6th MIT Conf. on Advanced Research in VLSI*, 1990, pp. 263–278

[14] Beerel P. A., Ozdag R. O., Ferretti M. *A Designer's Guide to Asynchronous VLSI*. Cambridge: Cambridge University Press, 2010

[15] Martin A. J., Nystrom M. "Asynchronous techniques for system-on-chip designs." *Proceedings of the IEEE*, 2006, vol. 96(6), pp. 1104–1115

[16] Zhou R., Chong K.-S., Gwee B.-H. Chang J. S. "A low overhead quasi-delay-insensitive (QDI) asynchronous data path synthesis based on microcell-interleaving genetic algorithm (MIGA)." *IEEE Trans. Comput. Aid. Design Int. Circuits Syst.*, 2014, vol. 33(7), pp. 989–1002

[17] Nowick S. M., Singh M. "Asynchronous design – part 2: systems and methodologies." *IEEE Design Test*, 2015, vol. 32(3), pp. 19–28

[18] Golani P., Beerel P. A. "Area-efficient asynchronous multilevel single-track pipeline template." *IEEE Trans. VLSI Syst.*, 2014, vol. 22(4), pp. 838–849

[19] Lin T., Chong K.-S., Chang J. S., Gwee B.-H. "An ultra-low power asynchronous-logic in-situ self-adaptive V_{DD} system for wireless sensor networks." *IEEE J. Solid-State Circuits*, 2013, vol. 48(2), pp. 573–586

[20] Jorgenson R. D., Sorensen L., Leet D., Hagedom M. S., Lamb D. R., Fridell T. H., *et al.* "Ultra low-power operation in subthreshold regimes applying clockless logic." *Proceedings of the IEEE*, 2010, vol. 98(2), pp. 299–314

[21] Sparsø J., Staunstrup J., Dantzer-Sorensen M., "Design of delay insensitive circuits using multi-ring structures." *Proceedings of the European Design Automation Conference*, 1992, pp. 7–10

[22] Chang J. S., Gwee B.-H., Chong K.-S. *Digital Asynchronous-Logic: Dynamic Voltage Control*, Final Technical Report for DARPA Project, HR0011-09-2-0006, 2010

[23] Chong K.-S., Ho W.-G., Lin T., Gwee B.-H., Chang J. S. "Sense-amplifier half-buffer (SAHB): a low power high-performance asynchronous-logic QDI cell template." *IEEE Trans. VLSI Syst.*, 2017, vol. 25(2), pp. 402–415

[24] Williams T. E., Horowitz M. A. "A zero-overhead self-timed 160-ns 54-b CMOS divider." *IEEE J. Solid-State Circuits*, 1991, vol. 26(11), pp. 1651–1661

[25] Singh M., Nowick S. M. "The design of high-throughput asynchronous dynamic pipelines: lookahead pipelines." *IEEE Trans. VLSI Syst.*, 2007, vol. 15(11), pp. 1256–1269

[26] Liu T.-T., Alarcon L. P., Person M. D., Rabaey J. M. "Asynchronous computing in sense amplified-based pass transistor logic." *IEEE Trans. VLSI Syst.*, 2009, vol. 17(7), pp. 883–892

[27] Nystrom M., Ou E., Martin A. J. "An eight-bit divider implementation in asynchronous pulse logic." *Proceedings of the 10th IEEE International Symposium Asynchronous Circuits Systems (ASYNC)*, Crete, Greece, May 2004, pp. 19–23

[28] Ferretti M., Beerel P. A. "High performance asynchronous design using Single-Track Full-Buffer standard cells." *IEEE J. Solid-State Circuits*, 2006, vol. 41(6), pp. 1444–1454

[29] Martin A. J., Lines A., Manohar R., Nystrom M., Penzes P., Southworth R., *et al.* "The design of an asynchronous MIPS R3000 microprocessor." *Proceedings of the 17th Conf. Advance Research in VLSI*, Ann Arbor, USA, 1997, pp. 164–181

[30] Lim Y. C. "Frequency response masking approach for the synthesis of sharp linear phase digital filters." *IEEE Trans. Circuits Syst.*, 1986, vol. 33(4), pp. 357–364

[31] Rabaey J. *Low Power Design Essentials*. Springer Publishing Company, 2009

[32] Calhoun B. H., Wang A., Chandrakasan A. "Device sizing for minimum energy operation in subthreshold circuits." *Proceedings of the IEEE 2004 Custom Integrated Circuits Conference*, Orlando, USA, October 2004, pp. 95–98

[33] Kondratyev A., Lwin K. "Design of asynchronous circuits using synchronous CAD tools." *IEEE Design Test Comput.*, 2002, vol. 19(4), pp. 107–117

[34] Cortadella J., Kondratyev A., Lavagno L., Sotiriou C. "Coping with the variability of combinational logic delays." *Proceedings of the IEEE International Conference on Computer Design (ICCD)*, San Jose, USA, October 2004, pp. 505–508

[35] Lin T., Chong K.-S., Chang J. S., Gwee B.-H., Shu W. "A robust asynchronous approach for realizing ultra-low power digital self-adaptive V_{DD} scaling system." *Proceedings of the IEEE Sub-threshold Microelectronics Conference (SubVT)*, Waltham, USA, October 2012, pp. 1–3

[36] Smith S. C., Di J. *Designing Asynchronous Circuits using NULL Convention Logic (NCL)*. Morgan & Claypool, 2009

[37] Fant K. M., Bandt S. A. "Null conventional logic: a complete and consistent logic for asynchronous digital circuit synthesis." *Proceedings of the International Conference on Application-Specific Systems, Architectures and Processors (ASAP)*, Chicago, USA, August 1996, pp. 261–273

[38] Chang J. S., Gwee B.-H., Chong K.-S. *Digital cell*. US Patent US8994406B2, March 2015

[39] Fuketa H., Hashimoto M., Mitsuyama Y., Onoye T. "Adaptive performance compensation with in-situ timing error predictive sensors for subthreshold circuits." *IEEE Trans. VLSI Syst.*, 2012, vol. 20(2), pp. 333–343

[40] Ho W.-G., Chong K.-S., Ne K. Z. L., Gwee B.-H., Chang J. S. "Asynchronous-logic QDI quad-rail sense-amplifier half-buffer approach for NoC router design." *IEEE Trans. VLSI Syst.*, 2018, vol. 26(1), pp. 196–200

第3章 异步电路的功耗–性能配平

本章作者：Liang Men[1]，Chien-Wei Lo[1]

握手协议消除了电路中的定时冲突，但也造成了电路性能的下降。在使用归零逻辑（NCL）[1]的异步设计中，每个 DATA/NULL 周期中都要生成并传播反馈信号，才能开启下一个周期。根据位宽和完备性检测逻辑，传播延迟可能是同步延迟的两倍[2]。在相关的研究工作中，将超前完备性检测和睡眠机制引入多阈值 NCL（MTNCL），可以减少传播延迟[3, 4]。本章重点介绍基于功耗和性能优化的异步电路的架构设计。在分析动态电压缩放（DVS）的并行框架和并发数据处理时，可以考虑异步流水线特性。本章还介绍了先进的内容，包括细粒度核心状态控制和异构架构。通常在设计异步电路芯片及其流片过程时都可以参考这些方法。

3.1 异步设计的流水线化

流水线化是提高系统吞吐量的常用概念。当将其用于同步电路时，寄存器被插入信号传播路径中，从而在一个时钟周期内实现多个操作。受到建立/保持时间和时钟偏移影响的定时，决定了流水线加速的上限。异步电路使用握手和 DATA/NULL 周期进行信号处理，不会破坏定时约定。但是如果设计得不细致，异步流水线会破坏握手循环，并导致更长的传播延迟。3.1.1 节介绍了一种基于异步保留进位加法器（CSA）的乘法器，这种乘法器使用 MTNCL 机制，展示了如何配平异步流水线以获得最优加速。异步流水线的另一个缺陷是多条路径之间的依赖性，因此需要校准每条路径的初始状态，以进行 DATA 周期的匹配，我们将在 3.1.2 节的有限冲激响应（FIR）滤波器实例中讨论。

3.1.1 流水线配平

吞吐量受流水线层级中最差传播延迟的限制，因此配平流水线对于获得最佳性能至关重要。在同步设计中，传播延迟来自一个寄存器到下一个寄存器的前向路径。但是等

---

1 Computer Science and Computer Engineering, University of Arkansas, Fayetteville, AR, USA

效异步电路中的传播延迟要加倍，因为异步电路不仅具有用于信号处理的前向路径，而且具有用于完备性检测的后向路径。具体来说，在使用睡眠信号产生 NULL 周期的 MTNCL 电路中，睡眠缓冲器是延迟的重要因素。以 MTNCL 型的 CSA 为例，图 3.1 展示了流水线化之前的结构，DATA 到 DATA 的周期 T_{dd} 如下：

$$T_{dd} = T_{comp\_datain} + 2 \times T_{sleep\_buf} + T_{comb} + T_{comp\_dataout} \tag{3.1}$$

预估流水线吞吐量如下所示：

$$吞吐量 = \frac{1}{T_{dd}} \tag{3.2}$$

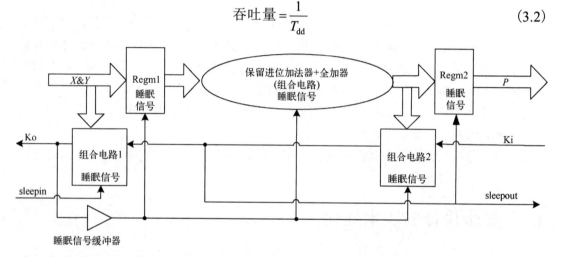

图 3.1　使用 MTNCL 机制的非流水线型保留进位乘法器

一般而言，采用更多的流水线层级，就可以提高乘法器的吞吐量。对于布尔逻辑设计而言，在关键路径中插入寄存器来平分传播延迟，会使吞吐量加倍。此方法同样适用于 MTNCL 机制，如图 3.2 所示。从式 (3.1) 中可以看出，MTNCL 流水线的 T_{dd} 不是仅由组合逻辑的延迟决定。对于图 3.2 中的两个流水线层级，延迟 T_{comp_datain}、$T_{comp\_dataout}$ 和 T_{comb} 相同。但是第一个流水线层级的组合逻辑比第二个流水线层级的组合逻辑大得多。在缓冲睡眠信号之后，T_{sleep_buf1} 也将大于 T_{sleep_buf2}。因为电路吞吐量受到流水线层级中 T_{dd} 最大值的限制，所以这两个流水线结构的吞吐量会随着输入位宽而按比例变差。在划分异步设计时，不仅需要考虑传播延迟，还需要考虑位宽和（电路）逻辑大小，二者决定了完备性检测逻辑和睡眠缓冲区延迟，这将会影响总延迟并使流水线性能变差。

3.1.2　流水线的依赖性

流水线化拥有多条数据通路的异步电路可能会很复杂。以 FIR 设计为例，由移位寄存器、多个加法器和多个乘法器构成的独立模块，形成了具有 8 位固定输入的通用抽头 FIR 滤波器。在图 3.3 所示的两条流水线中，底部流水线对输入数据进行卷积运算，顶部流水线移动输入数据。

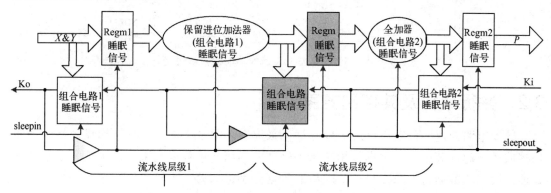

图 3.2　MTNCL 机制的流水线型保留进位乘法器

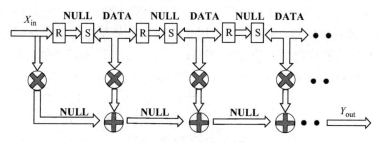

图 3.3　MTNCL 型 FIR 滤波器的初始状态

对于上述两种流水线结构，复位后底部流水线中的数据通路都处于"NULL"周期。因为采用移位寄存器将顶部流水线设计为一种特殊模式，所以数据通路在复位后，顶部数据通路特性变为"DATA"和"NULL"对。也就是复位后，底部流水线可视为"empty"，而顶部流水线可视为"full"。DATA 可以通过"empty"流水线传播，但进入"full"流水线时就需要"挤出"一个 DATA。所以当第一项数据进入流水线时，它能通过底部流水线传播，但会在顶部流水线的第一个寄存器处被阻塞。经过底部流水线的传播延迟，顶部流水线就会前向移动，然后这两条流水线就能接收下一项数据。因此，该架构的吞吐量是延迟的倒数，而不是流水线层级的最大 T_{dd} 的倒数。

尽管 FIR 滤波器中的所有加法器和乘法器都针对吞吐量进行了优化，但由于顶部流水线的 DATA 拥塞，FIR 滤波器的性能没有得到改善。如图 3.4 所示，为了提高由电路延迟引起的吞吐量，在顶部流水线中插入了初始化为 NULL 周期的多个流水线层级。复位后，顶部流水线与底部流水线具有相同数量的 NULL 周期，因此在内部数据进入后，顶部流水线中的 DATA 可以前移。

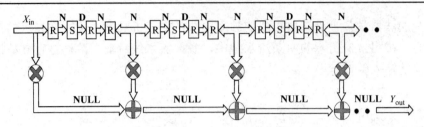

图 3.4　MTNCL 型 FIR 滤波器的吞吐量优化

3.2　并行架构及其控制方案

　　异步电路的速度可以通过进一步并行化来提高。图 3.5 中的并行架构设计将多个同构核放在一起，其中输入数据按轮转顺序处理。当第一项数据到来时，由第一个核进行处理；第二项数据进入第二个核，随后的数据分别进入第三个核和第四个核。当第五项数据到达时，会等待第一个核空闲之后进入第一个核。这种四核平台的最大加速比是单核的四倍。除计算单元外，外围电路包括用于分配输入数据的分配器（demultiplexer，DEMUX）和输入序列生成器（ISG），以及用于确保数据从整个平台中正确输出的选择器（multiplexer，MUX）和输出序列生成器（OSG）。除性能改进的好处外，异步流水线的独特功能还可以通过 DVS 来配平此平台的功耗和性能。

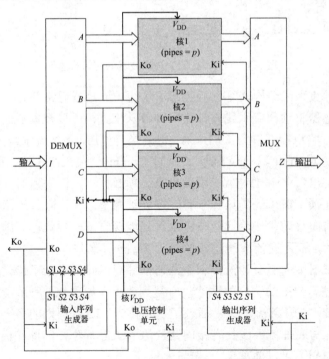

图 3.5　具有四核及电压控制单元的同构平台

3.2.1　适用于同构平台的 DVS

当输入数据速率较低时，在提升多核异步平台的能效方面，动态电压缩放(DVS)技术具有很大的潜力。由于自定时电路比同步电路能够承受更大的供电压降，因此 DVS 在异步域具有重要意义。此同构平台分为两个电压域：外围电路，包括分配器、选择器和输入/输出序列生成器等工作在最大供电压下，因此可以用最大速率将输入数据发送到核；核内电压是第二个域，根据输入数据速率上下调整。当输入数据速率较高时，这些核在最大供电压下工作，以获得最佳性能。此外，需要根据性能与能效的权衡来确定第二个域的压降。

图 3.6 中的电压控制单元(VCU)在上述平台中实现 DVS。VCU 的基本功能是检测输入数据速率的变化，并将此变化量化为最小和最大供电压范围内的参考值。在设计检测电路时会考虑 MTNCL 流水线延迟，并针对输入数据的各种变化情况设计预测电路，使 VCU 在复杂的环境下具有更高的效率。

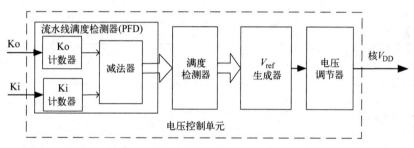

图 3.6　电压控制单元(VCU)的内部结构

3.2.2　流水线延迟和吞吐量检测

流水线化的电路的延迟是从首次输入数据到首次输出数据的延迟。在布尔流水线结构中，电路的延迟取决于时钟周期和流水线层级的数量。时钟频率与寄存器定时、组合延迟和时钟偏移有关。因此，从延迟方面来说，同步逻辑的性能最差。同步流水线延迟无法用于数据输入量化，它们都取决于时钟频率。在同步流水线上应用 DVS 时，必须实现额外的电路，如先进先出(FIFO)缓冲区。但对于异步机制的电路而言，先将所有层级初始化为 NULL，而后 DATA 周期沿着寄存器、组合逻辑块和完备性检测块来传播。MTNCL 流水线延迟是从输入端口到输出端口的传播延迟，其独立于输入数据速率，可以作为性能的基本量化指标。

在电压控制器内部，异步流水线延迟用作定时的周期来量化输入数据速率。采用 MTNCL 流水线延迟后，若输入数据速率很高，则 DATA/NULL 模式对可能会填满整个流水线；若输入数据速率较低，则每项数据可以在下一项数据进入流水线之前贯通所有 NULL

周期传播到输出端口。输入侧的 Ko 信号表示数据进入流水线，输出侧的 Ki 信号表示数据离开流水线。如图 3.6 的检测块所示，使用流水线满度检测器来累加 Ko 的上升沿数量并减去 Ki 的上升沿数量。满度检测器的值表示延迟期间流水线中的数据个数。假设 Ki 信号切换和输出端口的 DATA 或 NULL 变迁之间无延迟，那么流水线满度就能够量化输入数据速率。

3.2.3　流水线满度和电压映射

电压控制回路要基于满度检测器的信息。如果流水线中存在的数据过多，则电压将调高，否则电压将降低。例如，同构平台有 4 个 FIR 核，每个核有 8 个抽头作为计算单元。核内连接多种供电压的 V_{DD} 和最大工作负载需要考虑此平台的满度。当供电压高时，处理核运行速度快，流水线满度低。在最大工作负载时，流水线如果工作在最小电压下，就会积累最大数量的数据。表 3.1 给出了在 IBM 130 nm 工艺下，可调范围内流水线满度随供电压的变化。构建分压网络时需要考虑线性特性，在此平台中，当流水线为最小满度时，可提供 1.2 V 供电压，在最大满度时变为 0.6 V。

表 3.1　流水线满度观察表

核 V_{DD}	0.6 V	0.7 V	0.8 V	0.9 V	1.0 V	1.1 V	1.2 V
满度	12	10	9	8	7	6	5

3.2.4　负载预测

由于 MTNCL 电路对延迟非敏感，因此这个平台能够承受调整 V_{DD} 造成的延迟开销，而不会丢失数据或出现故障。对于突发性输入数据的某些应用，吞吐量调整可能滞后于输入变化，并降低整体性能。尽管可以采用大数据缓冲区来寄存所有输入数据，但在能耗方面，开销也会更大。因此需要设计一种负载预测器来增强 DVS 控制机制。

例如，在使用 4 个 FIR 核实现的同构平台中，流水线满度检测器具有 4 位二进制输出，整个状态空间要比以前多包含 16 倍的状态。然而，在硬件中实现 16 个状态会导致高开销。由于此平台中的流水线满度总是随着握手信号不断变化，因此可以研发一种简化算法来预测流水线满度的加速幅度，同时跟踪以前的历史信息。

在预测电路中，流水线满度检测器的输出 Q 由外部输入信号 sleepin 锁存，该信号用于在 MTNCL 中生成 NULL 周期。满度加速幅度精简为 3 种状态，即上升(Riseup)、不变(DonotChange)和下降(Lowdown)，并采用独热码(one-hot)表示。通过有限状态机(FSM)和已经寄存的 Q 来预测加速态，生成预测的满度 $PreQ$。在下一个 DATA 周期中，根据 $PreQ$ 和 Q 是否相等来评估 $PreQ$ 产生的信号是 miss(未命中)还是 hit(命中)。miss/hit 信号将更新 FSM，并预测随后的满度加速幅度。

状态切换机制模拟了两路分支预测器[5]，两路分支预测器通常用于增强指令流水线。在 FSM 中编码了五种状态：SR（强上升）、WR（弱上升）、SL（强下降）、WL（弱下降）和 DC（无关）。在 SR 和 WR 状态下，q' 的预测结果为 Riseup。在 SL 和 WL 状态下，q' 的预测结果为 Lowdown。在 DC 状态下，q' 的预测结果为 DonotChange。在 WR、DC 和 WL 之间，除了"miss"和"hit"，状态的迁移还取决于 q 的值；而对于其他状态，除了此信号，还要考虑先前的加速幅度，如图 3.7 所示。

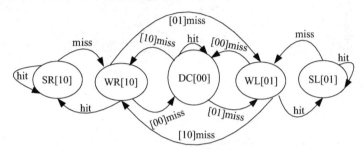

图 3.7　用于负载预测的状态机

3.2.5　电路的制造与测量

我们采用了麻省理工学院林肯实验室（MITLL）90 nm FDSOI CMOS 工艺[6]，并利用同构平台开发了一个 8 抽头布尔滤波器和 MTNCL 异步 FIR 滤波器，已流片成功。所有电路设计均针对 300 mV 供电压下的亚阈值操作进行了优化，并采用相同的 I/O 逻辑来减少布尔和 MTNCL 异步 FIR 物理实现的输入/输出引脚的数量。在整个测试过程中，V_{DD} 固定在 300 mV，并施加 -1 V 到 -2 V 范围内的基底偏压。测试环境温度保持在 25℃。

根据图 3.8 所示的布尔 FIR 滤波器及其 MTNCL 对应器件的测试结果，可以看到每项数据的能耗和芯片性能。我们在相同的运行速度范围内测量功耗和能耗。结果表明，在 300 mV 的 V_{DD} 和 -1.7 V 的基底偏压下，布尔 FIR 滤波器的运行速度范围为 260.5 Hz 到 1.303 Hz，每项数据的能耗从 10.37 nJ 到 2640.80 nJ 变化。在 300 mV 的 V_{DD} 和 -1.55 V 的基底偏压下，异步 FIR 滤波器的 T_{dd} 范围为 366.7 Hz 到 1.83 Hz，每项数据的能耗从 6.3 nJ 到 1352.34 nJ 变化。与布尔 FIR 滤波器的结果相比，MTNCL 设计中每项数据的平均运行速度要高 1.4 倍，能耗为原有的 1/1.5。

基于同构平台，我们还设计了一种更复杂的由 4 个并行处理数据的异步 FIR 滤波器组成的电路，在 0.3 V 的供电压和 -1.9 V 的基底偏压下对其进行测试，功能正常，相关的能耗和性能数据如图 3.9 所示。由于设计中取消了 I/O 逻辑，因此随着输入数据速率的增加，结果接近最大值。FPGA 测试方案的最佳能耗结果是每项数据消耗 49.364 pJ，T_{dd} 为 6.02 μs。当 T_{dd} 为 320.1 μs 时，此平台的能耗上升到每项数据消耗 2484.9 pJ。

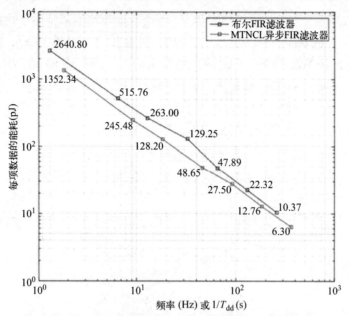

图 3.8　布尔和 MTNCL 异步 FIR 芯片的测试结果

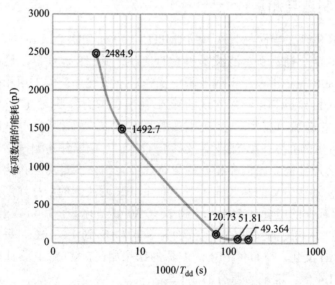

图 3.9　同构平台的芯片测试结果

3.3　功耗–性能配平的先进方法

并行处理的瓶颈是固定的输入/输出数据序列。如果所有核都以相同的速度工作，则此平台能达到最大速度；否则其性能受限于最慢的核。在最坏情况下，一个功能紊乱的核可能拖延其他核。本节介绍了两项改进：一是核禁用以实现对功耗-性能配平的细粒度控制，二是重新设计外围电路以支持异构执行。

3.3.1　加入核禁用的同构平台

通过引入核禁用来增强 DVS 以改进此架构，就能实现细粒度的功耗和吞吐量配平，如图 3.10 所示。高阈值电压晶体管用作供电开关(PS)，以启用/禁用核的供电压。将使能型电平转换器(ELS)插入并行核和外围部件之间,核断电后,二者的电压将会出现差异。图 3.11 给出了 ELS 的结构，当 EN 信号为高电平时，信号从 IN 传播到 OUT，并且电压电平发生转换。当 EN 信号为低电平时，OUT 接通供电压 V_{DD2} 保持在恒定值的外围部件。

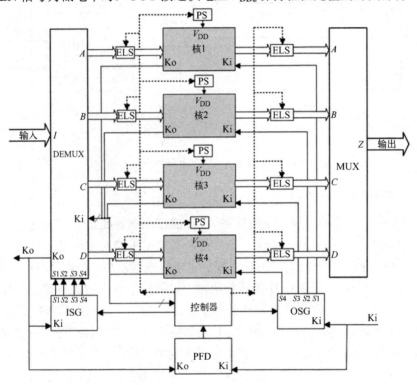

图 3.10　实现核禁用的同构平台

图 3.12 展示了具有 DVS 和核禁用功能的平台控制器。作为决策单元，此控制器可根据平台(整体)吞吐量来调整供电压和/或禁用核。图 3.6 的流水线满度检测器(PFD)可持续向控制器提供实时的平台(整体)吞吐量信息。用户使用核的最大和最小 T_{dd} 去配置控制器后，一旦控制器从 PFD 接

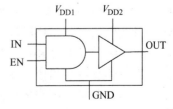

图 3.11　使能型电平转换器(ELS)模块

收到吞吐量信息，比较器就会将其与已填入查找表（LUT）中的吞吐量进行比较，比较结果将产生一个核电压-核启用对（CVCOP），此时控制器就会知道需要为供电压设置多大的数值，也会知道需要禁用多少个核。然后控制器启动禁用/启用序列，从而细粒度地控制核状态。下面将在 3.3.1.1 节和 3.3.1.2 节展开讨论。

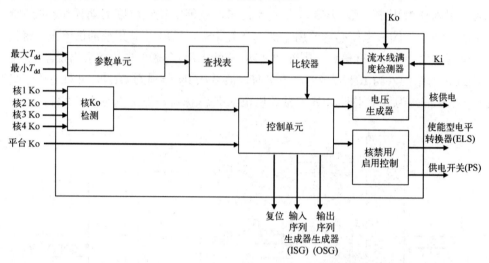

图 3.12　实现核电压-核启用对的平台控制器

3.3.1.1　核禁用/启用序列

使用 DVS 和核禁用的架构的主要优势，在于能够根据吞吐量进行供电使用的细粒度控制，同时适应平台工作负载的变化。一旦控制器知道了要为整个平台提供多少核供电电压及核数量，就会初始化不同的序列以调整核供电压或禁用核。我们针对核启用/禁用逻辑，重新设计了 PFD，如图 3.13 中的流程所示。以四核平台为例：最初，所有 4 个并行核都处于活动状态，将前四项数据发送到各个核进行处理，处理后的数据通过选择器以原始顺序送到输出端。一旦 PFD 检测到 T_{dd} 移动到核禁用区，控制器将初始化核禁用序列，如图 3.13（a）所示。核禁用序列以核 1、核 2 和核 3 的顺序进行。为了禁用核 1，控制器等待当前四项数据输出平台，而后将平台 Ko 设置为 rfd（请求 DATA）。之后，控制器首先使能核 1 输入和输出处的 ELS，然后关闭核 1 的供电开关。同时，控制器告知输入序列生成器（ISG）只向核 2、核 3 和核 4 分派三项数据，也会告知输出序列生成器（OSG）从这些核获取数据。

核禁用流程如图 3.13（b）所示。当检测到 T_{dd} 移动到核启用区时，控制器等待当前数据输出平台，而后将平台 Ko 设置为 rfd。一旦平台 Ko 变为 rfd，控制器就会打开核 1 的供电开关并将其复位。当核 1 流水线进入 NULL 状态且所有 Ko 变为 rfd 时，控制器禁用核 1 的 ELS。同时，控制器告知输入序列生成器和输出序列生成器发送和接收来自所有活动核的数据。

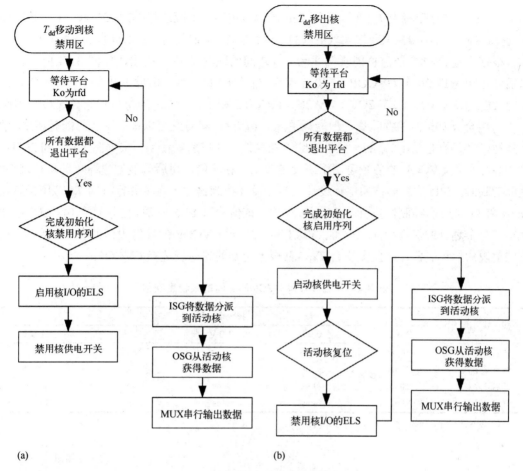

图 3.13　(a)核启用流程和(b)核禁用流程

3.3.1.2　核状态的细粒度控制方法

此同构平台的 DVS 方案基于 1.2.3 节中的一对一映射关系来缩放核供电压,其中有 7 个核供电压,对应 7 种平台吞吐量。DVS 再加上核禁用机制将映射范围扩展到两个维度。因此基于 DVS 和核禁用机制相结合,可以根据平台吞吐量对供电方式进行细粒度控制。基于用户对并行核控制器的最大/最小 T_{dd} 配置,平台吞吐量和 CVCOP 映射始终密切相关。

为了明确平台吞吐量和 CVCOP 之间的映射方法,我们在 MTNCL 同构平台上进行了研究。这种平台已经在 IBM 130 nm 工艺节点上实现,其中包含 4 个 FIR 滤波器核。我们将 DVS 范围设置为 0.8 V 至 1.2 V,并将 20 个 CVCOP 应用于此平台,从而获得 40 个输入数据模式,然后测量平台总能耗和平均吞吐量。理想情况下,平台吞吐量与总能耗呈单向关系,吞吐量越小,能耗越低。然而,测得的总能耗也指出能耗与 T_{dd} 之间存在非单向关系。例如,1.2 V/3C 和 1.1 V/3C 两点上的能耗高于邻近点 0.8 V/4C 和 1.0 V/3C 上的能耗,T_{dd}

差小于 1 ns。这意味着当 T_{dd} 在 6 ns 到 7 ns 的范围内时，不应选择 1.2 V/3C 和 1.1 V/3C，而应选择 0.8 V/4C 或 1.0 V/3C，以实现更低的平台总能耗，同时将对平台吞吐量的影响降至最低。

根据上述方法，平台总能耗与平台 T_{dd} 之间的映射关系为反比，如图 3.14 所示。所以后续不用考虑 20 个 CVCOP 到 20 个平台 T_{dd} 的映射，可以删除其中的 6 个 CVCOP：1.2 V/3C、1.1 V/3C、1.2 V/2C、1.1 V/2C、1.2 V/1C 和 1.1 V/1C。因为与其他 CVCOP 相比，这 6 个组合具有相似的吞吐量，但能耗更高。剩余的 14 对就可以提升平台总能耗和 T_{dd} 的一致性，更好的能耗和 T_{dd} 的一致性意味着能耗按吞吐量所需使用。根据图 3.14，可以观察到的吞吐量和 CVCOP 的关系可用于研发参数化的吞吐量，而后就能创建吞吐量和 CVCOP 之间的映射。FIR 滤波器核的电路设计人员在设计控制器时，应将并行核的 T_{dd} 范围配置在 16 ns 和 3 ns 之间。控制器执行从 16 减去 3 并将该值除以 14 的计算。在分配给 14 个 CVCOP 之前，每个划分的值都会向上取整，得到平台 T_{dd} 到 CVCOP 的映射表，如表 3.2 所示。得到映射表后，控制器持续监测平台 T_{dd}，并根据得到的映射表选择 CVCOP。

表 3.2   平台 T_{dd} 和 CVCOP 之间的细粒度映射

核 状 态	核 电 压				
	0.8 V	0.9 V	1.0 V	1.1 V	1.2 V
开启 1 个核	16 ns	15 ns	14 ns	N.S.[1]	N.S.
开启 2 个核	13 ns	12 ns	11 ns	N.S.	N.S.
开启 3 个核	10 ns	9 ns	8 ns	N.S.	N.S.
开启 4 个核	7 ns	6 ns	5 ns	4 ns	3 ns

1   没有选用此核电压-核启用对（CVCOP）。

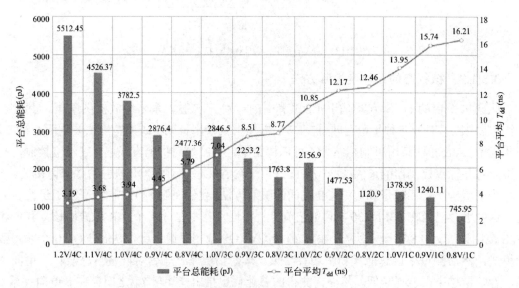

图 3.14   控制器吞吐量-CVCOP 映射策略

3.3.2　异构平台的架构

打破数据输入顺序的另一种方法是在请求数据时，平台立即将数据分派到核。但是，如果在短时间内有多个自主运转的核请求数据，可能就会发生冲突。为了防止出现冲突，需要一种仲裁机制来保障对平台公共数据总线的互斥访问。在发生冲突时将最高优先级分配给最慢的核，可以避免整体吞吐量的最坏情况。

图 3.15 给出了一个包含 n 个核的通用异构平台。为了使每个核的 rfd 状态互斥，需要加入一个通用的异步仲裁器。复位后，所有内核都在请求 DATA 且 Ko 信号变为 rfd，而仲裁器只会授权一个核访问外部数据总线，其他核保持其状态。在分配器成功分派数据后，被授权核的 Ko 信号将被置为 rfn（请求 NULL）。在此初始回合之后，仲裁电路通过公共输入数据总线授权另一个核对 DATA 的请求。如果两个或更多的 rfd 几乎同时到达，则通过给最慢的核分配最高优先级来最小化这些核的平均等待时间。在其他情况下，仲裁网络采用先到先授权的方式提供服务。因此，在 rfd 状态下握手信号的互斥性是能够保证的。

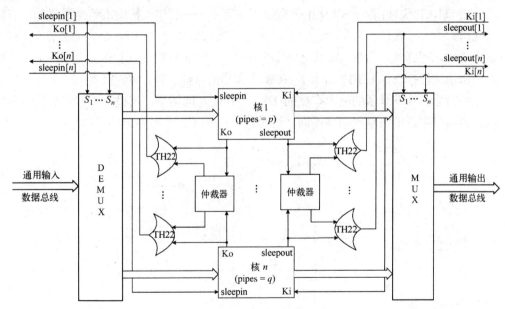

图 3.15　异构平台的架构

3.3.2.1　基于 NULL 周期约简方法的选择器和分配器设计

NULL 周期约简（NCR）可以减少多核架构中 I/O 端口上的 NULL 周期，从而增加了 NCL 系统的吞吐量。在这个异构平台中，外部端口与内核的所有握手信号都有助于在分配器和选择器中实现 NCR 技术。

分配器将公共输入数据总线划分为连接到内核的 n 个输出数据通路。数据发送操作由专用的 sleepin 信号控制。分配器的结构设计如图 3.16 所示，bufm 是一种具有睡眠机制的 MTNCL 缓冲器。当睡眠信号有效时，输出强制为 "0"；否则与输入相同。通过将 bufm 门插入输入数据通路的所有轨中，使得在所有 sleepin 信号都处于活动状态时，分配器会在复位后输出一个 NULL 波。在此平台中，核的 rfd 状态是互斥的，这意味着每次仲裁只能停用一个 sleepin 信号，所以只有将 rfd 授权给核的数据通路才能在 DATA 波期间连接到公共输入数据总线。如果它的 rfd 未被授权，分配器将自动在异步核的数据通路上生成一个 NULL 波。因为在

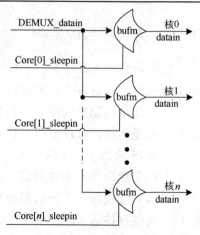

图 3.16　异构平台的分配器

不同输入数据之间切换时不需要并入 NULL 间隔子，所以简化了公共输入数据总线接口。

选择器的设计方法与之类似，它将内核的所有输出选连到平台中单个输出数据总线上。同样，MTNCL 缓冲门——以及互斥的核唤醒信号——会加在核输出数据通路的所有轨上，以确保只有一个核产生数据状态。为了消除公共输出总线上的 NULL 间隔子，授权了输出数据总线访问的核，其 DATA 状态由 OR 树和 C 单元门（TH22 门）保持，直到下一个核的数据输出请求被授权。图 3.17 给出了 NCR 选择器的结构，它能够选择来自多个核的数据进行单比特输出。该选择器的输出在核的 DATA 状态之间切换，其模式类似于公共输入数据总线，输出顺序可能与输入顺序不同。这种配置产生了一个可伸缩的异构平台。

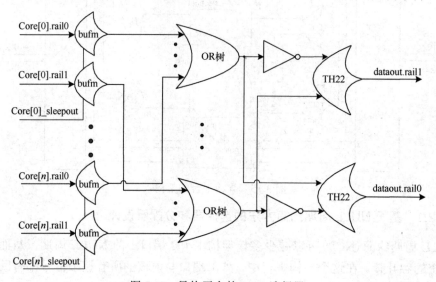

图 3.17　异构平台的 NCR 选择器

3.3.2.2   异步仲裁器设计

握手部件要求沿多个输入通道的通信是互斥的。处理这种情况所需的基本电路是互斥单元(选择器,MUTEX)[7],如图 3.18 所示。该电路包含一个 NAND 门构成的锁存器和一个亚稳态滤波器。输入信号 $R1$ 和 $R2$ 来自两个独立请求源,MUTEX 的任务是将这些输入传递给相应的输出($G1$ 和 $G2$),要求在任何给定时间最多有一个输出被激活。

MUTEX 电路用于构建具有 N 路输入的通用仲裁器电路。在参考文献[8]中研究了诸如网格、树和令牌环仲裁器,得出的结论是不能保证先到先授权。在当前方案中,如果没有先到先授权仲裁,即使第三个核的 rfd 已经激活,两个核之间的 rfd 竞争也可能使第三个核陷入饥饿状态。参考文献[8]中还开发了一种新架构,它需要 C_n^2 个 MUTEX 来防止出现 N 路请求的饥饿状态。

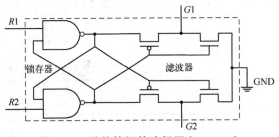

图 3.18   晶体管级的选择器(MUTEX)

3.3.2.3   平台级联

上述架构的好处之一是平台级联更灵活,无须重新设计数据序列电路,只用连接选择器/分配器的公共数据总线及握手信号,就能实现平台级联。如图 3.19 所示,两个具有相同核的平台(前面为模块 A,后面为模块 B)水平级联。在模块 A 中,两个仲裁器使来自不同核的 Ko 和 sleepout 信号互斥;因为 RFD 在模块 A 中已经是独占的,所以模块 B 只需要一个仲裁器来处理 sleepout 信号。模块 A 的输入来自公共输入数据总线,模块 A 的输出数据是模块 B 的输入数据。模块 A 和 B 对输入和输出进行仲裁,但并行计算。延迟非敏感电路的自定时特性避免了模块 A 和 B 之间的任何定时问题。此外,高度模块化的接口使平台集成方案具有更强的可扩展性,故适用于大系统。

3.4   结论

基于延迟非敏感 NCL 和多阈值 CMOS 技术设计的异步电路继承了低功耗的优势,但也降低了速度,所以需要采用电路流水线和并行架构来减少性能缺陷。在本章的前面,为了优化数字信号处理电路,推导了 NCL 流水线的吞吐量和延迟,给出一个与同步计数器性能相同的通用 FIR 设计实例。

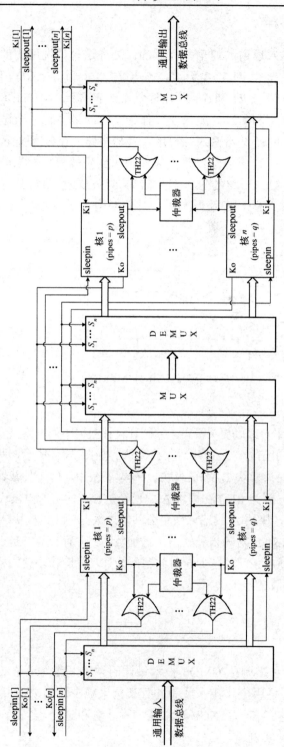

图 3.19　两个异构平台的级联

在 3.2 节中，我们设计了一种可扩展的并行计算架构，从而提升了性能。除此之外，DVS 实现了功耗和性能的配平控制。本节还介绍了一种有效的满度变化预测算法，可以将 DVS 用于更大的系统工作负载区间。该平台使用 MITLL 90 nm 工艺，每项数据消耗49.364 pJ，当 DATA 到 DATA 周期时间为 6.02 μs 时性能最佳。

本章也提出了面向细粒度核状态控制和一种新架构的功耗-性能配平方案。采用核启用/禁用序列和细粒度状态控制，可以得到 DVS 的最大增益。同时也将 NULL 周期约简和异步仲裁电路的通用数据 I/O 端口纳入此异构平台，可以为水平和垂直扩展提供高度模块化的接口。这些方法证明了异步电路在大规模、多线程和可扩展计算应用程序中的优势。

参考文献

[1] Fant, Karl M. and Scott A. Brandt. "NULL convention logic^TM: a complete and consistent logic for asynchronous digital circuit synthesis." *Proceedings of International Conference on Application Specific Systems, Architectures and Processors, 1996, ASAP 96*, IEEE, 1996.

[2] Smith, Scott C. "Completion-completeness for NULL convention digital circuits utilizing the bit-wise completion strategy." *Proceedings of the International Conference on VLSI, VLSI'03*, Las Vegas, Nevada, USA, June 23–26, 2003, pp. 143–149.

[3] Smith, Scott C. "Speedup of self-timed digital systems using early completion." *Proceedings of IEEE Computer Society Annual Symposium on VLSI. New Paradigms for VLSI Systems Design. ISVLSI*, IEEE, 2002.

[4] Bailey, Andrew, Ahmad Al Zahrani, Guoyuan Fu, Jia Di, and Scott C. Smith. "Multi-threshold asynchronous circuit design for ultra-low power." *Journal of Low Power Electronics* 4, no. 1–12 (2008): 337–348.

[5] Yeh, Tse-Yu and Yale N. Patt, "Two-level adaptive training branch prediction." *Proceedings of the 24th Annual International Symposium on Microarchitecture, ACM (1991)*, pp. 51–61.

[6] Vitale, Steven, Peter W. Wyatt, Nisha Checka, Jakub Kedzierski, and Craig L. Keast. "FDSOI process technology for subthreshold-operation ultralow power electronics." *Proceedings of the IEEE* 98, no. 2 (2010): 333–342.

[7] Seitz, Charles L. "Ideas about arbiters." *Lambda* 1, no. 1 (1980): 10–14.

[8] Liu, Yu, Xuguang Guan, Yang, and Yintang Yang. "An asynchronous low latency ordered arbiter for network on chips." In *2010 Sixth International Conference on Natural Computation (ICNC)*, Vol. 2, 2010, pp. 962–966.

第4章 面向超低电压的异步电路

*本章作者：*Chien-Wei Lo[1]

基于互补金属氧化物半导体(CMOS)集成电路(IC)的现代数字系统对功耗和发热越来越敏感，这直接影响了系统的性能和可靠性。可以通过缩放供电压、减小晶体管的尺寸、限制翻转行为等技术来有效地降低系统的功耗。其中缩放供电压是降低系统功耗最有效的方法之一。供电压的持续降低将要求晶体管在亚阈值区工作。采用为亚阈值操作而优化的晶体管工艺制程，为构建能够在超低供电压下工作及显著降低功耗的数字系统提供了必要的基石。

与同步电路相比，异步电路在近阈值的工作电压域[1]具有独特的能力，因为其不受定时限制，也不太容易受到噪声和串扰效应等信号完整性问题的影响。因此，异步电路适合在超低供电压下工作，从而能充分发挥其固有的低功耗特性。为了证明异步电路可在超低供电压下正常工作(此时晶体管工作在亚阈值区)，我们使用麻省理工学院林肯实验室(MITLL)90 nm 超低功耗(XLP)的完全耗尽型绝缘体上硅(FDSOI)CMOS 工艺设计和制造了一系列数字异步电路，该工艺下的晶体管可工作在 300 mV 供电压下。

利用该工艺设计的数字电路包含同步有限冲激响应(FIR)滤波器、异步 FIR 滤波器和带有 4 个 FIR 滤波器的异步同构并行数据处理平台。我们通过物理测试来测量电路的运行速度和功耗，以证实异步电路在真实的超低供电压下运行的能力，并评估降低功耗的益处。通过对异步 FIR 滤波器和同步 FIR 滤波器进行比较，证明了异步设计可以在亚阈值的工作电压范围内以更高的速度和更低的功耗工作。我们还设计了同步环形振荡器和异步环形振荡器，并将其布局在晶片的不同位置，观察其振荡频率来研究晶片内部的工艺变化。

4.1 简介

4.1.1 亚阈值操作和 FDSOI 工艺

降低数字系统功耗的最有效的方法是降低供电压[2]。动态功耗方程 $P_{dyn} = C_L V_{DD}^2 f$[3]

---

1 Computer Science and Computer Engineering Department, University of Arkansas, Fayetteville, AR, USA

表明缩放供电压可将功耗将为原来的一半。随着移动设备[4]等低功耗应用的持续需求，供电压已经缩放到低于晶体管的阈值电压，这体现了在亚阈值进行晶体管和相应的工艺制程优化的重要性。对于工作在亚阈值区的晶体管，其栅极电压低于阈值电压，因此表面电位由栅极下的耗尽区控制，并且从源极到漏极几乎是恒定的，所以导致漂移电流接近于零。这样，晶体管导通状态电流由扩散电流而不是漂移电流[5]决定。在亚阈值区工作的晶体管比在强反转区（漂移电流占主导地位）工作的晶体管的能效高得多。

除扩散电流外，亚阈值摆幅是亚阈值晶体管的另一个重要特征。亚阈值摆幅可以定义为 $\ln(10)\dfrac{kT}{q}\left(1+\dfrac{C_d}{C_{ox}}\right)$[6]。理想的亚阈值摆幅是通过将亚阈值斜率因子 $\left(1+\dfrac{C_d}{C_{ox}}\right)$ 固定到 1（氧化物厚度约为零），可得出 $S=\ln(10)\dfrac{kT}{q}$，所以在 300 K 室温下理想的亚阈值摆幅为 60 mV/dec[7]。对于大部分 CMOS 工艺，氧化物厚度不会为零，因此亚阈值摆幅总是高于理想值。亚阈值摆幅越小，晶体管在开、关状态之间切换的速度越快。为了提升亚阈值晶体管的能效，降低供电压似乎是最直接的方法。然而，降低供电压会导致亚阈值下漏电流的显著增加[8]。与大部分 CMOS 工艺相比，完全耗尽型绝缘体上硅（FDSOI）工艺具有固有的低泄漏性，并具有优越的亚阈值摆幅[9]，非常适用于低功耗的 CMOS 应用。结合 FDSOI 和面向亚阈值优化的晶体管，可以降低数字系统的动态功耗和泄漏功耗[10]。

MITLL 90 nm XLP FDSOI CMOS 工艺提供了一种基于金属栅极 FDSOI 器件[10]的新型晶体管工艺，优化后可在 300 mV 电压下运行。与常规的 1.2 V 主流硅基 CMOS 相比，新型晶体管工艺可降低 90%的翻转能耗[10]。FDSOI CMOS 工艺提供了 5 个金属层和 4 类器件，即用于核心逻辑的亚阈值 NMOS 和 PMOS 器件，以及用于 I/O 的超阈值 NMOS 和 PMOS 器件。

4.1.2　归零逻辑和多阈值归零逻辑

异步电路采用归零逻辑（NCL）和多阈值归零逻辑（MTNCL）进行设计。NCL 是一种延迟非敏感（DI）的异步方案。只要晶体管开关合理，NCL 电路就能正常工作。因此，NCL 电路不像同步电路那样受定时限制。NCL 电路包括 27 个基本门[11]，其中一个 NCL 阈值门如图 4.1 所示。NCL 阈值门的独特特性是通过迟滞性来保持状态的能力[11]，一旦 n 个输入中的 m 个是有效的，那么输出就是有效的。阈值门的输出有效后，要求所有 n 个输入都失效后，阈值门的输出才能失效。NCL 电路的延迟非敏感特性是通过双轨或四轨信号来实现的。双轨信号采用两根导线 D^0 和 D^1。这两根导线用来描述 NCL 的四种不同状态：$D^0=1$ 和 $D^1=0$ 表示 NCL 中的 DATA0 状态；$D^0=0$ 和 $D^1=1$ 表示 NCL 中的

DATA1 状态；$D^0 = 0$ 和 $D^1 = 0$ 表示 NCL 中的 NULL 状态，即表示当前数据不可用；$D^0 = 1$ 和 $D^1 = 1$ 表示 NCL 中的无效状态。请求和应答信号分别用 Ki 和 Ko 表示，用于控制 DATA/NULL 周期。

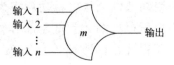

图 4.1　NCL 中的阈值门 THmn

　　可以将可睡眠晶体管添加到 NCL 阈值门中，以实现门控功耗和零（NULL）状态。带有可睡眠晶体管的 NCL 阈值门称为 MTNCL 阈值门。通过将门的睡眠信号设置为高，可以将 MTNCL 阈值门的输出拉低，从而产生 NULL 状态。对于一组当前和之前的 DATA 状态，需要在两个 DATA 状态之间插入一个 NULL 状态，以防止重叠。当门处于 NULL 状态时，可睡眠晶体管还可以通过门控从电压源流出的电流来限制泄漏功耗。请求信号 Ki 和应答信号 Ko 用于控制 MTNCL 电路的 DATA/NULL 周期。与 NCL 相比，MTNCL 具有降低设计复杂性和提高能效的优点。

4.2　异步与同步的设计

　　我们设计了 5 个同步和异步电路，它们可以在 300 mV 的超低供电压下工作。这些电路包括：同步环形振荡器、同步 FIR 滤波器、异步环形振荡器、异步 FIR 滤波器、异步同构并行数据处理平台。

4.2.1　同步和异步（NCL）环形振荡器

　　同步环形振荡器由 11 个反相器和一个 AND 门构成，其中 AND 门用来关闭振荡器。异步环形振荡器使用 11 个 NCL 寄存器，其中 10 个寄存器复位为 NULL，一个寄存器复位为 DATA0，电路整体的使能信号被用作所有寄存器的复位信号。当使能信号有效时，11 个寄存器中有 10 个被复位为 NULL，最后一个寄存器被复位为 DATA0。一旦复位无效，就允许电路以自己的速度振荡，寄存器开始在流水线内传播一个 DATA 波，该 DATA 波最初是由复位为 DATA0 的寄存器输出的。

4.2.2　同步 FIR 滤波器

　　布尔 FIR 滤波器有一个包含三个基本部件——加法器、乘法器和移位寄存器的前馈结构。加法器采用通用的行波进位加法器（RCA）实现，乘法器采用保留进位加法器（CSA）构建。在同步设计中，移位寄存器是一系列 D 触发器。如图 4.2 所示，一个带有硬编码系数的 8 抽头 FIR（8-tap FIR）滤波器在流片后将作为测试对象。FIR 电路的输入为 8 位整数，卷积后输出为 22 位。对于物理实现，在同步设计中添加了简单的 I/O 逻辑，以减少 I/O 端口的数量。输入逻辑电路是一个带有 8 个 D 触发器的移位寄存器，仅使用一个输入引脚串行移动数据，然后在每 8 个输入时钟周期将数据加载到 FIR 滤波器的输入端口；

输出逻辑电路的排布方式与输入逻辑电路的相反，即为并行输入，而后串行输出，如图 4.3 所示。该电路内部有 22 个移位寄存器，每个寄存器的输入被连接到一个 2 选 1 的 MUX 的输出。MUX 由一个名为"load_shift"（L/S）的外部信号控制，以决定它是将 FIR 滤波器的输出加载到输出逻辑电路，还是将已加载的数据移出芯片。

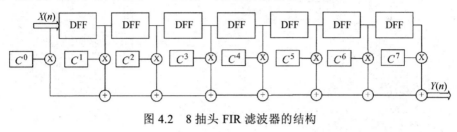

图 4.2　8 抽头 FIR 滤波器的结构

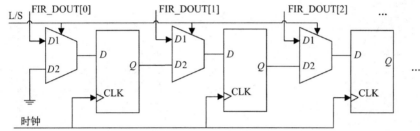

图 4.3　同步 FIR 设计中的输出逻辑电路

4.2.3　异步（MTNCL）FIR 滤波器

异步方案已被证明有利于数字信号处理（DSP）[12]。经典的 DSP 应用包含三要素：A/D 转换器、数字处理电路和 D/A 转换器。如参考文献[13, 14]所述，使用间歇性跨电平采样方案的异步 ADC 可通过信号的统计特性来提高能效。与传统的 ADC 将间歇性前端流处理成时钟采样的样本流不同，在处理异步数字处理器的间歇性采样时，采用异步 ADC 的效果更好。FIR 滤波器主要负责卷积运算，卷积运算是 DSP 应用的基本组成部分。因此，本章选择在异步电路中实现 FIR 滤波器，并与同步 FIR 滤波器进行了运算速度和能效的比较。

如图 4.4 所示，异步 FIR 滤波器采用与同步 FIR 滤波器相同的结构，其由 8×8 位无符号乘法器、通用加法器及具有复位为 NULL（Regnm）和复位为 DATA（Regdm）的移位寄存器构成。同步和异步设计的主要区别在于移位寄存器。对于同步设计，其移位寄存器是一系列 D 触发器。而在异步设计中，需要一个数据周期，以便在复位后将数据插入移位寄存器来保持延迟。随着通用设计规模的扩大，还需要在延迟路径中插入更多的复位为 NULL 的寄存器，以确保吞吐量[15]。对于抽头输出的物理实现，采用了与同步的硬编码系数值相同的 8 抽头 FIR 滤波器。在异步 FIR 设计中也实现了类似于同步的 I/O 逻辑，以减少 I/O 端口。

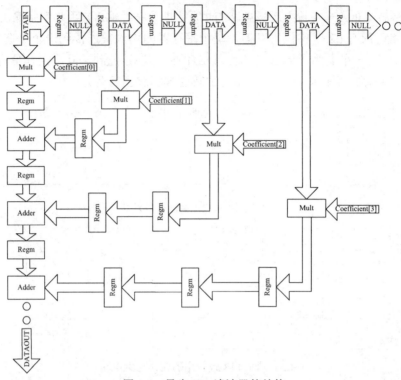

图 4.4   异步 FIR 滤波器的结构

4.2.4   MTNCL 异步同构并行数据处理平台

单个运算核的计算性能受到电压和频率缩放的限制，只有当电压和频率缩放达到一定的程度时，运算核的功耗和产生的热量才会对核的性能和可靠性产生负面影响。并行化已被引入到大规模、高性能的计算中来提高能效，并且可以不牺牲吞吐量。并行计算的一种应用是多核处理系统[16]。该系统采用固定数量的低频低供电压运算核代替单个高频高电压运算核。通过将输入数据调度到多个运算核，而后将输出融合，可以达到 Amdahl 定理所允许的最大速度。参考文献[17]表明，MTNCL 系统可以采用并行架构来提高性能和能效。

为了进一步提高 MTNCL 系统的吞吐量和功耗，并证明并行性的优势，我们设计了一个并行数据处理的同构平台。通过权衡面积和性能，该平台整合了具有相同功能的 4 个 FIR 核，其吞吐量是单个 FIR 核的 4 倍。图 4.5 展示了同构平台的顶层架构，除计算核外，还设计了分配器和输入序列生成器来分发输入数据，而选择器和输出序列生成器保证了数据退出平台时的正确性[18]。我们也实现了电压控制单元(VCU)，VCU 可以在平台上动态地缩放电压，感知输入数据速率的变化，并将该变化映射到最小和最大供电压的范围内。当 VCU 探测到输入数据速率增加时，它将会把运算核的供电压提高到最大值，以获得最佳性能。当输入数据速率下降时，供电压会降低到最小值，此时不再需要考虑性能，并以提高能效为代价。

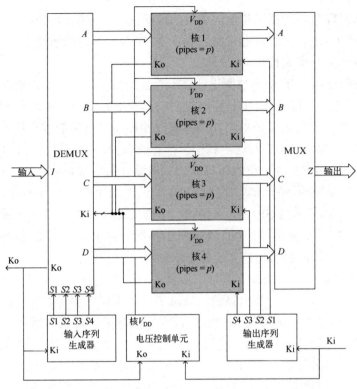

图 4.5　同构平台的顶层架构

　　该平台的操作原理是将前 4 项数据依次发送到 4 个活动 FIR 核进行处理。一旦对这 4 项数据的处理完成，选择器将按照与输入相同的顺序将处理后的数据传送给输出。然后，该平台将请求新的 4 项数据进行处理。输入序列生成器、输出序列生成器和选择器必须以最大的速度运行，才能保证平台正确地接收和分发数据。因此，即使 4 个并行运算核在 300 mV 的 V_{DD} 下工作，序列生成器和选择器也要在 1.2 V 的 V_{DD} 下工作，这是工艺制程规定的最大供电压。

　　上述平台由 4 个 8 抽头异步 FIR 滤波器组成运算单元。由于电路足够大，因此可以布局所有的 I/O 引脚，在此设计中没有使用 I/O 逻辑电路。

4.3　物理测试方法

　　我们采用 MITLL 90 nm XLP FDSOI CMOS 工艺制造了超低供电压的同步和异步电路，也专门开发了物理测试方法来测量电路中消耗的电流。然而，在测试功能和测量功耗时，电路的超低供电压是一个独特的挑战。测试系统(如示波器、探头和连接方法)产生的噪声很容易叠加到 300 mV 的信号上。因此需要采取一系列措施，以大幅降低测量系统的噪声，从而提高功能测试和电流测量的准确性。所采取的措施是将示波器的输入限定为 50 Ω 而非 1 MΩ，将示波器带宽限制在 20 MHz，并使用示波器的高分辨率模式，使信号平均以进一步减少随机噪声。

该测量系统包括用 FPGA 向被测设计(DUT)发送数据、从 DUT 接收数据，还有一个定制的 PCB 用来提高和降低 DUT 输出与 FPGA 输出的信号电压，一个用来承载 DUT 的测试 PCB，以及一个用来验证电路功能并获取功耗测量结果的混合信号示波器。

Xilinx FPGA 用于向 DUT 发送测试信号，并读取 DUT 输出。DUT 工作在 300 mV 的 V_{DD} 下，明显低于 FPGA 的工作电压(1.8 V)。所设计的电平转换 PCB 用于将 FPGA 输出信号电压从 1.8 V 降至 300 mV，以便被 DUT 识别。DUT 输出信号电压被此 PCB 从 300 mV 上调至 1.8 V，以供 FGPA 识别。在整个测试过程中，DUT 的 V_{DD} 固定在 300 mV，因为晶体管面向 300 mV 亚阈值的运算来优化，并且从 –1 V 到 –2 V 的基底偏压也符合工艺制程推荐。测试环境的温度保持在室温 25℃ 左右。

我们采用 Tektronix 公司的混合信号示波器和电流适配器[19]来获得功耗测量结果。这里选用了特殊的电流适配器，其增强的电流范围分辨率可以测量微安(±0~1000 μA)和纳安(±0~1000 nA)量级的数字电路电流，故此电流适配器被认为适合于低功耗设计的功耗测量任务[19]。电流适配器可以设置为 1 mV/mA、1 mV/mA 和 1 mV/nA 刻度，所以测量的电流与电压输出可以为 1:1 的关系[19]。例如，若设置为 1 mV/μA 刻度，电压输出为 5 mV，则采集的电流为 5 μA。此外，还使用连接到电流适配器的混合信号示波器来测量一段时间内 DUT 消耗的电流。

4.4　物理测试结果

代工厂总共送来 12 个晶片，每个晶片上有 5 个电路，均被切割成 5 个芯片。各电路芯片均采用银基高电导率环氧树脂的双列直插式封装(DIP)，以确保 FDSOI 工艺所需且适当的反向偏置。首先使用探针测试仪验证电路的功能，然后使用混合信号示波器和电流适配器进行性能与功耗测量。Xilinx FPGA 用于提供输入信号，并结合电平转换 PCB 来将输入信号电压从 1.8 V 降至 300 mV。然后将 300 mV 的输入信号传送到连接在电路输入引脚的输入探头上。通过与输出探头连接的示波器读取电路的输出。一旦探针测试仪验证电路功能正常，就会将其移动到 4.2.3 节所述的测试装置中，继续测量其运行速度和功耗。

我们测量了同步和异步环形振荡器的振荡频率，也测量了同步和异步 FIR 滤波器的相关数据，以及具有 4 个 FIR 滤波器核的异步同构并行数据处理平台运行时的总功耗和每数据能耗。

4.4.1　同步设计

同步环形振荡器和 FIR 滤波器在经过设计、制造和测试之后，可以在 300 mV 的 V_{DD} 下正常运行。

由于同步环形振荡器的结构简单，功能也很基础，因此我们首先对其进行测试。根据工艺制程推荐，环形振荡器的功能测试采用 300 mV 的 V_{DD}，反向偏置的范围为–2.5～–3.5 V。首先将环形振荡器的使能信号设置为 0，然后设置为 1，使环形振荡器能够输出。环形振荡器启动后，记录其振荡频率。为了观察晶片之间的工艺偏差，会将两个环形振荡器布局在单个晶片上，所以对于 12 个晶片，共测量了 24 个环形振荡器的振荡频率，其结果如图 4.6 所示。

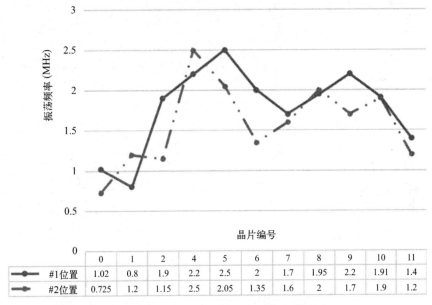

	0	1	2	4	5	6	7	8	9	10	11
#1位置	1.02	0.8	1.9	2.2	2.5	2	1.7	1.95	2.2	1.91	1.4
#2位置	0.725	1.2	1.15	2.5	2.05	1.35	1.6	2	1.7	1.9	1.2

图 4.6　同步设计的环形振荡器的振荡频率

频率的测量结果表明，放在#1 位置的环形振荡器的振荡频率为 0.8～2.5 MHz，平均频率为 1.78 MHz。放在#2 位置的环形振荡器的振荡频率为 0.725～2.5 MHz，平均频率为 1.57 MHz。因此，#1 位置的同步环形振荡器的振荡频率比#2 位置的快约 13%。#1 位置的环形振荡器的较高振荡频率表明，由于随机工艺偏差，环形振荡器供电轨可能在特定位置出现略大的宽度。另一种可能性是，在特定位置，环形振荡器内部的反相器之间的互连较短。稍宽的供电轨和较短的互连的复合影响，导致振荡频率增加。

然后，我们测试同步 FIR 滤波器。FIR 的功能测试使用 300 mV 的 V_{DD}，根据工艺制程推荐，晶片在–1.94～–3.04 V 的范围内有反向偏置。首先将 FIR 滤波器的复位信号设置为 1，在输出变为 0 后，复位信号将被置为 0，输入数据开始由 FPGA 送入 FIR 滤波器。复位信号变为 0 后，电流适配器测量从供电源到滤波器的电流。基于 FIR 滤波器消耗的供电源电流，在一定的运行速度范围内测量 FIR 的总功耗和每数据能耗，其结果分别如图 4.7 和图 4.8 所示。

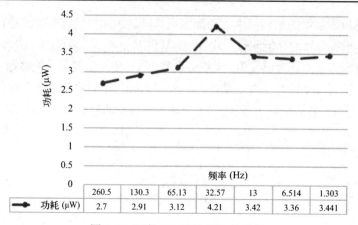

图 4.7　同步 FIR 滤波器的总功耗

频率 (Hz)	260.5	130.3	65.13	32.57	13	6.514	1.303
功耗 (μW)	2.7	2.91	3.12	4.21	3.42	3.36	3.441

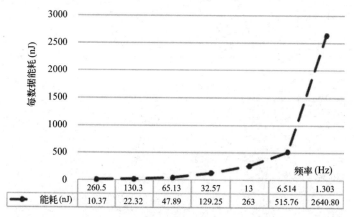

图 4.8　同步 FIR 滤波器的每数据能耗

频率 (Hz)	260.5	130.3	65.13	32.57	13	6.514	1.303
能耗 (nJ)	10.37	22.32	47.89	129.25	263	515.76	2640.80

　　根据每数据能耗的结果，同步 FIR 滤波器可以在 300 mV 的 V_{DD} 和-1.7 V 的基底偏压下工作，频率范围为 260.5～1.303 Hz。对应的每数据能耗为 10.37～2640.8 nJ。从 FIR 滤波器测量到的较慢的运行速度，源于在 FIR 滤波器核周围放置 I/O 引脚的空间限制。FIR 滤波器核的高度和宽度决定了可以放置在它周围的引脚的数量。在对 FIR 滤波器核的供电和地电引脚进行布局之后，剩余空间不足以放置主 I/O 引脚。因此，来自 FPGA 的输入数据不能同时送到 FIR 滤波器的输入上。为了解决这个问题，我们设计了 I/O 逻辑，以实现数据进出 FIR 滤波器。I/O 逻辑的主要影响是导致较低的工作频率。较慢的运行速度对 FIR 滤波器数据的能耗有负面影响。FIR 滤波器的总功耗范围为 2.7～4.21 μW。

4.4.2　异步设计

　　同样，我们也设计、制造和测试了三个异步电路，同样在 300 mV 的 V_{DD} 下运行。这三个电路分别为 NCL 环形振荡器、MTNCL 型 FIR 滤波器和 MTNCL 同构并行数据处理平台。异步设计均具有重复的 DATA 和 NULL 周期，握手信号 Ki 和 Ko 表示 DATA 和 NULL 周期的流转。与可以用时钟频率测量速度的同步电路相比，异步电路的性能是通过测量 DATA-to-DATA 周期时间来量化的，表示为 T_{dd}。同步电路中的时钟周期直接等价于异步电路中的 T_{dd}。

　　第一个测试的异步设计是 NCL 环形振荡器。环形振荡器的功能测试采用 300 mV 的 V_{DD}，晶片反向偏置范围为 $-2.5 \sim -3.5$ V。与同步环形振荡器类似，NCL 环形振荡器布局在同一晶片上的两个不同位置。我们一共测量 12 个 NCL 环形振荡器的振荡频率，结果如图 4.9 所示。频率测量结果表明，放置在#1 位置的 NCL 环形振荡器的振荡频率范围为 $1.196 \sim 1.61$ MHz，平均频率为 1.3 MHz。放置在#2 位置的 NCL 环形振荡器的振荡频率范围为 $1.08 \sim 1.994$ MHz，平均频率为 0.99 MHz。#1 位置的#10 晶片和#2 位置的#6 晶片的振荡频率为 0 MHz，它们是不工作的环形振荡器。

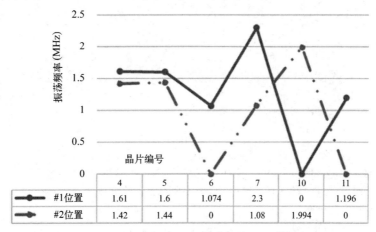

晶片编号	4	5	6	7	10	11
#1位置	1.61	1.6	1.074	2.3	0	1.196
#2位置	1.42	1.44	0	1.08	1.994	0

图 4.9　异步设计的环形振荡器的振荡频率

　　#1 位置的 NCL 环形振荡器的振荡频率比#2 位置的快约 31.3%。NCL 环形振荡器的频率差类似于同步环形振荡器的情况，放置在#1 位置的环形振荡器比放置在#2 位置的运行速度快。放置在#1 位置的环形振荡器的较高振荡频率表明，由于随机工艺偏差，该特定位置的环形振荡器供电轨可能更宽。另一种可能性是，环形振荡器内部的反相器之间的互连更短。更宽的供电轨和较短的互连的联合效应增加了振荡频率。

　　当将同步和异步环形振荡器一起比较时，我们发现同步环形振荡器在#1 位置和#2 位置都具有较高的振荡频率，分别为 1.78 MHz 和 1.57 MHz。NCL 环形振荡器的频率分别为 1.3 MHz 和 0.99 MHz。由于 NCL 流水线结构的实现增加了数据传播所需的时间，因此 NCL 环形振荡器的频率要比同步振荡器的频率低。

　　第二个测试的异步设计是 MTNCL 型 FIR 滤波器。FIR 滤波器的功能测试采用 300 mV 的 V_{DD}，晶片反向偏置范围为 $-0.84 \sim -2.6$ V。MTNCL 型 FIR 滤波器有 3 个输出，即 Ko、sleepout 和 IOout。复位信号被拉低为 0 后，如果电路工作正常，则输出信号 Ko 就会切换。一旦在 FIR 滤波器中建立了握手机制，则通过电流适配器测量由 MTNCL 型 FIR 滤波器耗费的供电源电流。对总能耗和每数据能耗进行量化后的结果在图 4.10 和图 4.11 中给出。测得的 T_{dd} 的范围为 2.727～545.3 ms，每数据能耗为 6.3～1352.34 nJ。为了使同步 FIR 滤波器和 MTNCL 型 FIR 滤波器之间的每数据能耗和总功耗具有可比性，MTNCL 型 FIR 滤波器没有被流水线化，而且其运行速度也受到 I/O 逻辑的限制。这些 I/O 逻辑用于将数据移进和移出滤波器。与同步 FIR 滤波器类似，非流水线设计和 I/O 逻辑对 MTNCL 型 FIR 滤波器的每数据能耗有负面影响。此外，测得的总功耗范围为 2.23～2.52 μW。

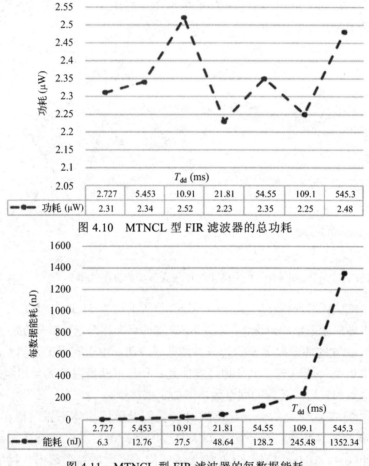

T_{dd} (ms)	2.727	5.453	10.91	21.81	54.55	109.1	545.3
功耗 (μW)	2.31	2.34	2.52	2.23	2.35	2.25	2.48

图 4.10　MTNCL 型 FIR 滤波器的总功耗

T_{dd} (ms)	2.727	5.453	10.91	21.81	54.55	109.1	545.3
能耗 (nJ)	6.3	12.76	27.5	48.64	128.2	245.48	1352.34

图 4.11　MTNCL 型 FIR 滤波器的每数据能耗

　　MTNCL 型 FIR 滤波器与同步 FIR 滤波器的运行速度和能耗方面的对比如图 4.12 所示，此图基于同步 FIR 滤波器的测量时钟周期及 MTNCL 型 FIR 滤波器捕获的 T_{dd}。

在 300 mV 的 V_{DD} 下，MTNCL 型 FIR 滤波器的运行速度是同步 FIR 滤波器的 1.4 倍。
对于每数据能耗，MTNCL 型 FIR 滤波器的数值为其同步对应器件的 2/3。比较运行速
度和能耗可表明，在 300 mV 的 V_{DD} 的亚阈值区，MTNCL 型 FIR 滤波器的运行速度更
快，能耗更低。对于 FIR 滤波器的超低供电电压操作，与使用传统布尔逻辑实现的滤波
器相比，使用 MTNCL 实现的滤波器能够在不牺牲整体吞吐量的情况下降低更多的能
耗。因此，当晶体管工作在亚阈值区时，MTNCL 型 FIR 滤波器会比异步 FIR 滤波器
更节能。异步 FIR 滤波器的缺点是实现这种特殊 MTNCL 的握手逻辑需要更大的门数
和面积。

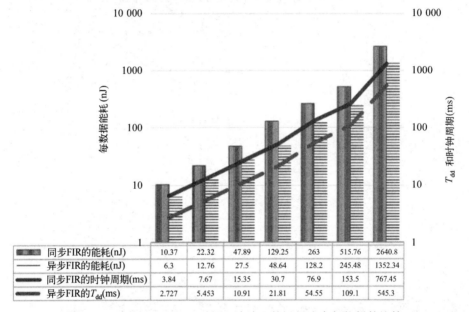

同步FIR的能耗(nJ)	10.37	22.32	47.89	129.25	263	515.76	2640.8
异步FIR的能耗(nJ)	6.3	12.76	27.5	48.64	128.2	245.48	1352.34
同步FIR的时钟周期(ms)	3.84	7.67	15.35	30.7	76.9	153.5	767.45
异步FIR的T_{dd}(ms)	2.727	5.453	10.91	21.81	54.55	109.1	545.3

图 4.12 同步与 MTNCL 型 FIR 滤波器的运行速度与能耗的比较

最后测试的异步设计是具有 4 个 FIR 滤波器核的 MTNCL 同构并行数据处理平台。
平台的功能测试采用 300 mV 的 V_{DD}，晶片反向偏置范围为 1.9～2.24 V。

该平台有两个握手信号输出：Ko 和 sleepout。复位后，如果电路工作正常，Ko 信号
应进行切换。一旦在平台上建立了握手机制，就通过电流适配器和混合信号示波器来测
量平台供电电流。根据所绘制的电流，对每数据能耗和功耗进行量化，如图 4.13 和图 4.14
所示。捕获的 T_{dd} 的范围为 6.02～320.1 μs，每数据能耗为 49.364～2784.9 pJ。由于该平
台实现了并行性，因此具有 4 个 MTNCL 型 FIR 滤波器核的平台的运行速度高于之前测
试过的单个 MTNCL 型 FIR 滤波器的运行速度。与单个 MTNCL 型 FIR 滤波器相比，通
过合并 4 个 MTNCL 型 FIR 滤波器核而实现的并行架构在整个过程中得到了显著的改进。
MTNCL 同构并行数据处理平台是一个复杂的设计，因此具有更大的核尺寸。增加核的

高度和宽度，就可以放置供电和地电引脚，并具有足够的空间容纳所有的主 I/O 引脚。平台中不需要 I/O 逻辑，因为已为数据输入和输出提供了足够的 I/O 引脚。由于平台的运行速度大大提高，因此每数据能耗远低于 MTNCL 型 FIR 滤波器的结果。该平台总功耗范围为 6.5～8.93 μW。

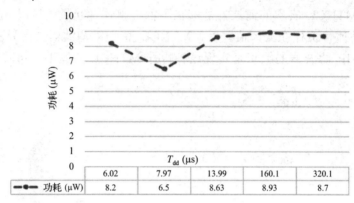

	T_{dd} (μs)			
	6.02	7.97	13.99	160.1	320.1
功耗（μW）	8.2	6.5	8.63	8.93	8.7

图 4.13　MTNCL 平台总功耗

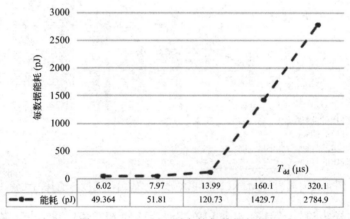

	T_{dd} (μs)			
	6.02	7.97	13.99	160.1	320.1
能耗（pJ）	49.364	51.81	120.73	1429.7	2784.9

图 4.14　MTNCL 平台的每数据能耗

4.5　结论

复杂数字系统的性能和长期可靠性直接与系统的能效相关。以能效为核心设计的数字系统将受益于功耗和运行成本减少、热量降低，以及系统健壮性的提高。降低数字系统的供电压是限制动态功耗的最有效方法之一。随着提高能效需求的不断增加，系统供电压势必会越来越低。一旦供电压低于晶体管的阈值电压，为亚阈值操作而优化的晶体管的工艺制程，对于在不牺牲性能和可靠性的情况下确保数字系统的超低功耗运行至关重要。降低供电压，使晶体管工作在亚阈值区会进一步降低功耗。但是随着供电压的降低，亚阈值泄漏电流会增大。为了防止亚阈值泄漏电流引起过大的功耗，FDSOI 固有的低泄漏特性使之成为当前最主流的 CMOS 工艺之一。我们采用的 MITLL 90 nm XLP FDSOI CMOS 工艺能提供超低供电压工作的能力，同时可以防止过度的亚阈值泄漏功耗。

像 MTNCL 这样的异步逻辑是设计超低供电压工作电路的合适选择。MTNCL 设计对延迟非敏感，不受时间限制，也不会受到噪声和串扰等信号完整性问题的影响。在超低供电压下工作的设计具有显著降低翻转功耗的优点。然而，超低电压电平会导致在整个设计过程中通过导线传输的信号产生信号完整性问题。电压电平越低，信号就越容易被附近部件的噪声破坏，或受困于附近导线的串扰。在同步设计中，时钟树定时和数据通路定时对设计的正确运行至关重要，需要额外地屏蔽时钟路由(时钟绕线)。对于长线路的数据通路，需要额外的缓冲区来分割导线，以减少噪声和防止串扰效应对路径定时的负面影响。异步设计对延迟非敏感，不需要时钟信号来传输数据，这使得该设计即使在超低供电压水平下也能很好地抵抗噪声和串扰效应。以异步方式设计的复杂系统能获益于超低供电压导致的翻转功耗显著降低，而不会牺牲系统吞吐量和长期抗干扰能力，也更能应对工艺、电压和温度变化带来的退化。

我们采用 MITLL 90 nm XLP FDSOI CMOS 工艺设计并实现了 5 个同步和异步电路。该工艺提供了在 300 mV 的 V_{DD} 下实现亚阈值工作的优化晶体管。超低供电压和 FDOSI 工艺显著降低了同步和异步电路的翻转和泄漏功耗。所有的 5 个同步和异步电路都经过物理测试，在 300 mV 的 V_{DD} 的亚阈值区内均可正常工作，基底偏压在–1 V 和–2 V 之间。同步和 NCL 环形振荡器的振荡频率为 0.99～1.78 MHz。晶片上位于#1 位置的同步和 NCL 环形振荡器都比#2 位置的振荡器具有更高的振荡频率，这反映了晶片之间的工艺制程变化。同步 FIR 滤波器的总功耗范围为 2.7～4.21 μW，而 MTNCL 型 FIR 滤波器的总功耗范围为 2.23～2.52 μW。同步 FIR 滤波器在运行速度和能效方面都比 MTNCL 型 FIR 滤波器的要差。MTNCL 型 FIR 滤波器具有大约 1.4 倍高的运行速度且每数据能耗为同步 FIR 滤波器的 2/3，这表明 MTNCL 设计更适合在超低供电压下运行。此外，具有 4 个 FIR 滤波器核的 MTNCL 同构并行数据处理平台的功能、性能和功耗测试表明，复杂的多核系统更能发挥工艺制程允许的极低供电压，此时晶体管工作在亚阈值区，能效和系统吞吐量均得到提升，从长远来看，有利于系统的运行成本和可靠性。

参考文献

[1]　Beerel PA, Roncken ME. Low power and energy efficient asynchronous design. Journal of Low Power Electronics. 2007;3(3):234–53.

[2]　Pelloie JL. SOI for low-power low-voltage-bulk versus SOI. Microelectronic Engineering. 1997;39(1–4):155–66.

[3] Rabaey J. *Low Power Design Essentials*. Springer Science & Business Media; 2009.

[4] Ellis CS. Controlling energy demand in mobile computing systems. Synthesis Lectures on Mobile and Pervasive Computing. 2007;2(1):1–89.

[5] Arora ND. *MOSFET Models for VLSI Circuit Simulation: Theory and Practice*. Springer Science & Business Media; 2012.

[6] Sze SM, Ng KK. *Physics of Semiconductor Devices*. John Wiley & Sons; 2006.

[7] Cheung KP. On the 60 mV/dec@ 300 K limit for MOSFET subthreshold swing. In *2010 International Symposium on VLSI Technology Systems and Applications (VLSI-TSA)*, April 26, 2010 (pp. 72–73). IEEE.

[8] Yeo KS, Roy K. *Low Voltage, Low Power VLSI Subsystems*. New York: McGraw-Hill; 2005.

[9] Colinge JP. *Silicon-on-Insulator Technology: Materials to VLSI*. Springer Science & Business Media; 2004.

[10] Vitale SA, Wyatt PW, Checka N, Kedzierski J, Keast CL. FDSOI process technology for subthreshold-operation ultralow-power electronics. Proceedings of the IEEE. 2010;98(2):333–42.

[11] Smith SC, Di J. Designing asynchronous circuits using NULL convention logic (NCL). Synthesis Lectures on Digital Circuits and Systems. 2009;4(1):1–96.

[12] Thian R, Caley L, Arthurs A, Hollosi B, Di J. An automated design flow framework for delay-insensitive asynchronous circuits. In *2012 Proceedings of IEEE Southeastcon*, March 15, 2012 (pp. 1–5). IEEE.

[13] Allier E, Sicard G, Fesquet L, Renaudin M. A new class of asynchronous A/D converters based on time quantization. In *2003 Proceedings of the Ninth International Symposium on Asynchronous Circuits and Systems*, May 12, 2003 (pp. 196–205). IEEE.

[14] Alacoque L, Renaudin M, Nicolle S. Irregular sampling and local quantification scheme AD converter. Electronics Letters. 2003;39(3):1.

[15] Men L, Di J. An asynchronous finite impulse response filter design for digital signal processing circuit. In *2014 IEEE 57th International Midwest Symposium on Circuits and Systems (MWSCAS)*, August 3, 2014 (pp. 25–28). IEEE.

[16] Herbert S, Marculescu D. Variation-aware dynamic voltage/frequency scaling. In *IEEE 15th International Symposium on High Performance Computer Architecture, 2009. HPCA 2009*, February 14, 2009 (pp. 301–12). IEEE.

[17] Men L, Di J. Asynchronous parallel platforms with balanced performance and energy. Journal of Low Power Electronics. 2014;10(4):566–79.

[18] Men L, Hollosi B, Di J. Framework of an adaptive delay-insensitive asynchronous platform for energy efficiency. In *2014 IEEE Computer Society Annual Symposium on VLSI (ISVLSI)*, July 9, 2014 (pp. 7–12). IEEE.

[19] Jones D. Projects and circuits: the μCurrent—use this precision multimeter current adaptor to make truly accurate readings. Everyday Practical Electronics. 2011:40(5):10.

第 5 章 用于衔接模拟电子器件的异步电路

本章作者：Paul Shepherd[1]，Anthony Matthew Francis[2]

无论是微处理器还是 ASIC，集成电路(IC)很少采用纯数字或模拟部件设计。混合信号电路和系统可以跨越这一鸿沟，本章也将探讨模拟部件对接异步逻辑的方法。本章介绍了两个系统实例，给出了三种关闭反馈回路以保持异步运行的方法。在第一个异步串行器/解串器(SerDes)实例中，模拟部件具有已知的最终状态，并且物理上包含在异步逻辑层级的循环中。由于此设计实例会直接运行完备性检测，因此这个实例保持了各操作的准延迟非敏感(DI)性。对于第二个逐次逼近模数转换器(SAR 型 ADC)实例，电路不能完全包含在环路中，我们列出了维持异步操作的两种方法。

由于作者的兴趣和电路应用自身的性质，实例电路的实现也可以分布在不同的空间上。此时，电路的不同部分可能用于极为不同的操作环境中，甚至可能基于不同的 IC 制造工艺来设计。

本章的一些读者将会是模拟或混合信号的设计人员，他们可能好奇如何在工作中使用延迟非敏感逻辑。对于这些读者，本章将首先介绍环形振荡器，然后清晰地描述其行为。

5.1 环形振荡器

DI 逻辑可被分为若干个寄存层级，很像标准的"时钟"型寄存器传输逻辑(RTL)。和标准寄存器的寄存过程不同，DI 逻辑寄存是由实现 DI 寄存器的完备性检测逻辑完成的。图 5.1 给出了两个 DI 寄存器，二者之间有一组 DI 组合逻辑。一系列事件沿着由寄存器和内部逻辑形成的环前进，一个环内的事件与周边环内的事件进行交互。在环一侧前进的事件称为前进波(NULL 或 DATA)，在环的另一侧反向传播的事件称为完备信号[对数据的请求(request-for-data，rfd)；对 NULL 的请求(request-for-null，rfn)]。围绕某个环的事件传播速度取决于诸多因素，如物理和逻辑上环的大小，环境(温度、供电压)对晶体管性能的影响，供电压和器件的寄生效应。这种事件传播方式类似于布尔环形振荡器的行为。

1 Benchmark Space Systems, South Burlington, VT, USA

2 Ozark Integrated Circuits, Fayetteville, AR, USA

由 N 个反相器组成的环本质上是一个简单的状态机。当 N 是偶数时，状态机有两个稳定状态；但当 N 为奇数时，状态机有 $N+1$ 个不稳定状态，形成一种环形振荡器。用 NAND 门替换一个反相器，就会将基础环形振荡器转变为一个门控环形振荡器。此外，添加并联反相器可提供同步输入。在这两种情况下，环形振荡器的内部状态依赖于周边电路的行为。这两种振荡器如图 5.2 所示。

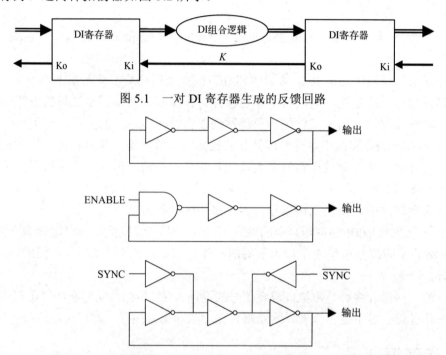

图 5.1　一对 DI 寄存器生成的反馈回路

图 5.2　可以将基础环形振荡器(顶部)修改为门控环形振荡器(中部)或同步环形振荡器(底部)

一个完整的 DI 层级包含两个门控输入：左侧为逻辑输入，右侧为完备性输入(Ki)。此层级也包含两个输出：右侧的逻辑输出和左侧的完备性输出(Ko)。层级内的状态由信号(DATA 或 NULL)和内部完备线[对数据的请求(rfd)或对 NULL 的请求(rfn)]来定义，当一个输入改变状态后，状态机发生变迁，内部状态变量随之变化而生成输出。图 5.3 显示了 DI 层级及状态图。

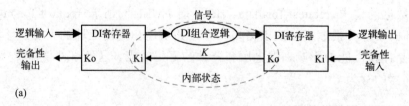

图 5.3　(a)一个完整的 DI 层级及内部状态示意图；(b)输入、输出和状态变迁

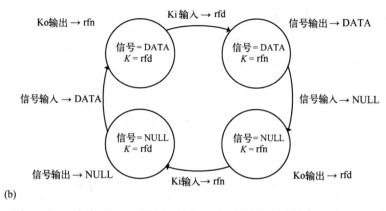

Ko输出 → rfn　　Ki输入 → rfd　　信号输出 → DATA

信号 = DATA
K = rfd

信号 = DATA
K = rfn

信号输入 → DATA　　　　　　　　　　信号输入 → NULL

信号 = NULL
K = rfd

信号 = NULL
K = rfn

信号输出 → NULL　　Ki输入 → rfn　　Ko输出 → rfd

(b)

图 5.3（续）　（a）一个完整的 DI 层级及内部状态示意图；（b）输入、输出和状态变迁

这里 Ki 和输入信号作为门控输入，但为了描述此层级和相邻层级的同步机制，还需要一个更复杂的层级。考虑图 5.4 所示层级：左下角的 DI 寄存器为右边的两个寄存器提供输入。底部的完备检测性逻辑沿顶部和底部路径来实现状态变迁的同步。就像同步环形振荡器，此时这个简单状态机的内部节点就成为输入。

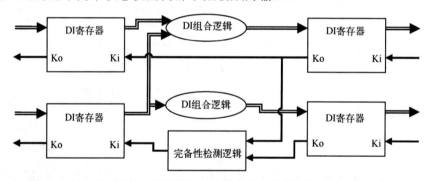

图 5.4　相邻的两个 DI 逻辑层级，底端的完备性检测逻辑实现同步机制

下面讨论的异步 SerDes 电路清楚地展示了环形振荡器的行为，也可以将其作为 DI 混合信号系统新手学习的基础实例。

5.2　应用实例

5.2.1　基于全双工 RS-485 链路的异步串/并转换器

模拟电路和数字电路最常见的交汇点之一位于通信物理层。RS-48 链路是用于抗噪声通信的环境中一种非常健壮和常见的链路，从点对点、单向传输到多点双向通信，此链路的复杂性都不相同。

RS-485 通信可通过结合 NCL 和模拟差分信号(RS-485 物理层)来实现，从而在短距或长距及宽工作温度下无缝传输数据[1]。同步逻辑需要借助通用异步接收器/发射器(UART)与 RS-485 链路衔接，并且 UART 至少包括一个串/并(SerDes)电路、发射时钟生成和恢复电路，以及发射/接收控制逻辑。时钟恢复电路通常由锁相环倍频器来实现。图 5.5 对比了带有 UART 的系统与本章描述的 DI 系统，可以看出 DI 系统需要全双工RS-485 链路，但不需要时钟产生和恢复电路(这是显而易见的)。

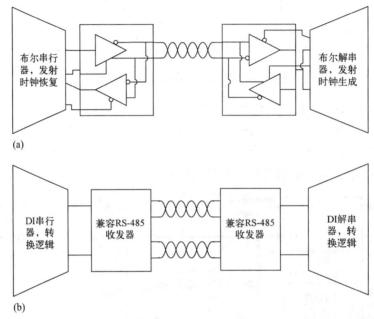

图 5.5　点对点 RS-485 链路的比较：(a)同步逻辑系统；(b)DI 型 RS-485 链路

使用 RS-485 收发器实现长距发送 NCL 信号的原理基于 RS-485 总线的三种状态：真(TRUE)、假(FALSE)和空闲(IDLE)。这三种总线状态可以直接映射到 NCL 的 TRUE、FALSE 和 NULL 状态。RS-485 收发器包含一个驱动器和一个接收器，大多数情况下可以在全双工模式下使用，而且发送和接收对并不相连，类似于 NCL 的前向(的处理)路径和(后退的)完备路径。RS-485 收发器和 NCL 电路之间最显著的区别在于，RS-485 收发器被设计成与布尔逻辑衔接，通过结合故障保护偏置机制将 IDLE 总线转换为逻辑 0[2]。当总线处于 IDLE 状态时，故障保护偏置机制使得接收输出(RO)信号为 FALSE。

此实例还在标准 RS-485 收发器中添加了一个额外的 IDLE 探测器，以兼容 NCL(见图 5.6)。总线空闲输出(BIO)信号可以与 RO 信号相结合，产生若干有效的 NCL 轨状态。该电路并没有取消故障保护偏置机制，实际上将此机制镜像到第二个比较器。当两个比较器的输出一致时，总线状态对应 DATA 信号；但当它们不一致时，总线为 IDLE 状态，对应了 NCL 的 NULL 信号。接收器的内部电路如图 5.7 所示。

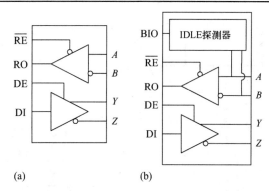

图 5.6　(a)常规的全双工 RS-485 收发器；(b)经过修改以识别总线 IDLE 状态的收发器

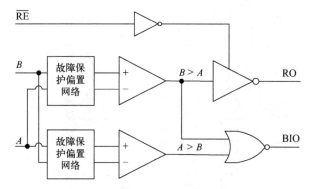

图 5.7　基于对称故障保护偏置机制的双比较器，可生成总线空闲输出(BIO)信号

通过增加总线空闲探测机制，并利用主/从有限状态机(FSM)，以及简单的黏合逻辑，我们实现了完整的 8 位 SerDes 电路，如图 5.8 所示。实现这种 SerDes 电路的一个关键点是，从整体系统中删除黏合逻辑、RS-485 收发器和双绞线，而主/从有限状态机仍能完美地工作。这种更复杂的主/从有限状态机(见图 5.9)类似于图 5.3 所示的 FSM，完整的异步串/并实例如图 5.10 所示。

5.2.2　全异步逐次逼近模数转换器

模拟电路和数字电路另一个常见的交汇点位于数据转换器，其中既包含数模转换器(DAC)操作，也包含模数转换器(ADC)操作。虽然转换器具有定时处理属性，其本质是同步的，但正如下文所示，通过巧妙地结合大多数 ADC 设计中固有的"完备"概念，可以将 DI 方案(具有功耗优势)融入此类转换器。

逐次逼近模数转换器(SAR 型 ADC)是混合信号系统中常用的电路。任何 N 位 SAR 型 ADC 都可以被视为一个包含 $N+3$ 个状态的有限状态机，如图 5.11 所示。等待(WAIT)状态是活动变迁之间无关紧要的状态，其他状态可以进一步细分为两类：采样(SAMPLE)状态和保持(HOLD)状态对，以及比较(COMPARE)状态。

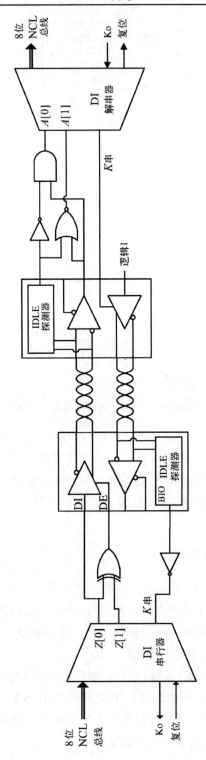

图 5.8 包含 RS-485 链路的完整异步 SerDes 电路：从左到右分别是 DI 串行器（从 FSM）、从黏合逻辑、从 RS-485 收发器、全双工双绞线、主 RS-485 收发器、主黏合逻辑和 DI 解串器（主 FSM）

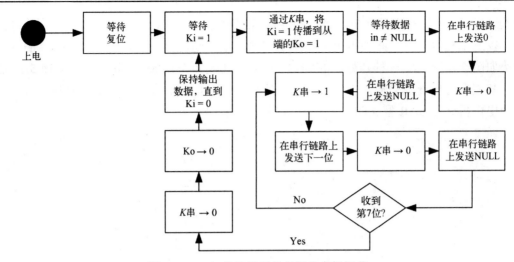

图 5.9　DI 串/并转换器的有限状态机细节

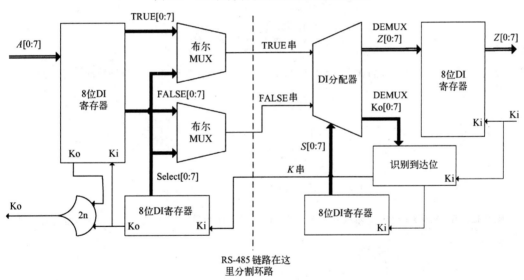

图 5.10　不包含 RS-485 链路的完整异步串/并转换器。串行器位于虚线的左侧，解串器位于虚线的右侧

DI 型 SAR 型 ADC 并不是一个新的概念[3]，异步 SAR 型 ADC 这个术语已经被广泛地应用于多种电路，但这些电路并非全异步的电路，而且这些系统会在 COMPARE 状态上非同步地变迁，但通常将其设计为有界延迟操作，并根据采样时钟来限制电路的这种运转。故为了区分，我们使用了全异步 SAR 型 ADC 或 DI 异步 SAR 型 ADC 的名称。

5.2.2.1　逐次逼近模数转换器（SAR 型 ADC）的基本操作

参考文献[4, 5]讲解了 SAR 型 ADC 的经典运转方式。其中，开关电容阵列用来产生逐次逼近电压。这种开关和电容器的组合通常被称为内部 DAC，因为开关由数字信号控制，以产生模拟电压，此模拟电压则用于同输入电压则进行比较。SAR 型 ADC 的基本模块如图 5.12 所示。一种巧妙的 SAR 型 ADC 是电荷再分配 SAR 型 ADC，如图 5.13 所示，其中参考电压减去输入电压后与地电压进行比较，而后存入开关电容阵列。本章将介绍电荷再分配 SAR 型 ADC 的一种单端和差分实现。

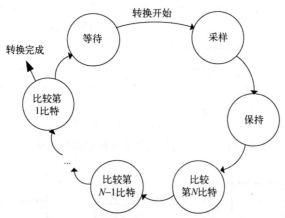

图 5.11　由 $N+3$ 个状态构成的 N 位 SAR 型 ADC 的 FSM。对于同步系统，时钟驱动状态之间的变迁

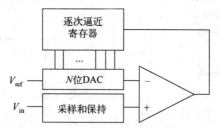

图 5.12　SAR 型 ADC 的基本模块。N 位 DAC 是开关电容阵列，根据 V_{ref} 产生逐次逼近电压

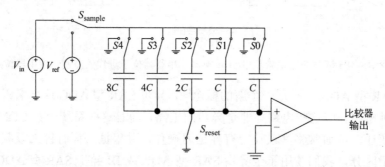

图 5.13　4 位单端的电荷再分配 SAR 型 ADC，图中给出了 SAMPLE 状态的开关布局

5.2.2.2　对异步输入电压的采样

如前所述，大多数异步 SAR 型 ADC 仍然需要采样时钟才能正确运转。取消这一必

要条件，实现真正的无时钟系统是一个活跃的研究领域，下面介绍两种有前途的设计模式。对于一个全异步 SAR 型 ADC，关键的挑战是确定 SAMPLE 状态的持续时间。在此状态下，输入电压存储在电容器上，如图 5.13 所示。在 SAMPLE 状态下所需的最小充电时间是输入端串联电阻和所需精度的函数。

[由于噪声和更短的采样时间，具有一定位数的 SAR 型 ADC 的有效位数 (ENOB) 可能会减少。]HOLD 状态的持续时间与 SAMPLE 状态的持续时间相比通常微不足道。在此状态下，输入电压断开，并进行一些准备工作，然后就可以启动 COMPARE 状态。COMPARE 状态下的等价电路如图 5.14 所示。

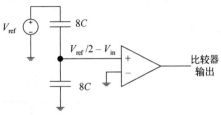

图 5.14　测试第 4 位 (MSB) 时的等价电路

　　设置 SAMPLE 状态的持续时间有两种方法。第一种方法要明确最小持续时间 (与同步 SAR 型 ADC 的相同)，并且因为异步 FSM 实质上操纵系统，所以在进行异步 FSM 完备性检测时需要引入这个时间。这种方法很简单，只需要很少的额外部件，但是插入一个固定延迟会导致原本的 DI 系统变成有界延迟 (BD) 系统。另一种方法是用已知起止状态的电路来模拟充电过程，从而间接地观测 SAMPLE 状态的完备性，这种方法有利于保持系统的 DI 特性，但代价是复杂性大大提高。这种复杂方法需要第二个辅助的采样电容和第二个辅助的比较器，还需要两个共享偏置参数的输入缓冲器。

　　这两种方法都需要预估 SAMPLE 相位的最短持续时间，才能完成电路设计。在 COMPARE 状态期间，任何充电错误在后期都是不可恢复的。充电时间是输入缓冲器的载流量、采样电容及输入与启动压差 (ΔV) 的函数。最坏情况发生在 ΔV 等于全电压时。

$$\Delta V_{\text{sample}}(t) = \frac{1}{C} \int_0^{t_{\text{sample}}} I(\tau)\mathrm{d}\tau$$

$$\%\text{Error}(t) = \frac{\Delta V_{\text{sample}}(t)}{V_{\text{fullscale}}}$$

$$\%\text{Error}(t) = \frac{V_{\text{fs}}}{C} \int_0^{t_{\text{sample}}} I(\tau)\mathrm{d}\tau$$

　　对于 N 位转换器而言，采样误差应小于 1/2～1/4 LSB 或 $1/2^{N+2}$。根据给定的参考电压值和输入缓冲器的输出电阻，可以计算出最小采样时间。如果电压缓冲器的输出阻抗近似为电阻，则所需时间与电路的 RC 时间常数直接相关 (下式中的 I_{sc} 为短路输出电流)：

$$\frac{1}{2^{N+1}} \geq \%\text{Error}(t) = \mathrm{e}^{-t\frac{I_{\text{sc}}}{V_{\text{fs}}C}} \rightarrow \log\left(\frac{1}{2^{N+2}}\right) \geq -\frac{tI_{\text{sc}}}{V_{\text{fs}}C}$$

$$t \geq \frac{V_{fs}C}{I_{sc}}\log(2^{N+2}) = \tau\log(2^{N+2}), \quad \frac{V_{fs}C}{I_{sc}} = \tau$$

　　计算出的采样时间值在实际中非常有用。例如，8 位 SAR 型 ADC 的采样时间至少为 7τ，12 位 SAR 型 ADC 的采样时间至少为 10τ，16 位 SAR 型 ADC 的采样时间至少为 12.5τ（见表 5.1）。对于输入缓冲器作为电容器的理想电流源/电流阱的情况，充电时间可能要短得多。

表 5.1　给定位数情况下转换器输入电压采样的最短时间

N 位	最短采样时间
8	6.93τ
12	9.70τ
16	12.48τ

　　对于如图 5.15 所示的有界延迟（BD）方法，延迟取决于 RC 时间常数和施密特触发器的阈值电压。这种方法必须考虑电路寄生参数和工艺角，甚至最好通过实验测量来得到充电时间，可以不用考虑有源输入缓冲器的情况，但还必须考虑输入电压的源阻抗。在最简单的实现中，特别是电容和电阻作为分立部件实现的情况下，这种方法非常节省空间。

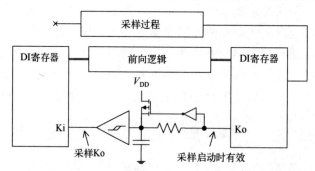

图 5.15　在 FSM 的完备路径中插入定时延迟。由于没有测量采样的速度，局部电路变成有界延迟（BD）型异步电路

　　图 5.16 所示的第二种方法更健壮，但代价是更高的复杂性。在这种方法中，使用了两个共享偏置参数的输入缓冲器。主输入缓冲器将采样电容充电至 V_{in}，然后辅助缓冲器对定时电容充电。辅助缓冲器的输出层级和定时电容可以缩小，但需要与主输入缓冲器共享偏置电路来保持一致的比例。一旦采样电容超过施密特触发器阈值，就会产生采样完备性检测信号。

　　HOLD 状态的持续时间可能比 SAMPLE 状态的短得多。在启动 COMPARE 状态之前，HOLD 状态将所有晶体管设置为适当状态，可用图 5.15 中的有界延迟方法来处理定时问题。这种方法也可以用于下面介绍的 COMPARE 状态，当然这些状态也有进行 DI 型的完备性检测的方案。

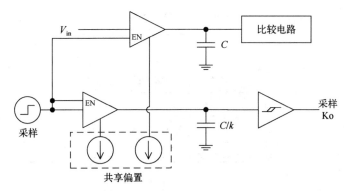

图 5.16　镜像充电过程保持 DI 路径完备性。充电放大器的偏置、电容值和施密特触发器阈值的大小必须与比较电容的最大充电时间相匹配

5.2.2.3　比较异步电压

适用于（非全）异步 SAR 型 ADC 的技术同样适用于 COMPARE 状态下的全异步 SAR 型 ADC。差分采样/比较网络与差分输入/差分输出比较器相结合后，不但能进行完备性检测，还能确定比特值[6]。在具有采样时钟的环境下，假定电路以 BD 形式来异步运转，其优点是大多数 COMPARE 状态都能快速实现，为小输入压差和长比较器响应时间预留了额外时间。事实上，为了避免状态的不完全变迁，这些电路在内部还应使用一个超时电路，此电路类似于图 5.15 中的有界延迟完备性检测[7]。时钟定时型、异步型、全异步 SAR 型 ADC 的采样和比较过程如图 5.17 所示。

在有界延迟异步 SAR 型 ADC 中，错误转换的风险称为亚稳态，它是比较器更新时间和转换恢复时间的函数。比较器具有特性再生时间 τ，虽然理论上对于 0 V 的差分输入而言，比较器永远不会收敛到逻辑级输出状态，但幸运的是，在存在噪声的情况下，情况并非如此。在参考文献[8]中，作者证明了不完全比较的概率 (P) 作为可用于比较的时间 (T_{avl}) 的函数而降低：

$$P = \frac{2V_{logic}e^{-\frac{T_{avl}}{\tau}}}{V_{fs}}$$

与有界延迟设计不同，DI 系统中不完全比较的概率趋于零，所有的转换最终都能完成。虽然在 DI 系统中不完全转换不再是一个误差源，但偏移和噪声等其他源仍然存在。τ 是器件跨导、寄生电容和负载电容的函数，并且可以通过（尺寸）更宽的器件降低到某一点[9]。

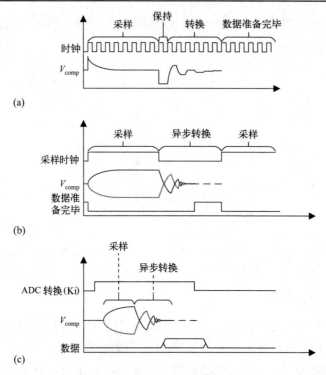

图 5.17 采样和比较过程：(a)时钟 SAR 型 ADC；(b)异步 SAR 型 ADC；(c)全异步 SAR 型 ADC。注意，异步和全异步 SAR 型 ADC 必须是差分的，正负比较器输入分别用黑色和灰色曲线表示

5.3 结论

在许多方面，异步逻辑与模拟电路之间的接口与时钟逻辑与模拟电路之间的接口的考虑因素相同。模拟和数字域之间的转换策略必须要仔细考量。模拟设计必须考虑更多关于制程、温度和环境的因素，抽象的数字电路并不需要考虑这些问题。如前所述，特别是在通信方面，异步 DI 接口可以实现为简洁的接口。在设计时钟通信接口时，时钟域一致性的挑战通常留给模拟设计人员；与之相对，完全采用无时钟模式简化了模拟设计人员的工作。

在数据转换时，也存在一些挑战。对于无时钟电路与基础时钟逻辑的衔接机制，我们就需要跳出原有范畴来思考。例如，如果不以时间为标准来捕获本质上随时间变化的样本，那么捕获的样本到底是什么？如上文所示，该解决方案要求将无时钟概念纳入模拟设计，也要求将 DI 逻辑概念等价地映射到模拟电路方法（延迟非敏感、逻辑完备、供电非敏感等）。虽然该方案具有挑战性，但在电路性能、功耗和制程变化非敏感方面的回报可能是巨大的，值得我们付出努力。

参考文献

[1] P. Shepherd, S. C. Smith, J. Holmes, A. M. Franics, N. Chiolino and H. A. Mantooth, "A robust, wide-temperature data transmission system for space environments," in *2013 Aerospace Conference*, Big Sky, MT, 2013.

[2] T. Kugelstadt, "RS-485 failsafe biasing: old versus new transcievers," Texas Instruments Incorporated, Dallas, TX, 2013.

[3] T. Kocak, G. R. Harris and R. F. Demara, "Self-timed architecture for masked successive approximation analog-to-digital conversion," *Journal of Circuits, Systems and Computers*, vol. 16, no. 1, pp. 1–14, 2007.

[4] R. J. Baker, *CMOS Circuit Design, Layout, and Simulation*, 3rd edition, Wiley-IEEE Press, 2010.

[5] T. Kugelstadt, "www.ti.com," February 2000.

[6] S.-W. M. Chen and R. W. Brodersen, "A 6b 600MS/s 5.3mW asynchronous ADC in 0.13/spl mu/m CMOS," in *2006 IEEE International Solid State Circuits Conference—Digest of Technical Papers*, San Francisco, CA, 2006.

[7] Y. Zhu, C. Chan, S.-P. U and R. P. Martins, "A 10.4-ENOB 120MS/s SAR ADC with DAC linearity calibration in 90 nm CMOS," in *2013 IEEE Asian Solid-State Circuits Conference (A-SSCC)*, Singapore, 2013.

[8] P. M. Figueiredo, "Comparator metastability in the presence of noise," *IEEE Transactions on Circuits and Systems I: Regular Papers*, vol. 60, no. 5, pp. 1286–1299, 2013.

[9] C.-H. Chan, Y. Zhu, S.-W. Sin, B. Murmann, S.-P. U and R. P. Martins, "Metastability in SAR ADCs," *IEEE Transactions on Circuits and Systems—II: Express Briefs*, vol. 64, no. 2, pp. 111–115, 2017.

第6章 异步传感

本章作者：Montek Singh[1]

经典的传感系统的抽象组成如图 6.1 所示，首先由变换器将外界的物理信号转化为电信号，再由放大器将该电信号放大，而后进入模数转换器（ADC）。ADC 收到该模拟信号后，将其转化为对应的数字值，然后进行数字信号处理（DSP）。这种处理过程可以由硬件直接实现，也可以利用运行在处理器上的软件。在某些应用场景，如传感器网络中，处理器可能会将数字值发送到其他传感器节点。

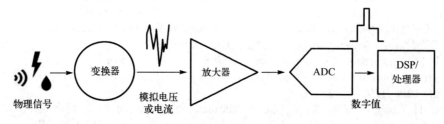

图 6.1 传感系统的抽象组成

目前，在传感过程的每一个环节上都已经有了设计体系。在本章中，我们将关注几个设计实例，这些实例很好地说明了异步技术在此类传感系统设计中的应用前景。我们首先关注图像传感器，因为它们的设计足够复杂，所以采用全局严格定时设计方法会带来若干挑战，但该实例也更好地展示了异步像素的优势。接下来我们讨论传感器网络处理器，重点关注其高能效运行和极小面积实现这两方面互相制约的关键需求。最后，我们重点讨论了 DSP 方法及其异步实现的实例。也就是在连续的时间内，通过消除基于时钟的采样的方式，既可以提高信号处理时的能效，又可以降低频谱噪声，还可以减少混叠。

6.1 图像传感器

尽管 CCD 图像传感器在历史上非常成功，但在过去十年左右的时间里，它们几乎被 CMOS 传感器所取代。CMOS 传感器激增的原因有三个：CMOS 光电探测器更容易和

---

1 Department of Computer Science, University of North Carolina, Chapel Hill, NC, USA

外围处理逻辑集成,功耗低,以及更高的捕获率。此外,CMOS 传感器还允许在每个像素内嵌入少量的处理逻辑,例如显著降低噪声的放大层级,从而产生所谓的"有源像素传感器"(active pixels sensor,APS)。CMOS APS 现在无处不在,我们将在本节集中讨论此类传感器。

6.1.1 有帧传感器和无帧传感器的对比

传统的相机传感器根植于定时帧的概念,其中每个像素代表一个新值,该值与在固定周期内以同步方式收集的光成正比。这种不必要的同步约束在动态范围、精度和灵敏度方面产生的成本巨大。我们认为,鉴于硬件和软件的最新进展,面向异步传感的方案转变是可能的,并且具有极大的优势。

下面考虑增加可成像的动态范围的关键挑战。这个动态范围是指传感器饱和前的最大可测量光强与可从噪声底区分辨出的最小光强之比。当光电流完全释放光电探测器两端的电压时,就会发生饱和。许多高动态范围(high dynamic range,HDR)渲染方法被引入以解决饱和问题,它们都有一个共同的思路,即接收到更高光强的像素应该被激活的时间间隔更短,以避免溢出。同样,应该允许较暗的像素在足够长的时间间隔内收集光线。对不同像素使用可变曝光时间的概念与定时帧方案并不匹配,因此异步(即无帧)方式是一个很好的备选方案。

我们将描述两类异步传感方法,它们抛弃了定时帧的概念,允许每个像素独立地测量光强且不受全局定时的限制。我们首先强调,这些方法不一定必须使用无时钟电路来实现。然而,异步被应用在更高的层次上,以消除对固定全局快门时间的需求。因此,无时钟电路实现当然是这些传感方法的自然选择,从而允许异步从系统级下沉到电路级。

我们首先介绍传统图像传感架构的背景。然后我们介绍两类异步成像系统:(1)将光强转换为脉冲频率的脉冲像素传感器;(2)硅视网膜中使用的传感器,以对数方式将光强转换为电压。

6.1.2 传统(同步)传感器

一个典型的相机传感器由一系列的传感单元("光敏单元"或"像素单元")和其外围的处理逻辑组成。传感器阵列由多列传感器组成。一列内的所有像素共享通信或读出电路,并将它们连接到处理逻辑。大多数现代传感器在每列使用一个模数转换器(ADC)。所有现代传感器都使用所谓的"有源像素",其中包含一个"像素内在放大器",即在信号传输到每列的读出总线之前对其进行放大。

图 6.2 展示了传感器阵列的概览,图 6.3 展示了单个有源像素内的主要电路部件。其中,光电探测器生成的电流与入射光强成正比。为了获得高质量的传感,光电探测器的物理尺寸必须尽可能大,以收集最多数量的光子。积分器是在测量间隔内集成光电探测

器电流的电容,电流强度过高会导致积分器饱和,电流强度过低则各种噪声源会淹没信号。我们将积分器计算的光电传感产生的电流最大值和最小值之比称为该传感器测量的动态范围。像素内在放大器(存在于所有的"有源像素传感器"中)和列读出(column readout)是变化的,通常由少量晶体管(少至 2~6 个)组成。

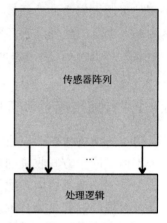

图 6.2 图像传感器

最简单的有源像素的实现如图 6.4 所示。一个反向偏置二极管用作光电探测器。当光子入射到二极管上时,光电流通过二极管,该电流强度与光强成正比。二极管的结电容 C_{diode} 为该光电流的积分器。特别地,在传感之前,复位脉冲被施加到复位晶体管(M_{rst})上,使二极管上的电压重新充电到一个复位值(该值为 $V_{rst} - V_{th}$,V_{th} 是复位晶体管上的压降)。当光入射到二极管上时,光电流使二极管电压放电的速率等于 I_{ph}/C_{diode}。二极管电压由一个源跟随器(M_{sf})放大,该源跟随器会分离二极管输出和列读出总线的数据。在测量间隔的末期,当包含该像素的行被选中时,该像素的输出通过开关(M_{sel})连接到列总线。因此,像素处理的核心是测量间隔(即帧时间),其重要性超过了集成光电流以测量所产生的光强。

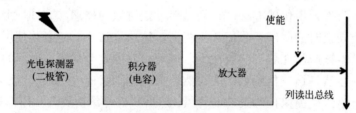

图 6.3 单个有源像素内的主要电路部件:光电探测器、积分器、放大器

该像素的模拟值被传输到读出总线,该总线被一列中的所有像素共享。通常每一列使用一个 ADC(每像素 ADC 价格昂贵,因此仅用于实验或小范围应用)。ADC 的量化步骤决定了测量粒度。一行中的所有像素共享读取使能,所以当这些行被顺序读出时,每个像素行的有效成像时间点会略有不同,通常会导致滚动快门伪影。但也有一些全局快门设计,其中所有像素值都在同一时刻采样,并在内部进行缓冲以进行顺序读取。

尽管各种策略会在此方案上有一些细微的改

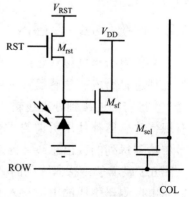

图 6.4 三晶体管有源像素传感器

动，但目前大多数商业相机传感器都采用这种架构。一些策略会增加一个额外的晶体管来支持"采样–保持操作"以实现全局快门，也就是说，即使读出操作是按行顺序执行的，但所有像素依然会在同一时刻采样。在所有这些方法中，获得高动态范围（HDR）仍然是一个关键目标。

尽管已经提出了许多实现 HDR 操作的方法，但在这一领域，异步解决方案胜过其他方法。在接下来的内容中，我们将介绍两类异步成像传感器：异步脉冲像素传感器和异步对数传感器。

6.1.3 异步脉冲像素传感器

脉冲像素传感器是一种异步图像传感器，它将光电流转换成频率与光强成正比的脉冲序列[1-9]。其核心是一旦达到阈值就复位积分器，通过发出"滴答"声来记录这个事件，然后重新开始，从而避免了饱和。实际上，这就是 1 位 ADC 或 Σ-Δ 调制。

图 6.5 显示了一个基本的脉冲像素电路。一旦二极管电压低于参考电压（V_{ref}），二极管就会被重新充电，从而复位比较器。比较器复位后会产生一个输出脉冲。该脉冲信号会重新启动积分器，其脉冲序列的频率与入射光强成正比。

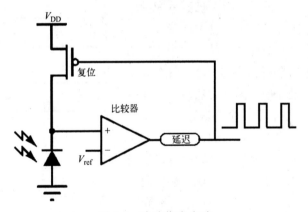

图 6.5　脉冲像素电路

从这个脉冲序列中计算像素值有两种方法：（1）计算每帧时间发出的滴答数量；（2）测量滴答之间的时间。滴答计数的缺点是读出的数据为粗粒度整型，因此无法生成不完全的滴答，导致在黑暗区域出现较大的（带状）错误。相比之下，测量滴答之间的时间可能好处更多，但必须注意避免复杂的像素内计时电路和全局计时资源的不匹配。

最近的一种方法是通过测量脉冲之间的时间来计算光强，这是 Singh 等人[9]的设计。这种方法实际上测量了入射光强的倒数。我们将在后面详细讨论这种方法。

像素架构　该设计引入的第一个新特性是，事件序列经过一个"预分频器"（prescaler）或"抽取滤波器"（decimator），将事件序列的频率除以一个适当的抽取因子（通常是 2

的幂次），然后再通过列读出（见图 6.6）。抽取滤波器的作用是在指定像素点减少事件加入列读出流的频率，以免列流量过载。抽取滤波是进行高动态范围渲染的关键，非常明亮的像素发出的高脉冲频率在读出之前就被过滤，从而节省了列电路的带宽。

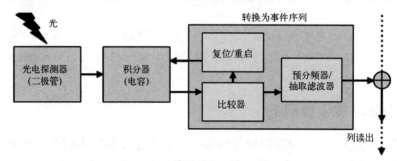

图 6.6　尖峰脉冲像素架构[9]

使用 2 的幂次来表示抽取因子的方法不仅简单，而且面积成本低。实际上，这是一种速率控制方法。为了获得最好的结果，抽取因子应该按像素设置。一种方法是让处理逻辑为每个像素分配抽取因子。另一种方法是允许每个像素自主地确定自己的抽取因子。而且该设计中特别提供了一个全局的相对低速的定时参考信号（例如 1 kHz），每个像素参考它来确定自己的最佳抽取因子。然而需要注意的是，这个参考间隔并不是一个实际的"曝光时间"；传感器以无帧方式工作。我们的目标通常是在这段时间内生成 2～3 个事件，这样就可以生成足够的信息来计算光强，从而避免出现太多信息。

通信架构　第二个新特性是一个完全不同的列读出的架构（见图 6.7）。每一列不是总线，而是一个完整的寄存机制的流水线（FIFO），它允许每个像素插入事件令牌，而不需要独占整个总线。

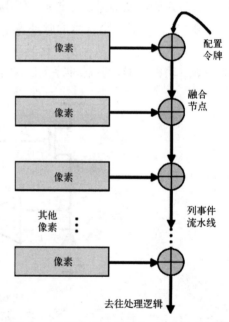

图 6.7　脉冲像素传感器的列读出的架构[9]

每个像素通过其关联的融合节点（merge node）将其事件插入流中，事件在这个流水线中向下传递，最终由处理逻辑接收并处理。

事件编码　每个事件携带两个信息：（1）行号，表示产生此事件的像素的整数 n；（2）抽取因子，这个像素使用的预缩放因子。为方便起见，我们将抽取因子设置为 2 的幂次（2^D），因此只需要发送 D 值即可。这些信息用于在处理逻辑中进行缩放光强值的计算。因此，事件编码为 Event: = <Row, D>。

时间戳　第三个新特性是事件不会在其生成的像素上打上时间戳，而是在最后的处理逻辑中打上时间戳。这是一个关键的设计特性，旨在保持像素内电路的小型化，也避免了在整个传感器阵列中传输时间信息所需的布线。如果当前列像素传输的信息不会发生阻塞，则不会产生传输抖动，因此像素事件之间的时间关系将被保留。注意，虽然较低的传输抖动不可避免，但流水线端到端的传播延迟低还是高并非关键，因为事件之间的时间差是相关的。低抖动通过频率抽取滤波技术实现，确保了明亮像素不会淹没流水线。

流水线实现　因为系统的整体设计是无帧的，所以使用无时钟电路来实现整体设计是最自然的选择，当然该电路也可以使用同步电路实现。然而，列流水线的无时钟实现相比于同步电路而言有着明显的好处：显著降低了功耗，并且避免了在整个数百万像素的传感器阵列中实现高速时钟分布(因此也减少了时钟脉冲造成的噪声)。

直接浮点读出机制($\Delta t, D$)　像素发送的入射光强值取决于像素内在处理逻辑接收到的两个事件的时间差 Δt。若 2^D 为像素当前使用的抽取因子，则光强 I 为

$$I \propto \frac{2^D}{\Delta t}$$

这个公式可直接表示为浮点格式，其中 $1/\Delta t$ 是尾数，D 是指数。因此，无须对其进行任何计算，$(\Delta t, -D)$ 就足以作为计算时浮点表示的光强倒数。

结论　虽然这种方法还没有在硅中实现，但已经通过模拟过程[9]进行了初步验证。为了比较，我们用一个实验与现有的"光强-频率"传感器[4]进行对比。总体来说，该传感器能够以 1000 帧/秒的等效速度捕获 22 位的动态范围，提供的信噪比大于 120 dB。由于场景的动态范围远远大于文献中显示的范围，因此这里仅展示了两种光强窗口，即光强范围中最暗和最亮的聚焦区域。从图 6.8(a)可以看出，我们提出的方法可以在黑暗区域提供明显的细节及平滑的梯度，而现有传感器提供的信息少得多且包含明显的条带。从图 6.8(b)中可以看出，在最明亮的区域，此方法可以提供很多重要的细节，而现有的传感器忽略了亮点。

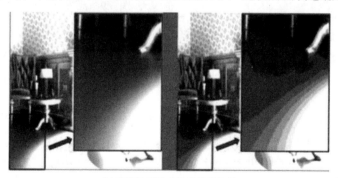

(a)暗场景下像素传感器的比较

图 6.8　我们的方法(左)和现有方法(右)的比较，显示出两种传
　　　　感器捕捉到光强范围暗端和亮端"窗口"的 HDR 图像

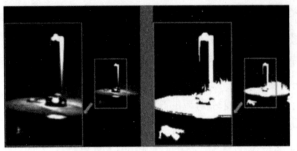

(b)亮场景下像素传感器的比较

图 6.8(续)　我们的方法(左)和现有方法(右)的比较，显示出两种传感器捕捉到光强范围暗端和亮端"窗口"的 HDR 图像

6.1.4　异步对数传感器

这里介绍的第二种异步对数传感器已经成功地应用于硅视网膜。线性传感器随着时间累积光电流以产生电压，而对数传感器无须累积即可直接将光电流转换为电压。

异步对数传感器的关键思想是 MOS 晶体管在亚阈值模式下的瞬时转换[10, 11]（见图 6.9），对于给定的光电流 I_{ph}，在亚阈值状态下工作的负载晶体管 M_{load} 两端的栅源电压与其呈对数关系：

$$V_{DD} - V_{diode} = m \cdot \log\left(\frac{I_{ph}}{I_0}\right)$$

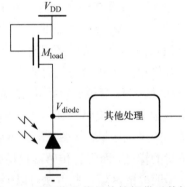

图 6.9　亚阈值负载晶体管提供对数转换

因此，光电流被亚阈值晶体管直接转换为电压，并压缩为对数形式。

这个对数压缩获得了 15～20 位的动态范围，大约为 0.5 V 的电压。另一个好处是像素可以有非常快的响应时间(微秒到亚微秒)。因此，这类传感器(如 ATIS[12]和 DAVIS[13]传感器)已被用于特殊用途下的机器人视觉领域,这些场景需要非常高的速度来实现快速跟踪、3D 姿态估计、光流和手势识别[14]。

通过在光电探测器之后的处理电路中执行空间和时间对比度检测[15]，硅视网膜使用的对数传感器就能模仿人类视网膜神经元的行为。该架构使用脉冲来表示变化，然后使用"地址-事件表示"(AER[15])将这些变化传输到外围处理逻辑。因此，带宽和功耗要求大大降低[14]。

但对数传感器也面临着重大挑战。亚阈值 MOS 特性的变化很大，会导致高固定模式噪声[16]，由于传感的非线性性质，不能简单地通过黑帧减影或相关双采样(CDS)进行校正。此外，实现的信噪比显著降低：对数压缩意味着较暗的像素产生非常低的信号值，而缺乏时间积分则使噪声恶化。这些挑战在较新的 CMOS 工艺中更加突出。此外，这些传感器的通信架构是基于全局仲裁的：一个像素必须从行仲裁和列仲裁获得一个锁，以传输它的尖峰脉冲[11]。虽然已有研究指出，这种全局仲裁方法在电路设计中发挥了作用，但其尺寸被限制为 240 × 180 像素左右。将这种全局仲裁的方法成功地扩展到处理数百万像素传感器阵列将是一个挑战。

总之，对数传感器在硅视网膜中对于特殊应用(例如快速跟踪和手势识别)具有显著优势，它的主要任务是通过快速对比度检测进行特征提取。这些应用不需要高端摄影和视频作品所需的高保真光强值，因此对数传感器相对较低的 SNR 和低像素数都不是障碍。

6.2　传感处理器

传感器网络由一组低成本节点组成，这些节点收集、处理并交流与其所在环境有关的信息。因此，每个节点不仅必须包括传感单元，还必须包括用于实现通信的电路。

这些网络必须符合严格的能耗约束，并且由于其网络拓扑的动态特性，造成了一些罕见的设计挑战。因此，通常使用微处理器来实现网络的功能，比如动态路由、消息队列、时间戳等。此外，所有处理必须具有高能效、小面积代价的特点。

6.2.1　SNAP：传感器网络异步处理器

SNAP 是 Kelly 等人[17]推出的一种异步处理器，其定制设计旨在以低能耗和低面积成本提供传感器网络的功能(见图 6.10)。SNAP 设计的一个有趣特性是其具有的双重作用：(1)在实际传感器节点中充当主处理器；(2)作为面向模拟传感器网络的定制化片上网络(NoC)的一个部件。因此，这个 NoC 芯片与实际大规模传感器网络中单个芯片上的处理器相同，而且由于传感器网络在模拟时和实际部署时都使用相同的处理器，因此可以使用相同的软件对处理器进行模拟。这样，该模拟芯片能够准确地捕获物理硬件的所有能力和限制，而不是局限于更高级别的软件抽象。

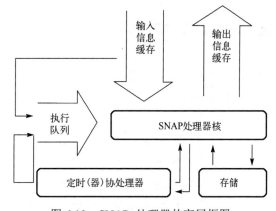

图 6.10　SNAP 处理器的高层框图

这种设计要求的关键之一是最小化处理器的芯片面积。面积越小，传感器节点的尺寸就越小，在 NoC 上模拟的节点就越多。为了实现这一目标，我们做出了许多谨慎的设计决策：没有缓存，没有虚拟内存或异常，没有乘法/除法/浮点单元，数据通路限制为 16 位（指令可以为 16 位或 32 位），所有存储单元都在 DRAM 中。

处理器的指令集架构和实现经过了高度调校，以优化事件队列管理的主要任务，包括调度和取消事件，以及发送和接收事件。处理器的电路级实现采用准延迟非敏感（QDI）异步电路。为了在没有大面积和能耗成本的情况下实现良好的吞吐量，采用了少量的流水线。为了使模拟 NoC 系统符合实时要求，我们加入了一个特殊的定时协处理器，专门用于实现可伸缩的实时机制、时间戳和事件调度。

对（180 nm）处理器版图的详细模拟表明，无论是在能效还是速度方面，处理器都具有良好的性能。特别是在标称 1.8 V 的供电压下，处理器提供 240 MIPS 的性能，在 0.6 V 低压下保持功能正常的吞吐量为 28 MIPS。每条指令消耗的能量在 1.8 V 时为 218 pJ，在 0.6 V 时仅为 24 pJ。对于每秒处理少于 10 个事件的极低活动级别，1.8 V 时的有效功耗降至 150～550 nW，在 0.6 V 电压下仅为 16～58 nW。对比具有类似功能的商用微控制器，这种设计的功耗低几个数量级。

6.2.2 BitSNAP：位级传感器网络异步处理器

在随后的工作中，Ekanayake 等人[18]使用位级串行（bit-serial）数据通路技术重新设计了后续处理器，以产生更低的能耗。位级串行数据通路的一个重要特性是动态有效位压缩（dynamic significance compress）：通过从整数中删除前导的 0 和 1，并仅传输所需位，可以节省整数数据通路中翻转能耗的 30%～80%。因此，BitSNAP 可以在类似的并行字处理器上将总体能耗降低约 50%，同时提供的吞吐量仅降低 20%～25%，但这对于低功耗传感器节点应用（6～54 MIPS）来说仍然足够。

6.3 信号处理

传统的数字信号处理器所处理的信号在时间和幅度上都是离散的。由于现实世界中的现象通常会产生在两个维度上都连续的信号，因此必须首先对其进行采样，以使其在时间上离散化，然后对其进行量化，以使其在振幅上离散化。采样的信号由有限数量的数字表示，可实现数值计算。量化处理，也称为模数转换，需要减轻模拟缺陷、噪声和参数变化的不利影响。

由于混叠（aliasing）现象，离散时间方法的一个主要缺点是由于采样而对数字信号处理器造成的限制。如果信号的变化速度超过采样时可以准确进行捕获的速度上限，就会导致信息丢失。通常，无论实际信号活动如何，采样频率严格设置为最坏情况下的工作频率（以满足奈奎斯特准则）。但这种情况浪费了节省功耗的机会。特别是，即使在空闲或低活动期间，采样仍以高速率继续进行，并且每个新采样都会触发 DSP 中的新活动。

这种过度的功耗是在传感应用中使用此类信号处理器的一个重大障碍。

离散时间方法的另一个缺点是，它们在关注的频段内引入了明显更大的频谱噪声。例如，考虑频率为 f_{in} 的纯正弦的输入信号。如果在没有采样的情况下对其进行量化，则由于形状不再是纯正弦波，会引入基频整数倍(mf_{in})处的高次谐波。但是，如果信号也以 f_s 的速率在时间上采样，那么谐波分量将混叠到频率 $\pm nf_s \pm mf_{in}$。结果，无限多的频率分量(对应于 n 和 m 的不同值对)现在位于关注的频段内，导致更大的带内量化噪声，这反过来使得后续信号处理更艰难。

6.3.1　连续时间 DSP

人们已经提出了一种可以消除采样步骤的新方法：连续时间离散振幅信号处理法[19,20]。图 6.11 显示了这种方法的核心思想。输入信号被连续量化，然后将数字信号字发送到 DSP，DSP 的输出随后转换为模拟形式。在实践中，ADC 仅当输入改变时才生成新的量化值。这种类型的操作可以通过如使用阈值交叉(level-crossing) ADC 而不是时钟 ADC 来实现。仅当 ADC 生成新字值并使用握手机制将其传送给 DSP 时，才会激励 DSP 进行处理。因此，整个信号处理流水线是异步的。

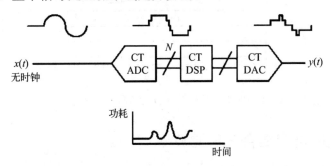

图 6.11　连续时间数字信号处理(CT DSP)系统框图(来自参考文献[20])

参考文献[21]介绍了连续时间数字 FIR 滤波器的完整设计。该设计是一个 8 位 16 抽头 FIR 滤波器芯片，采用 IBM 0.13 μm CMOS 工艺实现，并作为 ADC/DSP/DAC 系统的一部分。因为没有采样时钟，所以滤波器流水线对输入变化可做出快速响应，而无须等待时钟滴答。滤波器可以自动处理不同的输入或采样率变化的输入，无须任何内部调整或重新校准。最后，在输入不活动期间，滤波器表现出很少的翻转行为。实验证明，连续时间 DSP 的异步方法非常适合传感应用。

6.3.2　异步模数转换器

与传统的时钟 ADC 不同，异步 ADC 采用不规则采样，传统的时钟 ADC 以固定的间隔对输入信号进行采样以转换为数字信号。当信号穿过量化电平时，即仅当输出必须改变时, 才进行转换。这一想法如图 6.12[22]所示。

在参考文献[20, 23]中, 将输入信号与输入值上方和下方的两个电平进行连续比较, 当输入穿过其中一个电平时, 生成"向上"或"向下"输出事件, 然后将其后处理为数字输出。与同步设计相比, 这些设计显著降低了功耗。虽然实际节省的功耗取决于输入信号的活跃程度, 但这些设计在系统空闲时(如输入信号稳定)消耗极低的能量, 而基于时钟的 ADC 会在每个采样瞬间消耗大量能量。

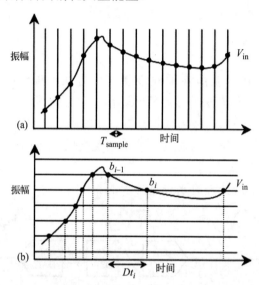

图 6.12　(a) 规则采样下的同步 ADC; (b) 异步阈值交叉 ADC[22]

6.3.3　一种同步-异步混合 FIR 滤波器

IBM 研究所与哥伦比亚大学联合开展了一个项目, 研发一种同步-异步混合实现的 FIR 滤波器, 用于现代磁盘驱动器的读取通道[24]。其目标是减少滤波器在其更大的工作频率范围内的延迟。在一个为提高速度而采用深度流水线的同步设计中, 当数据速率及根据数据速率复原的时钟减慢时, 延迟会变得更差。同步/异步混合实现将滤波器的核心替换为具有固定延迟的异步流水线单元, 而其余电路保持同步。由此产生的芯片在最坏情况下的延迟降低了 50%, 吞吐量提高了 15%, 超过了 IBM 在相同技术中领先的商业时钟实现。

6.4　结论

在本章中, 我们介绍了传感器领域的一些设计实例, 这些实例说明了异步技术在传感系统设计中的应用前景。这类系统通常要求严格的性能。例如，在大面积的分布式网络传感器中，存在严格功耗及小面积的限制。在图像传感器的场景下，大量微小的传感像素被封装在一个芯片中，如果使用严格的全局同步，则会带来性能挑战。由于信号变迁通常伴随着模数转换和数字信号处理，因此这些处理技术也必须专门化以实现高能效。此外，传感通常涉及较长的空闲时间，因此所有传感系统必须具有非常低的空闲功耗。在本章中，我们看到了无帧图像传感器、异步传感器处理器及连续时间 ADC 和 DSP 的实例，所有这些都说明了异步设计在传感领域的能力和前景。

参考文献

[1] L. McIlrath. "A low-power low-noise ultrawide-dynamic-range CMOS imager with pixel-parallel A/D conversion." IEEE J. Solid-State Circuits, pp. 846–853, 2001.

[2] A. Kitchen, A. Bermak, and A. Bouzerdoum. "PWM digital pixel sensor based on asynchronous self-resetting scheme." IEEE Trans. Electron Devices, vol. 25, no. 7, 2004.

[3] A. Kitchen, A. Bermak, and A. Bouzerdoum. "A digital pixel sensor array with programmable dynamic range." IEEE Trans. Electron Devices, vol. 52, no. 12, pp. 2591–2601, 2005.

[4] X.Wang, W. Wang, and R. Hornsey. "A high-dynamic-range CMOS image sensor with in-pixel light-to-frequency conversion." IEEE Trans. Electron Devices, vol. 53, no. 12, pp. 2988–2992, 2006.

[5] Y. Chen, F. Yuan, and G. Khan. "A new wide dynamic range CMOS pulse-frequency-modulation digital image sensor with in-pixel variable reference voltage." Proceedings of the Midwest Symposium on Circuits and Systems (MWSCAS), 2008.

[6] J. Doge, G. Schonfelder, G. T. Streil, and A. Konig. "An HDR CMOS image sensor with spiking pixels, pixel-level ADC, and linear characteristics." IEEE Trans. Circuits Syst., vol. 49, no. 2, pp. 155–158, 2002.

[7] A. Bermak. "VLSI implementation of a neuromorphic spiking pixel and investigation of various focal-plane excitation schemes." Int. J. Robot. Autom., vol. 19, no. 4, pp. 197–205, 2004.

[8] B. Fowler, A. Gamal, and D. Yang. A CMOS area image sensor with pixel-level A/D conversion. Stanford University Tech Report, 1995.

[9] M. Singh, P. Zhang, A. Vitkus, K. Mayer-Patel, and L. Vicci. "A frameless imaging sensor with asynchronous pixels: an architectural evaluation." Proceeding of Internatinal Symposyum on Asynchronous Circuits and Systems (ASYNC-17), San Diego, May 2017.

[10] S. Kavadias, B. Dierickx, D. Scheffer, A. Alaerts, D. Uwaerts and J. Bogaerts. "A logarithmic response CMOS image sensor with on-chip calibration." IEEE J. Solid-State Circuits, vol. 35, no. 8, 2000.

[11] P. Lichtsteiner, C. Posch, and T. Delbruck. "A 128X128 120 dB 15 us

latency asynchronous temporal contrast vision sensor." IEEE J. Solid-State Circuits, vol. 43, no. 2, pp. 566–576, 2008.

[12] C. Posch, D. Matolin, and R. Wohlgenannt. "A QVGA 143 dB dynamic range frame-free PWM image sensor with lossless pixel-level video compression and time-domain CDS." IEEE J. Solid-State Circuits, vol. 46, pp. 259–275.

[13] R. Berner, C. Brandli, M. Yang, S.-C. Liu, and T. Delbruck. "A 240 × 180 10mW 12us latency sparse-output vision sensor for mobile applications." IEEE Symposium on VLSI Circuits (VLSIC), 2013.

[14] A. Amir, B. Taba, D. Berg, et al. "A low power, fully event-based gesture recognition system." IEEE Conference on Computer Vision and Pattern Recognition (CVPR), 2017, pp. 7243–7252.

[15] C. A. Mead and M. A. Mahowald. "A silicon model of early visual processing." Neural Networks, vol. 1, pp. 91–97, 1988.

[16] D. Joseph and S. Collins. "Transient response and fixed pattern noise in logarithmic CMOS image sensors." IEEE Sensors J., vol. 7, no. 8, pp. 1191–1199, 2007.

[17] C. Kelly, V. Ekanayake, and R. Manohar. "SNAP: a sensor-network asynchronous processor." Proceedings of the Ninth International Symposium on Asynchronous Circuits and Systems, 2003, Vancouver, BC, Canada, 2003, pp. 24–33.

[18] V. N. Ekanayake, C. Kelly, and R. Manohar. "BitSNAP: dynamic significance compression for a low-energy sensor network asynchronous processor." 11th IEEE International Symposium on Asynchronous Circuits and Systems, New York City, NY, USA, 2005, pp. 144–154.

[19] Y. W. Li, K. L. Shepard, and Y. P. Tsividis. "Continuous-time digital signal processors." 11th IEEE International Symposium on Asynchronous Circuits and Systems, New York City, NY, USA, 2005, pp. 138–143.

[20] B. Schell and Y. Tsividis. "A continuous-time ADC/DSP/DAC system with no clock and with activity-dependent power Dissipation." IEEE J. Solid-State Circuits, vol. 43, no. 11, pp. 2472–2481, 2008.

[21] C. Vezyrtzis, W. Jiang, S. M. Nowick, and Y. Tsividis. "A flexible, event-driven digital filter with frequency response independent of input sample rate." IEEE J. Solid-State Circuits, vol. 49, no. 10, pp. 2292–2304, 2014.

[22] E. Allier, G. Sicard, L. Fesquet, and M. Renaudin. "A new class of asynchronous A/D converters based on time quantization." Proceedings of the Ninth International Symposium on Asynchronous Circuits and Systems, 2003, Vancouver, BC, Canada, 2003, pp. 196–205.

[23] F. Akopyan, R. Manohar, and A. B. Apsel. ''A level-crossing flash asynchronous analog-to-digital converter." Proceedings of the 12th IEEE International Symposium on Asynchronous Circuits and Systems (Async 06), IEEE Press, 2006, pp. 11–22.

[24] M. Singh, J. A. Tierno, A. Rylyakov, S. Rylov, and S. M. Nowick. "An adaptively pipelined mixed synchronous-asynchronous digital FIR filter chip operating at 1.3 gigahertz." IEEE Transactions on Very Large Scale Integration (VLSI) Systems, vol. 18, no. 7, pp. 1043–1056, 2010.

第 7 章　高速异步电路的设计与测试

本章作者： Marly Roncken[1]，　Ivan Sutherland[1]

本章探讨了基于互补金属氧化物半导体(CMOS)的高速自定时电路的设计与测试。7.1 节描述了 CMOS 工艺本身的特性如何限制自定时电路的运行速度。7.2 节介绍了我们提出的链条–链节模型，可不依赖于电路族和握手协议，统一地对这种电路进行分析和推理。该模型将通信和存储置于链条中，而将计算和流控制放在链节中实现。该模型还将行为和状态分离开来，并采用一种特殊的 go 信号独立启动或禁止链节工作，令自定时操作的初始化、启动和停止变得可靠，这对于电路的设计、高速测试、调试和特征化至关重要。7.3 节介绍了一种使用链条–链节模型设计的非阻塞自定时的 8 × 8 交叉开关网络 Weaver 芯片，40 nm CMOS 工艺下 Weaver 芯片的测试结果表明，该芯片的运行速度高达每秒传输 6G 的数据项(6 GDI/s)。在 72 比特位宽的数据项的条件下，整个交叉网络具有 3.5 Tbps 的运行速度。

7.1　自定时电路能跑多快

自定时电路能跑多快？速度极限是什么？对于以接近最高速度运行的数字电路来说，需要考虑哪些设计因素？自定时电路的潜在速度与外部时钟驱动电路的速度相比如何？

因为没有外部时钟驱动自定时电路，所以自定时电路必须自动运行。为了代替外部时钟，自定时电路和系统使用能够振荡的逻辑环来驱动自身的行为。

正如外部时钟的滴答可以作为时间单位，本章使用的时间单位术语是门延迟。当然，不同逻辑门的延迟相异，但是高速电路倾向于调整晶体管的尺寸，以使所有逻辑门具有相近的延迟，这为门延迟的概念提供了一个合理的基础。

我们也可以将门延迟看作时间上的拓扑，这个时间指的是信号穿过一个翻转逻辑网络的耗时，而无论耗时多长。不仅是逻辑门，任何 CMOS 逻辑网络本质上都在翻转逻辑信号，所以门延迟可视为对信号逻辑翻转的计数。

---

1 Asynchronous Research Center, Maseeh College of Engineering and Computer Science, Portland State University, Portland, OR, USA

7.1.1 逻辑门延迟

一个工作在额定电压下的良好的 CMOS 逻辑门模型如图 7.1 所示，它将延迟和输出变化时间联系起来。

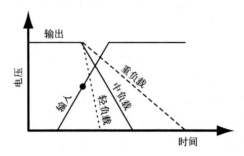

图 7.1　CMOS 逻辑门延迟模型。CMOS 逻辑门的输出电压变化相对较慢。该图给出了逻辑门驱动轻、中、重负载时的三种输出电压变化。当输入电压超过用点标记出的逻辑阈值时，输出电压开始下降，逻辑阈值大约是供电电压的一半。因为下一个逻辑门只有在其输入电压达到阈值时才会起作用，门延迟大约是门输出电压完全变化时间的一半

当逻辑门的输入电压达到其翻转阈值时，逻辑门输出电压开始呈现近似线性的变化。输出电压的变化速率取决于驱动强度(简称为强度)，以及门驱动的负载。这使得门延迟的概念可以用负载驱动和驱动强度的比值来描述：

延迟 = 负载驱动/驱动强度

图 7.1 描述了逻辑门分别驱动轻、中、重负载时输入和输出的电压变化。门延迟定义为逻辑门输出电压达到下一个逻辑门的翻转阈值所需的时间。现在假设输出电压的起始值是供电压或地电压。如图 7.1 所示，对于给定驱动强度的逻辑门，其实际延迟依赖于驱动的负载及下一个逻辑门的翻转阈值。假设翻转阈值接近供电压和地电压的中值，每个逻辑门的延迟大约等于其输出电压从一个值变化到另一个值的时间的一半。在 CMOS 逻辑电路中，延迟和能耗主要来自信号电压的变化。在常规的电路运转中，电压变化用图形表示时近似为一条斜线。

然而，如果输出曲线起始的电压不是供电压或地电压，则逻辑门的延迟还取决于起始电压。如果输出曲线的起始位置靠近下一个逻辑门的翻转电压，那么延迟就会变得很小。此外，不同的起始电压导致不同的延迟时间，故延迟差别很大的逻辑门构成的环仍然可以振荡，但其中较慢逻辑门的输出信号可能无法变化到供电和地电，从而无法形成稳态行为，所以环的振荡行为与环初次启动时的行为二者可能差别巨大。那么确保所有门的输出电压变化能在供电压或地电压附近开始和结束，是实现逻辑门环电路可靠运行的最佳方法。

7.1.2　逻辑门环

自定时电路内在的振荡环驱动了电路的行为。众所周知，CMOS 环形振荡器有奇数个（至少 3 个）反相逻辑门。但很少有人知道，为了得到可靠的振荡，小环中的每一个逻辑门延迟都要非常接近。人们设计的最快自定时电路的速度与 3 逻辑门振荡环的运行速度一致，4-2 GasP 电路[1]就是其中的一种。然而，如此高的速度需要谨慎的设计。实用的自定时电路的运行速度一般不快于 5 逻辑门振荡环的速度，如 Weaver 电路中采用了 6-4 GasP 电路（将在 7.3 节详细讨论）。Weaver 电路的吞吐量依然令人惊讶——经过 10 个 4 输入逻辑门的变迁，就能得到一个数据项，这大约是典型时钟电路系统速度的两倍。

在本节中，我们测试并比较 3 逻辑门和 5 逻辑门振荡环。我们从 3 逻辑门振荡环开始，如图 7.2 所示。如果 3 个逻辑门的延迟相等，则 a、b、c 这 3 个信号都可以完全变化，如图 7.2 的上部时序图所示。然而，如果 c 门的速度是其他两个的一半，则它的输出很难完全变化，如图 7.2 的下部时序图所示。为了使 3 逻辑门振荡环中的 3 个信号全都完全变化，3 个逻辑门的延迟差异必须在大约（门延迟）2 倍的范围内，更大的延迟差异会导致不确定的翻转延迟和不稳定的行为。

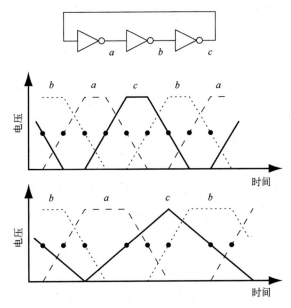

图 7.2　3 逻辑门振荡环的延迟。具有 3 个反相逻辑门且逻辑门延迟大致相同的环产生完全变化的输出信号，如上部时序图所示。在下部时序图中，信号 c 的延迟是 a 和 b 的两倍。如果信号 c 被驱动得再慢一点，则输出将无法完全变化。为了使 3 个信号都能完全变化，门延迟差异不能超过大约 2 倍的范围

图 7.3 展示了一个 5 逻辑门振荡环。如果 5 个逻辑门的延迟都相等，那么 5 个信号

完全变化，如图 7.3 的上部时序图所示。在中部时序图中，信号 e 的延迟是 a、b、c 和 d 信号的两倍，它仍然会在供电和地电上停留。下部时序图表示如果信号 e 的传输速度变为原有的 1/4，那么输出无法完全变化。与具有最大潜在速度的 3 逻辑门振荡环相比，5 逻辑门振荡环有以下三个优点。

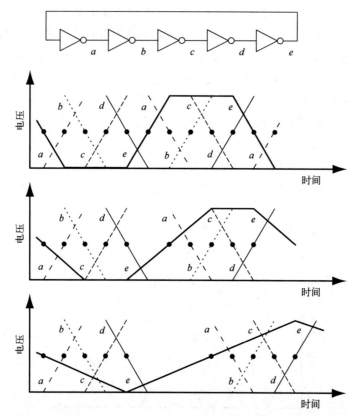

图 7.3　5 逻辑门振荡环的延迟。具有 5 个反相逻辑门且逻辑门延迟大致相同的环产生完全变化的输出信号，如上部时序图所示。在中部时序图中，信号 e 的延迟是其他信号的两倍，输出信号仍然可以完全变化到供电和地电上。为了使 5 个信号都能完全变化，门延迟差异需在约 4 倍以内，如下部时序图所示〔注：为清晰起见，图 7.3 中省略了 a 到 d 信号的供电压和地电压电平，只给出了电压上升和下降的变化。〕

　　1．在兼容门延迟差异方面具有更强的灵活性。无论是导线电容，还是制造或者其他原因引起个别逻辑门延迟的偏差，5 逻辑门振荡环都能更好地兼容。不同于 3 逻辑门振荡环要求逻辑门延迟差异要在 2 倍以内，5 逻辑门振荡环仅要求门延迟差异在 4 倍以内。这里的 2 倍意味着更谨慎的设计，而 4 倍则更容易实现。

　　2．更强的信号健壮性。与 3 逻辑门振荡环产生的信号相比，5 逻辑门振荡环上产生的信号在供电和地电上停留的时间更长。3 逻辑门振荡环产生的信号的曲线，有时会在供电和地电附近形成锐角，在这一转折点曲线的方向从上升变为下降（或相反）。5 逻辑门振荡环的驻留特征将信号连续的上升和下降曲线明显地隔开。

3．在适应逻辑计算方面具有更强的灵活性。5 逻辑门振荡环的拓扑结构提供了更多的逻辑门来运行逻辑运算。而 3 逻辑门振荡环往往没有足够的层级来转化特定的信号，为了实现足够的延迟，不得不添加一整个环或者补环用作延迟层级。

由于对门延迟差异的良好兼容性和更强的逻辑灵活性，5 逻辑门振荡环不仅比 3 逻辑门振荡环更健壮，而且更易于设计。一般来说，逻辑环路中的逻辑门越多，慢门和快门之间的差异就可以越大。

正如 7.1 节开始时所提到的，自定时电路系统使用逻辑环的振荡来驱动其运行。绕环两周会在每个信号上产生一个"高-低-高"或者"低-高-低"脉冲。图 7.2 和图 7.3 中的环产生了近似对称的脉冲，"高-低-高"脉冲和"低-高-低"脉冲的宽度几乎相同。也可以使用逻辑环上变化的信号产生不对称脉冲，如图 7.4 所示。

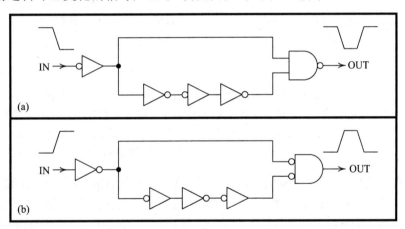

图 7.4　非对称脉冲发生器。在 (a) 中 IN 信号的下降使 NAND 门的输出 OUT 下降后很快上升，产生一个 3 个门延迟宽度的"高-低-高"脉冲，如 IN 和 OUT 的波形所示。同样，在 (b) 中，IN 信号的上升可以在反相输入 AND 门（也称 NOR 门）的输出 OUT 上产生了一个 3 个门延迟宽度的"低-高-低"脉冲。对于完全变化的 3 个门延迟输出脉冲而言，门的大小必须适当，负载反相器的手工裁剪过程没有在这里详述。IN 上的输入信号的高低电平都必须保持至少 3 个门延迟〔注：在图 7.4 中画反相器时，在逻辑门的输出端或者输入端标记了一种表示反相的符号"o"，表示它们驱动的主要变迁是上升的还是下降的。比如，(a) 中 OUT 的主变迁是以下降变迁的形式生成 OUT 的脉冲，因此使用了输出带反相符号"o"的 NAND 门来驱动下降变迁。(b) 中 OUT 的变迁是上升变迁，所以我们在 AND 门的输入端上加上反相符号"o"，而在 AND 门的输出端不加反相符号，表示驱动上升变迁）。这种记号关乎语义，可以让我们关注电路本身的含义。〕

当输入大于 3 个门延迟宽度的脉冲时，图 7.4 中的两个脉冲发生器将产生非对称脉冲：(1)为 3 个门延迟宽度的"高-低-高"脉冲，(2)为 3 个门延迟宽度的"低-高-低"脉冲。可以设计类似于图 7.4 中的发生器，以产生宽度基本固定的脉冲。

局部产生的脉冲——无论是对称的还是不对称的——可用作"局部时钟"信号，以驱动局部锁存器、触发器或其他类型的存储单元，更新每次运行期间改变的局部状态信息。驱动大量存储单元的局部时钟脉冲也需要放大才能具有足够的驱动力。7.1.3 节将介绍放大脉冲信号的方法。

7.1.3　脉冲信号的放大

为了从相对较弱的供电源来驱动较大负载，可以使用一串反相器构成的电路，其驱动强度能呈指数形式增长，如图 7.5 所示。

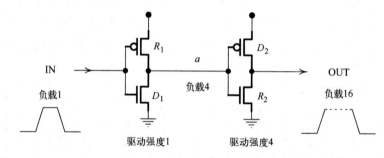

图 7.5　脉冲放大器。由 2 个反相器串联而成的简单两层级放大器用于放大脉冲。图中所示强度以 4 倍递增，故此反相器对提供 16 倍增益。信号 OUT 处脉冲波形中的虚线表明 OUT 处的脉冲宽度可变，比 IN 处的脉冲宽度宽或窄均可。此变化源自每个反相器层级中上升和下降时间的累积偏差，所以这种简单的解决方案不适合放大短脉冲

为了支持图 7.5 和图 7.6 中所示的驱动强度、负载和建立(step-up)参量，让我们定义与这些参量相关的术语。这些术语参考单位反相器而定义，单位反相器指的是特定电路族或制造工艺中允许的最小的反相器。单位反相器在输入端具有为 1 的负载，其驱动强度也为 1。

- 驱动强度(简称强度)表示逻辑门驱动负载的能力，代表了逻辑门在驱动输出负载时比单位反相器强多少倍。增加逻辑门驱动强度的典型的做法是，将逻辑门上的晶体管加宽或等效地将晶体管并联起来。
- 负载或输入负载是指相对于单位反相器翻转时所需的电荷，即逻辑门花费多少输入电荷会打开或者关闭组成的晶体管网络。换而言之，逻辑门输入端的负载代表的是与单位反相器相比，逻辑门打开或关闭晶体管的难度。越宽的晶体管越难驱动。
- 建立参量是负载和驱动强度的比值：

$$建立参量 = 驱动负载/驱动强度$$

注意，逻辑门延迟的公式与上面的公式相同。如果后续逻辑门的建立参量或延迟

相同，那么总体来说速度最快。在图 7.5 和图 7.6 中选取的强度刚好令每个逻辑门具有相同的建立参量 4。

● 放大或增益是一个/一串门输出的驱动负载与一个/一串门的输入负载的比率。单个逻辑门可以驱动多个逻辑门，因此被驱动门的输入负载需要加到逻辑门的总驱动负载上。图 7.5 及图 7.6(a) 和 (b) 列出了两级脉冲放大器的输入 IN 上的负载，也给出了输出 OUT 的总负载，实现了每层级建立参量为 4。从 IN 到 OUT 的相应放大倍数分别为 16、72 和 60。

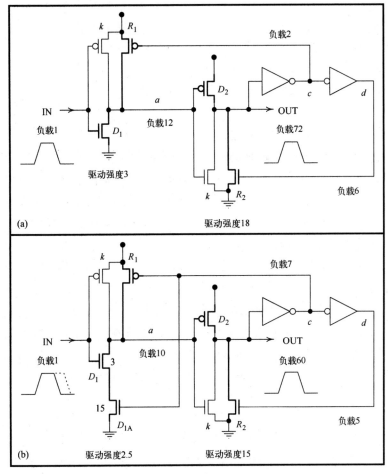

图 7.6　更高增益的脉冲放大器。通过推迟驱动晶体管 R_1 和 R_2 复位，可以获得更多的放大效果。利用来自被放大的输出信号 OUT 的两个反馈回路来驱动 R_1 和 R_2，因为信号 IN 和 a 上的电荷并没有用于晶体管 R_1 和 R_2，所以晶体管 D_1 和 D_2 可以比图 7.5 中的驱动强度更大。高增益对于驱动具有大扇出的信号非常有用，比如在许多异步设计中驱动存储单元的时钟树或"局部时钟"信号。此外，这两个反馈回路能维持脉冲持续时间，这在放大短脉冲时尤为重要。(a) 和 (b) 可以输出固定的 3 个门延迟宽度的宽脉冲，(b) 能接受稍宽的输入脉冲

图 7.5 给出了两个反相器串联组成的两级放大器，每一层级具有统一的建立参量 4，所以两层级结合在一起可以提供 16 倍的放大——IN 端的负载 1 到 OUT 端就成为负载 16。

然而，考虑到反相器的上升时间与下降时间几乎总是不同的，相对于每一层级的输入变化而言，其输出变化都会延缓或提前。相对于图 7.5 中每一层级的脉冲放大器的输入脉冲宽度，有可能在两种情况下改变其输出脉冲的相对宽度：延缓或提前脉冲的上升变迁，或者延缓或提前脉冲的下降变迁。累积的变化将不可避免地从放大器的输入 IN 传递到输出 OUT 来延长或缩短脉冲，特别是当从 IN 端到 OUT 端放大短脉冲时，这将成为严重的问题。

如果必须放大一个短脉冲，最好能避免中间层级延迟的变化累积。为此，在输出端使用反馈来直接控制输出脉冲的宽度，如图 7.6 所示。

图 7.6 中的两个电路说明了一种被称为后充电逻辑(post-charge)的技术，该技术在 Bob Proebsting 的专利[2]中被描述为

"……允许脉冲通过任意数量的层级来传播，而脉冲宽度基本上保持不变。"

为了理解图 7.6 中的每个电路是如何工作的，首先考虑标为 D_1 和 D_2 的粗线画出的晶体管。这些晶体管能匹配图 7.5 中对应的晶体管——它们在每一层级打开脉冲信号。在图 7.5 和图 7.6 的电路中，当输入信号 IN 上升时，晶体管 D_1 驱动信号 a 为低电平，然后打开晶体管 D_2，驱动输出信号变成高电平。正如各电路中每个层级的强度参量所示，电路的每一层级比它的前一层级具有更高的驱动强度。

但与图 7.5 中的两级反相器不同的是，图 7.6(a)和(b)中的两级反相器避免了浪费输入电荷来控制复位晶体管 R_1 和 R_2。相反，图 7.6(a)和(b)的后充电逻辑使用放大的输出信号来驱动 R_1 和 R_2。对于图 7.6 中的各电路来说，当 OUT 上升时，反相信号 c 放大并下降，导致反相信号 d 放大和上升，从而打开晶体管 R_2，将 OUT 复位到低。同时，下降的信号 c 打开晶体管 R_1，将 a 复位到高，图 7.6(b)中的电路会关闭晶体管 D_{1A}，以避免可能扰动脉冲使之稍微超过 3 个门延迟的宽度。也就是说，对于相同的输入负载，相比于两级传统反相器，Proebsting 放大器的两层级后充电逻辑可以驱动大约 4 倍的负载，而且响应得同样快。

图 7.5 和图 7.6 的强度和负载参量的基本计算过程如下所示。该计算假设在相同输出负载下，P 型晶体管的驱动强度大约是 N 型晶体管的两倍。这些假设对于 7.3 节中 40 nm CMOS 工艺的 Weaver 芯片是有效的。

- 驱动强度都为 1 的单个 N 型晶体管和 P 型晶体管构成一个驱动强度为 1 的单位反相器，如图 7.5 中的第一级反相器所示。假设 P 型晶体管的开/关难度是 N 型晶体管的两倍，图 7.5 中第一级反相器的输入负载有 2/3 来自 R_1。当 IN 升高时，2/3 负

载用来关闭 R_1，剩下的 1/3 负载打开 D_1 并拉低信号 a。因为每一放大层级使用了建立参量 4，所以驱动强度为 1 的晶体管 D_1 使下降的信号 a 具有驱动负载 4。

- 与其在最后可能的时间关掉 R_1，不如提前关掉 R_1，就像图 7.6(a) 和 (b) 中的放大器一样。因此当 IN 升高时，图 7.6 中两个放大器的第一级反相器完全打开 D_1，将信号 a 拉低。换而言之，第一级反相器可以将 IN 的可用输入负载 1 驱动 N 型晶体管 D_1，其驱动强度为 $\frac{1}{3} \times x$ (x 表示 D_1 的负载强度)。图 7.5 中 D_1 的强度为 1，而图 7.6(a) 和 (b) 中 D_1 的强度调整为 3。在图 7.6(a) 中，每一层级的建立参量为 4，晶体管 D_1 的驱动强度为 3，使下降的信号 a 的驱动负载为 12。如图 7.6(b) 所示，驱动强度为 3 的晶体管 D_1 与驱动强度为 15 的晶体管 D_{1A} 串联，第一放大层级的综合驱动强度为 1/(1/3 + 1/15) 或 2.5。图 7.6(b) 中的建立参量为 4，驱动强度为 2.5 的串联晶体管使下降的信号 a 的驱动负载为 10。

- 类似地，当图 7.6(a) 和 (b) 中的第二级反相器的 R_2 提前关闭时，a 上的可用负载可以完全用于打开 D_2 并将输出 OUT 拉高。换而言之，图 7.6(a) 中的第二级反相器可以投入 12 的驱动强度来驱动 P 型晶体管 D_2 的负载，即驱动强度为 $\frac{2}{3} \times y$ (y 表示 D_2 的负载强度)。因此需要重新裁剪 D_2，使之从图 7.5 中的驱动强度 4 调整为图 7.6(a) 中的驱动强度 18。图 7.6(a) 中的建立参量为 4，晶体管 D_2 的驱动强度为 18，使上升的输出信号 OUT 的驱动负载达到 72。同样，在图 7.6(b) 中，可以将 P 型晶体管 D_2 调整到 15 的驱动强度，允许下降的 OUT 驱动 60 的负载。

- 这些计算方法可扩展到串联反相器，图 7.6(a) 和 (b) 中的 OUT 能驱动信号 c 和 d 在放大层级上对输出复位，这两个信号的驱动强度可以小到 1 到 2 之间，并且几乎不会影响 OUT 上剩余的驱动负载。通过微调这些反馈反相器的驱动强度，可以微调 OUT 上的脉冲宽度。

　　图 7.6(a) 中的电路要求输入和输出脉冲宽度类似。图 7.6(b) 中的电路可适应更宽的输入脉冲。在脉冲之间，用字母 k 标记的弱保持器 (keeper) 维持图 7.6(a) 和 (b) 中每一层级输出信号上的电荷，并相应得到逻辑高或低的电压。

　　图 7.5 和图 7.6 给出仅有两层级的电路，可以放大具有 3 个门延迟的"低-高-低"脉冲，类似的电路能放大"高-低-高"脉冲。当然，具有更多层级和更宽脉冲宽度的电路也是可行的。基本的假设是这些信号有足够的时间完全变化——见图 7.2 和图 7.3。

7.1.4　逻辑势理论，即如何设计高速电路

　　NAND 门实现了 NAND 逻辑功能，其中包含的晶体管肯定比反相器的多。此外，为了使 NAND 门的负载相同，在同样的驱动强度下，NAND 门不仅使用了更多的晶体管，

而且还串联了高强度的晶体管。因为有更多的晶体管，其中一些的驱动强度特别高，所以 NAND 门有更多的输入负载。与打开或关闭相同强度的反相器的晶体管相比，打开或关闭 NAND 门的晶体管要困难得多。

逻辑势理论[3]量化了执行逻辑功能的"成本"或逻辑势，即逻辑门的输入负载比同等强度的反相器差多少，即

$$逻辑势 = 输入负载 / 驱动强度①$$

我们用 1 表示反相器的逻辑势。更复杂的逻辑门的逻辑势往往大于 1。通常，逻辑越复杂，其逻辑势就越大。例如，假设 P 型晶体管的打开和关闭难度是 N 型晶体管的两倍，那么 NAND 门、反相器、选择器(多路复用器)和 XOR 门的逻辑势分别是 $\frac{4}{3}$、$\frac{5}{3}$、2 和 4。

在某些情况下，可以调整复杂逻辑门的晶体管的驱动强度，以减少目标输出变化的逻辑势。例如，Swetha Mettala Gilla 等人[4]针对互斥单元(选择器，MUX)的尺寸裁剪研究，重新调整了两类常用的仲裁设计，保证在无争议授权的情况下，每个仲裁器的逻辑势都小于 1。调整尺寸的设计提供了最少的无争议授权延迟，因此无争议的仲裁很快。

类似地，将复位负载从输入信号移动到放大的输出信号，图 7.6 中的每个 Proebsting 放大器减少了其第一级反相器的逻辑势。当输入负载为 $\frac{1}{3} \times 3$ 或 1 时，图 7.6(a) 中第一级反相器的驱动强度为 3，图 7.6(b) 中第一级反相器的驱动强度为 2.5，它们的逻辑势分别为 $\frac{1}{3}$ 和 $\frac{1}{2.5}$。与之类似，若图 7.6(a) 的输入负载为 12，图 7.6(b) 的输入负载为 10，且驱动强度分别为 18 和 15，则第二级反相器的两个 Proebsting 放大器的逻辑势都为 $\frac{2}{3}$。通过减少每层级的逻辑势，两个 Proebsting 放大器的放大性能更出色。

我们基于逻辑势来设计快速 CMOS 电路，指导原则是：最快的逻辑能让不同层级中逻辑势和放大倍数的积相同。这一指导原则将相对于反相器的逻辑执行成本的增加转化为放大倍数的相应减少②。有关使用逻辑势来改善电路性能的更多背景知识，请参阅参考文献[3, 5, 6]。

---

① 衡量逻辑门的逻辑势就是：(1)相对于同等驱动强度的反相器，逻辑门的输入负载需要多大？(2)如果逻辑门的输入负载一样，那么逻辑门的驱动强度会有多低？(3)逻辑门需要花费相对于反相器多长的时间才能驱动另一个相同逻辑门？这三个观点在数学上一致[3]。

② 在 7.1.3 节中，我们介绍了通过使所有层级的建立参量一致来实现最快的延迟。逻辑势原则在数学上与其等同，因为面向逻辑势的设计原则会让所有层级的积(逻辑势×放大倍数)相等，根据 7.1.3 节和 7.1.4 节对"逻辑势"和"放大"的定义，此逻辑势原则等同于对[(输入负载/驱动强度)×(驱动负载/输入负载)] = (驱动负载/驱动强度)的均等化，再根据 7.1.3 节建立参量的定义，所有层级的建立参量值调整为相等的值。

7.1.5　7.1 节的概要总结

环形振荡器决定了自定时电路的"节奏"。虽然 3 逻辑门振荡环是可行的，但我们更喜欢使用慢一点但易于设计和更健壮的由 5 个以上逻辑门构成的奇数逻辑门振荡环。5 逻辑门振荡环以每一轮 10 个门延迟来振荡。由于放大短脉冲存在困难，因此全局时钟不太可能和环形振荡器的运行速度一样快。7.3 节描述的一种基于 40 nm CMOS 工艺的自定时片上网络 Weaver 芯片，其运行速度等于 5 逻辑门振荡环速度。我们按照 7.1.4 节所述的逻辑势原则设计了这种高速自定时网络和所需的各种电路模块。

Weaver 芯片中的电路模块可以划分为链条-链节两部分，链条用来传递局部数据和状态信息，链节的作用是计算链条中的数据和状态信息，控制局部计算结果的流动和分布，并更新状态。从链条到链节再返回链条的数据交换形成了一个环形振荡器。在 Weaver 芯片中，每一对链条-链节构成一个 5 逻辑门振荡环，产生 5 个门延迟的"低-高-低"脉冲，脉冲放大后用来捕获链节计算的结果，并更新链条存储的状态。Weaver 芯片使用了一种简单的脉冲产生和放大技术。

虽然不同的设计需要不同的技术，但本节提出的管理脉冲的技术简单而先进。Weaver 芯片使用的技术简单是因为：(1) 所有的环形振荡器都以相同的速度运行；(2) 数据位宽仅为 72 比特；(3) 每个链节上的路由逻辑都有足够低的逻辑势，为各个链条上的"局部时钟"留下了足够的放大空间。

Weaver 芯片的绝大多数设计和测试都是从独立的链条-链节级别开始、自下而上构建的。因此我们增加了一个中间层——链条-链节模型，见 7.2 节。

7.2　链条-链节模型

正如主流异步或自定时电路设计人员一样，我们也定义握手部件，将设计编译为功能和定时已核验的部件。当我们使用的协议有其他的两个自定时电路族 Click 和 GasP 时，编译过程会难以控制。这两个电路族内置了特定的初始化电路，以设置其握手信号的初始状态。由于 Click 和 GasP 在初始化、握手信号和静态定时的巨大差异，要求在不同的编译级别上重复生成面向 Click 和 GasP 的代码，导致编译器复杂且难以使用[7]。每一次对差不多相同部件的初始化都会增加设计和验证工作的代价。当对基于 Click 的流控制部件进行建模和定时核验时，流控制部件的每个握手接口使用相同的握手协议，我们自然一次又一次地核验它们是否符合握手协议。实际上，针对这些重复使用部件的建模既无用又有害：大多数时间都用于解决模型的复杂性[8, 9]。到底是哪里出了错？

我们在 7.2.1 节分析出错的地方，也给出正确执行的步骤[10]，并使用 Click 和 GasP

电路族来说明这些步骤。图 7.7 展示了 Click 和 GasP 的握手协议，图 7.8 给出了这些电路的原理图[1, 7, 11]。

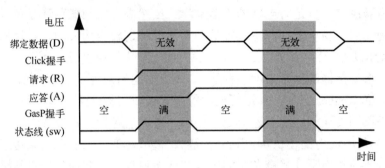

图 7.7 Click 和 GasP 的握手协议。在 Click 和 GasP 中的自定时电路使用绑定数据两相握手协议。Click 有两个握手信号——请求（R）和应答（A）。GasP 只有一个，称为状态线（sw）。数据导线束伴随着这些信号，当携带有效数据时，这些信号将应答接收者。当 R 和 A 不同时，Click 中的数据有效，当 sw 为高时，GasP 中的数据有效。在相反的情况下，握手信号告诉发送方何时有空间容纳新数据。在链条-链节模型中，我们将握手协议视为基于数据和空当（space）存在性而进行编码的一种方式，我们关注的是它编码了什么，而不是如何编码。所以我们不使用 R、A 和 sw，而使用满（FULL）和空（EMPTY）信号，在填充一个通信链条时将其置为满，在排空时将其置为空。对满、空、填充和排空而言，Click 和 GasP 的协议一致

7.2.1　通信和计算

核验同一电路族中相异的流控制部件会导致反复核验相同的通信电路，这表明我们在一个部件中组合了太多的东西。要了解部件的细节可以参见图 7.8，这里我们把通信和流控制分开考虑：将同一握手信号的通信电路（包括它们的初始化电路）组合成一个独立的部件，称为链条；保留原部件中的剩余电路，并称其为链节。这种方法将 Click 和 Gasp 的握手通信电路置于其各自的链条中，所以将二者的差异从接口移到各链条的内部，这样链条和链节之间的接口就不再区分 Click 和 GasP，而且 Click 和 GasP 的链节是一样的。因此，通过将通信与流控制分离后，（1）降低了复杂性及核验所需的工作量；（2）提供了一种适用于两个电路族的面向链条-链节的单一编译策略。

可以看到链节是一些链条相遇且交换信息的地方。这个信息可以是与数据无关的、仅作为一种同步手段的信息，也可以是来自几个链条的数据，此时链节依托这些数据计算，并将结果分发给其他链条。因此，除了管理流控制，链节还负责计算。计算依赖于数据，那么谁来存储数据——链条还是链节？在我们旧的设计方法中，通信和计算电路位于同一部件，此部件也存储数据，而握手信号只是传输数据值的导线。但在新的设计方法中使用链条-链节模型，我们决定让链条同时传输和存储数据。因

此，链条和链节不仅将通信-存储功能与计算-流控制功能分离开来，同时也将状态与行为分离开来。

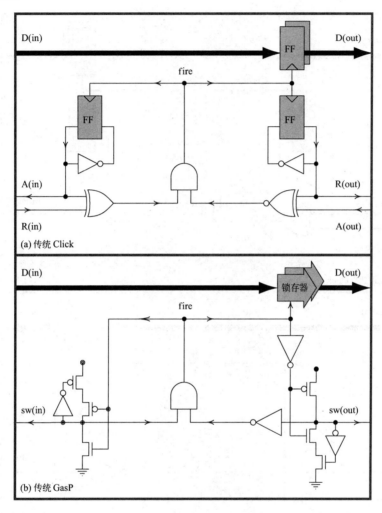

图 7.8　未采用链条-链节模型的 Click 和 GasP 部件。这个简单电路在 (a) Click 和 (b) GasP 省略初
　　　　始化和放大电路，二者在下列两种情况发生时运行：(1) 输入为满，即 Click 中 R(in)≠A(in)，
　　　　或 GasP 中 sw(in) 为高；(2) 输出为空，即 Click 中 R(out) = A(out)，或 GasP 中 sw(in) 为
　　　　低。运行时，电路将 D(in) 复制并存储在 D(out) 上，使输入为空，输出为满

　　图 7.9 给出了采用链条-链节模型[10]时 Click 和 GasP 的原理图。除了将在 7.2.2 节
引入的 AND 逻辑 MrGo，这两个电路与图 7.8 中旧的设计方法相同——只是移动了接
口位置。根据图 7.9，链节在其 in 链条为满而其 out 链条为空时运行。当链节运行时，
它将数据从 in 链条复制到 out 链条，然后排空 in 链条并填充 out 链条。所以链条通

过改变其满或空状态来改变链节运行的条件，从而引起整个部件的复制、排空和填充操作，如图 7.11 所示[①]。

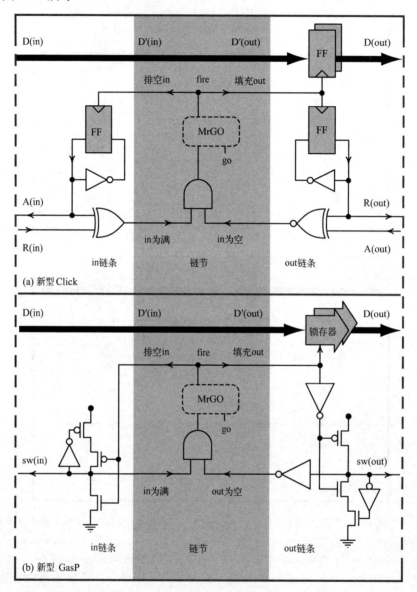

(a) 新型 Click

(b) 新型 GasP

图 7.9　链条-链节模型下的 Click 和 Gasp。接口从握手信号移到它们编码为满、空、填充或排空的地方。数据与满或空状态一起存储于链条中。此图片只给出了链条的一半，完整的链条就是两个图片中各一半链条拼在一起的结果。链节的 AND 函数由 MrGo 的一个（带仲裁）AND 门构成——见图 7.10

[①] 图 7.11 使用线条人表示链节，用矩形表示链条，以此来说明链节的行为、链条的响应及链条的响应如何取消链节的行为。图 7.11 中使用的 go 信号通常为高电平，用于初始化和测试，如 7.2.2 节所述。

我们使用监视命令[12, 13]来描述链条-链节的行为。链条-链节通过接口上的满、空、填充、排空和数据信号进行通信。因为接口信号在链条改变其满或空状态之前都是可用的，所以通信协议使用共享变量而不是利用消息传递。因此，用于检查链条是否可以通信[14]，在消息传递模型中需要的"探针"原语只需监视链条的满或空状态。

7.2.2　初始化和测试

区分状态与行为是初始化电路设计及测试的关键。对于电路设计，固定的初始化电路已足够。但是对于测试，就可能需要对电路进行任意类型的初始化，特别是应对出现意外错误的场景。那么，为什么要遵循设计仅使用一次的固定初始化电路的旧方法？为什么不在启动时也使用现有的测试方法来初始化电路呢？电路自动初始化自身的方法很难成功，会花费大量的反复实验的时间才能设计好初始化模块；但独立的初始化方法很容易实现，这种方法甚至在安全性方面也会有额外的优势。本小节解释了将操作和状态分离的测试方法，这种方法可以帮助我们初始化 7.3 节中讨论的 Weaver 芯片，也可以快速测试和调试 Weaver 芯片。

7.2.2.1　行为控制：go 和 MrGo

经验证明，最好不要让电路设计和测试环境同时初始化相同的状态，因为自定时电路传播状态的速度比测试环境的要快，所以在同一时刻最好令二者初始化不同的状态，有时甚至只能这样做。在初始化时，链节的行为如果(部分)取决于测试环境定义的链条状态，那么此时禁止这个链节工作。请记住，链条存储状态，链节运行而实现行为。为了禁止链节工作，我们添加了一个称为 go 信号的额外条件，该信号受控于测试环境。当 in 链条为满、out 链条为空、go 信号为高电平时，图 7.9 中的链节开始工作。以前"in 链条为满，out 链条为空"的条件不再充分：低电平的 go 信号会禁止链节工作——见图 7.10 和图 7.11。

因此，测试环境将控制链节行为的 go 信号降低，就可以禁止电路中的所有行为，从而可以安全地初始化链条的满或空状态，也可以初始化无论位于何处的链条所存储的数据。对于 Weaver 芯片，我们使用移位寄存器链(也称为扫描链[15])将初始值一比特一比特地串行移动到芯片中。在 Weaver 芯片的设计中，每个移位寄存器都与一个特定的状态信号相关联。当所有值都就位时，表明测试接口已将这些值并行地写入关联链条的状态位和数据位中 ——见图 7.12。对于设计初始化而言，下一步是使控制各链节行为的 go 信号都升高，从而启动电路。

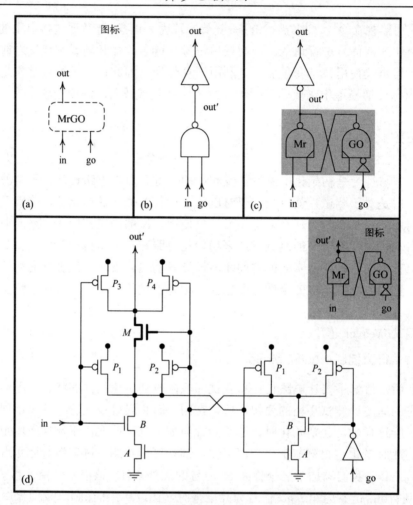

图 7.10   go 信号和 MrGo。用 (b) 简单 AND 门或 (c) 仲裁 AND 门将 go 信号
与行为的条件连接起来,就能启动或禁止行为。仲裁 AND 门称为
MrGo,发音为"Mister GO",其实现如 (c) 和 (d) 所示。尚未决定
使用哪个 MrGo 版本时,可以使用 (a) 中的图标。MrGo 在高电平
的 in 信号和低电平的 go 信号之间仲裁,前者启动行为,后者禁止
行为。(d) 中仲裁器的标粗晶体管在亚稳态结束时导通,延迟了低
电平有效的授权信号 out'。我们基于常规的无竞争机制来调整晶体
管的尺寸,以减少从 in 到 out' 的逻辑势[4]。多个上拉晶体管能避
免浮置 (floating)。整个电路通常在 go 信号为高电平时工作

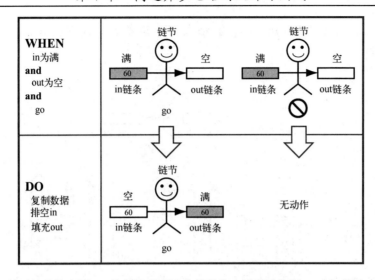

图 7.11　基于链条状态的 go 信号控制下链节的行为。展示了如图 7.9(a)或(b)中给出的简单链节的行为及其两个链条的响应。线条人代表了链节，矩形表示链条，满状态的链条为灰色，空状态的链条无色。只有在满足以下三个条件时，链节才会运行：(1)in 链条为满；(2)out 链条为空；(3)具有行动权限，即 go 信号为高电平。此时，它将值为 60 的数据从它的 in 链条复制到它的 out 链条，排空 in 链条同时填充 out 链条。in 链条通过声明自己为空状态来响应(上一级链节)，而 out 链条响应(下一级链节)的方式是存储数据并声明自己为满状态，完成并禁止当前链节的行为，并且可能启动邻近链节的行为。请注意，in 链条中的数据不受排空的影响，值为 60 的数据将保留在此链条中，直到后续填充操作或写测试操作来更改此值

通过采用单路 go 信号来启动或停止电路的方法，可以实现测试，这也称为测试模式。当电路以全局控制实现行为同步时，这种方法非常适用，但对于异步、大范围分布和局部性强的电路，此方法就远非理想的了。我们先做一个思维实验来跟踪高速穿过一段自定时电路的突发数据。任何"遍历突发路径"（walk the burst）的全局控制都将与实验的"高速"性质相冲突，只有采用自定时机制的电路才能够实现这种高速运行的电路实验。所以，如果我们能启动这段电路内的所有链节，并禁止其外部的链节，那么突发数据就会高速通过这段电路——走完这段路之后，就可以借助 go 信号，扫描并读出电路遗留在各链节的状态。

在 Weaver 芯片中，我们使用了众多独立的 go 信号，每个链节用一个。原则上，go 信号的数量和行为一致。为了控制如此大量的 go 信号，我们使用扫描链来移动它们——见图 7.12 中的 go/nogo 测试接口和扫描移位寄存器。注意，在图 7.12 中可以对 go 信号、链条状态和数据位进行读写，并通过扫描链将它们的值移进或移出。为了避免干扰行为

控制与状态读写的衔接，Weaver 芯片为 go 信号、链条的满或空状态及数据位设置了独立的互斥扫描链。

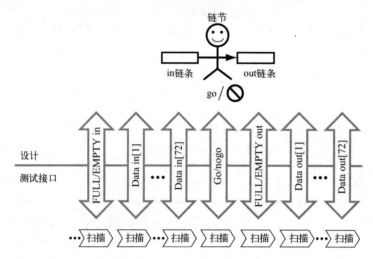

图 7.12　链条–链节扫描测试接口。一串移位寄存器串行地将单个比特位从电路的输入移动到输出，这称为扫描链。当(顶部)设计运行时，(底部)扫描链进行移位，并行地读写数据位、满或空状态和 go 信号。为了避免干扰状态或行为的建立，我们对状态和 go 信号使用独立的扫描链

　　图 7.13 和图 7.14 展示了前面讨论过的"思维实验"的例子。这个例子包含带有计数器的待测电路来高速运行突发数据，需要测试计数器是否能够不停地对经过的数据项进行正确计数。我们在 Weaver 芯片上做了类似的测试，其计数器位于布局规划图的东北(NE)角，见后面的图 7.16。测试环境不应只能读取 Weaver 计数器，而应简单支持将其复位为 0 的写操作，但不支持其他写操作。当然，在极少数情况下，不考虑电路性能时，此性质是可以接受的，但反之均不行。计数器对于判定是否能够全面支持读写的全扫描特性是非常重要的。

　　图 7.13 和图 7.14 中的链条、链节与图 7.9 中的相似，其工作原理如图 7.11 所示。注意测试段上下游中禁止的链节已标出。大多数测试任务包括电路初始化和生产测试(manufacturing testing)，其基础是针对受限测试电路段的卡陷(stuck-at)故障分析。然而，有些任务，特别是与性能特性相关的任务，需要电路可任意运行。为了应对这些任务，给 go 信号加上自己的仲裁器，就可以在不破坏电路状态的情况下方便地停止这些任务。如图 7.10(c) 和 (d) 所示，仲裁后的 go 信号称为 MrGo，仲裁用于决定一个行为是继续还是停止。

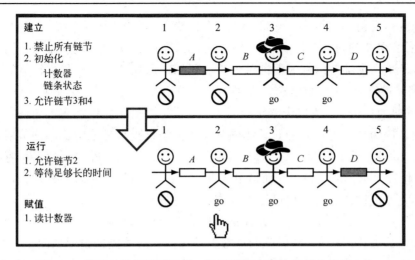

图 7.13 高速地计算单项数据。计数器附在戴牛仔帽的链节 3 上。
测试建立过程会启动几个相邻链节，并允许数据高速通
过。通过禁止待测部分的上下游链节，可以防止其他输入
进入和结果退出。通过激活作为"门级保持器"的链节 2
来释放测试数据，使其流经待测部分，并更新计数器

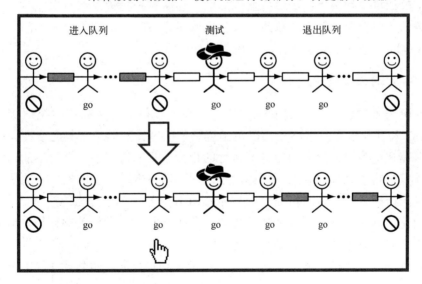

图 7.14 对突发数据进行高速计数。更长的进入和退出队列
（runway）可以让更多的数据以更快的速度通过计数器

对于链节中的操作而言，图 7.10 中的仲裁 MrGo 信号必须加上 AND 函数才"圆满"，
也就是说，监视条件或行为条件涉及的所有满或空状态信号必须先做 AND 运算，然后
才能和 go 信号进行 AND 运算。如果监视（条件）包含数据位，那么这些数据位的 AND

运算在 MrGo 信号前后均可——它们所属链条的满状态信号已经覆盖了这些数据，如后面的图 7.21 及图 7.23(a) 和(b) 所示，Weaver 芯片在 MrGo 信号之后添加了数据位。给 MrGo 信号一个"圆满"位置能保证仲裁不会阻塞，即保证了无论是首轮运行还是随后运行，go 信号最终会夺取仲裁位[①]。如果不是首轮运行，因为仲裁器倾向于 in 信号为高电平且 go 信号为低电平，所以会继续执行本轮工作，然后此操作将在本轮后释放仲裁器且不会阻塞。因为每一轮行为的时长比仲裁器的无争议授权延迟要长，仲裁器接下来将授权 go 信号并禁止随后行为，直到 go 信号升高释放仲裁器。除"圆满"位置外的任何 MrGo 信号位置，都可能允许一个临时状态抢占 MrGo 信号并注入各种行为，这些行为会干扰初始化或测试的运行，也可能更改这个临时状态。

为了获得在 7.3.5 节中报告的 Weaver 芯片的吞吐量和功耗测量值，我们让自定时电路自由运行，比如说运行 10 秒后读取计数器的值。相应的测试设置如图 7.13 和图 7.14 所示，首先禁止所有的链节，将所有的链条状态置为空，而后除了重载器链条前后的"门级保持器"和重载器链节，其他所有链节都被激活。重载器是 Weaver 芯片中唯一能让我们扫描数据并实现输入/输出的电路层级，位于后面的图 7.16 中布局规划图的东南 (SE) 边界。我们在满链条状态进入重载器时反复扫描数据模式，并临时允许重载器链节向前复制数据，数据将排列在"门级保持器"后面。当所有扫描输入都发送完后，复位计数器，然后启动"门级保持器"和重载器，让电路运行 10 秒，接着禁止"门级保持器"——使用 MrGo 信号——结束运行，然后读取计数器的值。

7.2.3　7.2 节的概要总结

通过区分链条中的通信和链节中的计算，我们获得了一个简单的统一接口，能将 Click、GasP 和其他自定时电路族，以及围绕它们的编译和验证工具融合在一起。同时通过区分存储在链条中的状态和由链节执行的行为，我们得到了一个简单的计算模型。此模型对计算机科学家和电气工程师都适用——我们还将进一步探索二者的关系。

将传统的访问单个状态的扫描测试与 go/MrGo 信号对单个行为的控制结合起来，就能进行初始化、高速测试、调试和特征提取。除了在测试中发挥关键作用，MrGo 信号还可以用来将自定时设计同步到某个时钟域[16]。

7.3 节详细介绍了 Weaver 芯片的链条、链节及扫描机制，也包含了 7.1 节讨论过的放大和每一轮时间的细节。

[①] 我们忽略了这样一个事实，即仲裁者自身可以任意花很长时间来授权两个争议输入中的一个。在实践中，仲裁时间与初始化和测试的相关性较小。一般可以避免在初始化时仲裁。如图 7.13 和图 7.14 所示，可以在测试受限电路段时避免对 MrGo 的仲裁。通过多次运行性能测试，也可以找出罕见的仲裁延迟。

7.3　Weaver 芯片：8×8 交叉开关网络

Weaver 芯片采用台积电（TSMC）40 nm CMOS 工艺，具有自定时 8×8 规模的交叉开关网络功能。Weaver 芯片的交叉开关网络将单个数据项从 8 输入通道之一转向 8 输出通道之一。贯穿整个交叉开关网络的局部仲裁机制解决了内部可能会导致阻塞的竞争——其基础是对失败方公平的先到先服务原则——因此只有输入和输出通道的容量会限制吞吐量。如果没有竞争，数据项可以在不到 1 ns 的时间内通过交叉开关网络。在没有竞争的情况下，采用 1.0 V 的供电压，Weaver 芯片的每个通道每秒通过交叉开关网络传递约 6 G 的数据项，功耗不到半瓦特。当数据项的宽度为 72 比特时，Weaver 交叉开关网络的 8 个通道的最大整体吞吐量高达 3.5 Tbps 左右。Weaver 芯片不需要时钟来运行，在不传输的情况下，只有漏电功耗。

Weaver 芯片的交叉开关网络的面积大约为 0.1 mm^2，占据了边长为 433 μm 和 391 μm 的等腰三角形面积，包含 56 个开关组成的三角形阵列，每个开关对应通道到通道的连接。Weaver 芯片将开关放置在尽可能靠近的位置，将交叉开关网络输出连接回输入，构成一种先进先出（FIFO）的环结构，以实现高速测试。对于各种片上网络的应用，可以像 Weaver 芯片那样分配开关，形成高速公路一样的数据网络的上、下通道。

下面几小节将从逻辑、电气和布局规划三方面来讨论 Weaver 芯片的设计和测试特性。7.3.1 节讨论了 Weaver 芯片的架构。7.3.2 节给出了 Weaver 芯片采用的关键电路。为了一致性，这两个章节的插图基于 Weaver 芯片的版图展示了架构和电路。7.3.3 节和 7.3.4 节讨论了测试方法，7.3.5 节报告 Weaver 芯片的性能指标。最后的 7.3.6 节总结了 Weaver 芯片在逻辑、电路和版图上有什么不同，以及为什么不同。

7.3.1　Weaver 芯片的架构和布局规划

图 7.15 给出了 Weaver 芯片的原理图。其中有 8 条自定时通道，每条有 48 个链条，构成从 8×8 交叉开关网络（也称开关网络）输出到输入的 FIFO 环，用于流转数据。还有两条绕过交叉开关网络的通道作为性能参照，这两条旁路通道位于流转通道的侧面。在图 7.16 的布局规划图中标示了 10 个环，旁路通道——Ring 0 有 48 个链条，另一个 Ring 9 通道只有 40 个链条。

在布局规划图中，矩形表示链条，黑点表示链节。连接黑点和矩形的箭头指示数据的流向。布局规划图自下而上按行从 1～20、自左而右按列从 A～Z 来管理链节。西北（NW）角的灰色三角形表示交叉开关网络，数据从南向北自第 12 行进入网络，自 K 列向东离开网络，其 NW 对角线 [轮转反弹器（双管猎枪跳弹，double-barrel ricochet）] 折叠数据通路，将数据流向从北转向东。

这 10 个环的每一个都组成一个矩形，数据通过它顺时针流转。Ring 0 位于 A 和 Z

列及 10～11 行之间，很宽但不高。Ring 1 位于 B 和 Y 列及 9～12 行之间，有点高也有点窄。后续的环就更窄也更高地变化，直到 Ring 9 变得极窄也极高，位于 M 和 N 列及 1～20 行之间。这些环在布局规划图边缘以 45° 对角线折叠，如同带状电缆。一条环的 NE 段、SE 段和 SW 段都是简单 FIFO（流水线）电路，构成了整个环的绝大部分，称为环主体（交叉火力，cross fire）。需要注意的是，尽管环主体区域的水平和垂直 FIFO 电路在图中彼此交叉，但实际上它们是完全独立的。

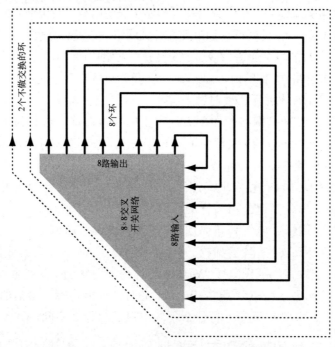

图 7.15　Weaver 芯片的原理图。交叉开关位于灰色三角形区域。编号为 1～8 的 8 个环将数据从输出返回到输入。编号为 0 和 9 的两个环绕过交叉开关网络，用于性能参照

每个环包括一个计数器层级来测量吞吐量。计数器位于图 7.16 的 NE 对角线边界。每个环还包括一个插入、覆盖或读取数据值的重载器层级，位于图 7.16 的 SE 对角线边界。这种芯片之所以命名为 Weaver，是因为数据项可以通过它的 8 个中间通道编织复杂的路径。Weaver 芯片的各部分名称，如轮转反弹器（双管猎枪跳弹）和环主体（交叉火力），都采用了西方电影中的枪手行话。

7.3.1.1　交叉开关网络中的开关机制

相比 $N \times N$ 开关的矩形结构，Weaver 芯片使用三角形结构的交叉开关网络，包含 $N \times (N-1)$ 开关和 N 个中继器。交叉开关网络的三角形结构使其线长最短，简化了环的布局，从而使数据能够高速通过交叉开关网络。

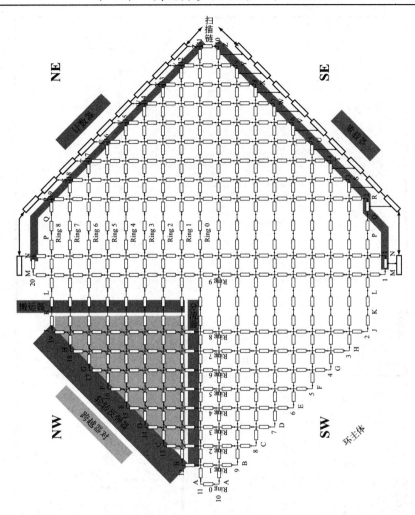

图 7.16　旋转 90°后的 Weaver 布局规划图。Weaver 芯片包括 10 个环，其中 8 个将数据从交叉开关网络
　　　　[位于西北 (NW) 角] 的输出返回到输入。每个环都有一个重载器层级 [位于东南 (SE) 边界] 对其
　　　　中一个链条读写数据，也有一个计数器 [位于东北 (NE) 边界] 对其中一个链节的行为进行计数。
　　　　扫描链 [位于东南 (SE) 和东北 (NE) 边界] 控制数据的读写，也控制各环中计数器的计数和复位。
　　　　在图中省略了其他扫描链，它们控制链条的满或空状态，并启动或禁止链节的控制信号 go

　　图 7.17(a) 给出了 Weaver 芯片的交叉开关网络的结构。数据项从南向的 8 个输入通
道之一进入，从东向的 8 个输出通道之一离开。注意，图 7.17 只给出了部分通道连接。
由于数据通路像带状电缆一样按对角线折叠，因此 8 个输入通道的中任一通道都恰好与
网络中的其他输入通道交叉一次。方框内的箭头表示每次交叉时，开关允许数据项从一
个通道交换到另一个通道的方式。中继器在交叉开关网络的对角边缘折叠数据通路，是
后续要介绍的轮转反弹器模块。

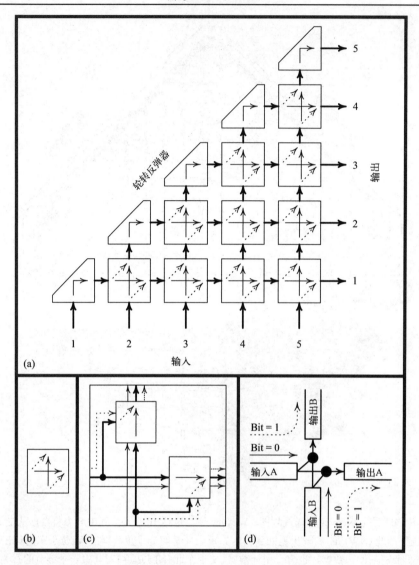

图 7.17　Weaver 芯片的交叉开关网络的结构。8 × 8 交叉开关网络是一个具有 28 个跨越器对的三角形结构，其部分结构如 (a) 所示，(b) 给出的跨越器对包含了两个跨越器 (c)，当相同方向存在竞争数据项时需要仲裁。方向信息编码存放在数据中针对跨越器对的特定转向位里，当该位为 0 时，数据将直线前进，否则将转向。图 7.16 的布局规划图中使用基于链条-链节模型的跨越器对 (d)，连接了 4 个矩形表示的链条和两个黑点表示的链节

　　一个完整的 8 × 8 交叉开关网络必须有 (8 × 7) 个或 56 个独立开关，称为跨越器 (crosser)。Weaver 芯片成对管理它们，每一对称为一个跨越器对，共有 28 个。图 7.17(b) 和 (c) 给出了跨越器对，图 7.17(d) 给出了跨越器对在图 7.16 中的表示方式，一个跨越器负责北向输出，另一个则负责东向输出。每个跨越器对都接收来自南向或西向的数据项，

并将其输送到北向或东向。当两个数据项同时试图通过同向出口离开跨越器对时，就会发生交叉开关网络内部冲突。开关或跨越器都包含一个具有亚稳态保护机制[4, 17]的选择器或仲裁器，以先到先得这种公平原则来解决离开时的冲突。虽然亚稳态可能会拖延数据项的通过时间，但 Weaver 芯片的自定时特性使得这种延迟无害。亚稳态延迟往往是罕见和短暂的，我们认为这种情况的影响不大。

7.3.1.2　转向位

数据项中的转向位将控制数据项如何通过 Weaver 芯片。因为各数据项都带有自己的转向位，所以数据项都能通过交叉开关网络编织各自的路径。为了简化译码，Weaver 芯片针对交叉开关网络中所有的 28 个跨越器对都分配独立转向位。换言之，数据项的 72 位中有 28 位作为转向位，剩余 44 位的使用方式完全自由。

每一转向位都被应用于单独的跨越器对。无论数据以何种方式进入跨越器对，若转向位为 0，则数据项从西到东或从南到北直接从同一通道通过；若转向位为 1，则数据项从西向北或从南向东变更到另一个通道。

因此，在各跨越器对上，数据项要么保持其进入通道，要么变更到另一个通道。从通道的角度来看，每个通道都需要数据项中的 7 位表示转向位，每一位表示数据项可能变更的通道，剩下的 $(72 - 7)$ 位或 65 位携带任意数据，当然在数据项切换到另一个通道后，65 位中的一部分还需要用作转向位。

这种转向规则要求数据项需遵循闭环路径，这样一来测试就会变得简单。例如，所有转向位为 0 的数据项会在初始化的环中流转。只在两个相交环的转向位上有 1 的数据项，将会沿着相交环交替流转。在转向位上有多个 1 的数据项连续地穿过若干个环，形成一条乍看起来不那么直观的封闭路径。不同的应用使用的转向规则会有所不同，可通过译码目的地址来实现。

7.3.1.3　测试基础：扫描方法、计数器和重载器

Weaver 芯片控制机制实验完全采用工业标准的低速 JTAG 测试接口和扫描链[7, 15]。扫描链有以下三个用途。

- 扫描链可以读取或清除 54 位计数器的吞吐量值，共有 10 个计数器，每环一个。这些计数器位于图 7.16 的 NE 边界，更详细的信息可以参见图 7.18。
- 扫描链可以写入或读出重载器中数据项的值，同样有 10 个重载器，每环一个。重载器位于图 7.16 的 SE 边界。
- Weaver 芯片实现了参考文献[10]和 7.2 节中介绍的自然的通信和测试机制，因此扫描链可以停止数据流，感知各链条的满或空状态，初始化或重新初始化所有链条的满或空状态，并重启自定时流程。

除了低速 JTAG 控制的扫描链，Weaver 芯片还具有两个专用的中速输出引脚，可传输来自计数器的实时降频信号，其吞吐量是 2^{-20} 倍或大约百万分之一的环吞吐量。扫描链通过两个串联选择器(多路复用器)输出特定环的频率，如图 7.18(a)所示，这样就能进行实时观察并比较吞吐量。

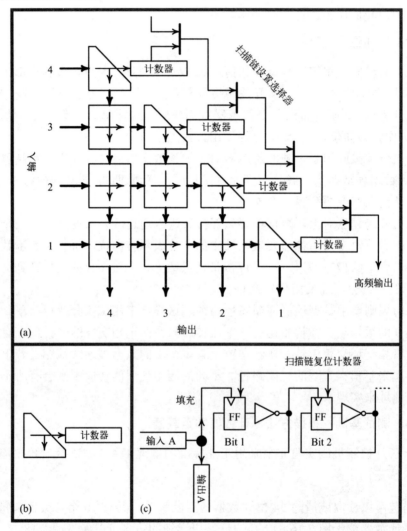

图 7.18 计数器：(a)Weaver 包含 10 个环，每环都有一个计数器；(b)计数器的第 19 位为环的监测信号，提供了 2^{20} Hz 或约 100 MHz 的高频输出，以便在示波器上实时查看；(c)扫描链可选择将哪一路输出传到片外。计数器为行波计数器，每位由触发器存储，将触发器输出取反作为输入，并在其时钟输入端的上升沿运行。当一位从 1 变为 0 时，此比特位的触发器同时激活了下一个触发器时钟端的有效位。第一个触发器时钟端的有效位由环中与之相连的链节的填充信号来激活

7.3.2 Weaver 电路

受到 7.1.2 节中比较 5 逻辑门与 3 逻辑门振荡环的启发，Weaver 芯片使用以 5 逻辑门振荡环的速度运行的 6-4 GasP 电路族[10]，而不是早先的以 3 逻辑门振荡环的速度运行的 4-2 GasP 电路[1]。因为我们拥有 GasP 的专业知识和设计库，所以使用 GasP 具有便利性；也因为采用 GasP 的设计会比其他如 Click 的设计要快得多，所以使用 GasP 也更符合目标速度。

本节展示了各种 Weaver 部件的链条–链节结构及其 6-4 GasP 电路实现。首先，7.3.2.1 节描述了一个简单的用于复制、存储和传输 72 位宽数据的 FIFO 电路。7.3.2.2 节重点介绍了关键路径，以及管理这些路径的电路级解决方案。最后，7.3.2.3 节描述了交叉开关网络中提供数据驱动的流控制部件。

7.3.2.1 先进先出 (FIFO) 电路

图 7.19 给出了环中简单 FIFO 流水线电路的 6-4 GasP 实现，统称为环主体 (见图 7.16 的布局规划图)。图 7.19 中的链节和两个链条的门级行为与图 7.9 的链节和 GasP 链条的相同。图 7.19 的实现更详细，描述了反相器和放大门，因此可确切地知道自复位回路包含多少次反相。

A、B、C、D 和 Y 这几个门形成一个自复位回路，有 5 次反相，B、C、D、E 和 X 也一样。这两个回路共享 B、C 和 D 这 3 个门，形成了链节的 AND 逻辑，即 FULL (in) $\wedge$ EMPTY (out) $\wedge$ go，同时还限制了回路间的延迟变化。反相器 D、E、F 和 G 用于放大 AND 逻辑的输出信号，以驱动由 out 链条中的 72 个锁存器及 out 链条和 in 链条的驱动-保持器 X 和 Y 所带来的大负载。图 7.19 只给出了链条靠近 fifo 链节的一端。图 7.19 中，in 链条的远端与 out 链条的近端类似，反之亦然。

每当 FULL (in)、Empty (out)、go 信号为高电平时，AND 逻辑有效，正如图 7.9 中链节的行为，两个回路产生 5 个门延迟的"低-高-低"脉冲 fire 来"局部定时"锁存器——使其暂时透明——因此 fifo 链节从 in 链条到 out 链条复制数据，并保存在回路里。

沿着每个回路的 fire 脉冲也以 5 个门延迟驱动 X 和 Y。对于 Weaver 芯片中的链条而言，5 个门延迟的驱动脉冲足够长，可以驱动整个链条上的 X 或 Y 输出完全改变其状态。链条另一端的状态变化时间在 1 个门延迟内，正如 FIFO 电路中其他门输出的变化会在 1 个门延迟内被扇出门感知。链条中新的满或空状态会存储在其另一端的驱动-保持器中。为了减少链条满或空状态的逻辑势变化，GasP 中的驱动-保持器要么驱动高电平保持低电平，要么驱动低电平保持高电平。这种方法不仅保证了快速的状态变迁，而且在采用性能更强的保持器之后，还会对噪声更具健壮性。

注意，当 in 链条不再为满 [!FULL (in)] 且 out 链条不再为空 [!EMPTY (out)] 时，AND

逻辑的有效性会在 5 个门延迟后消失。新的链条状态启动相邻链节的 AND 逻辑，这反过来又将新数据填充到 in 链条，同时排空 out 链条，从而重新启动 fifo 链节中的 AND 逻辑，以此类推。

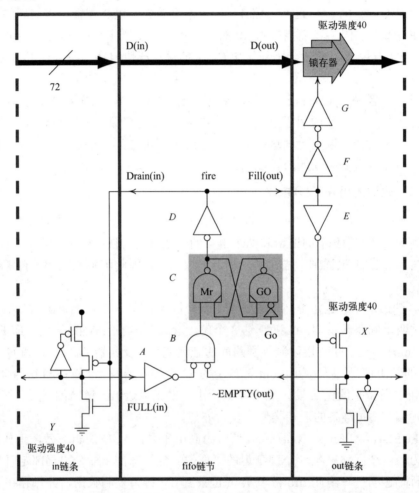

图 7.19   6-4-GasP 中的 fifo 链节及与之相连的两个链条的近端。该 FIFO 电路与图 7.9(b) 的基于 GasP 的链节行为一致。其自复位环路 *A-B-C-D-Y* 和 *B-C-D-E-X* 的运行速度与 5 逻辑门振荡环的相同。这里只给出链条靠近 fifo 链节的一端。灰色的门是前面的图 7.10 中 MrGo 的电路图标，锁存器将在图 7.20 中介绍。除了锁存器，所有门都反相，为了匹配各回路的反相次数，在 fifo 链节和 out 链条之间使用～EMPTY(out) 来代替 EMPTY(out)。而且还需调整门的大小，保证锁存器及驱动-保持器 *X* 和 *Y* 的驱动强度为 40，以使它们在 1 个门延迟内将变化传递到链条的另一端

同一链条上的填充和排空脉冲交替出现，一个仅在链条为空时生成，而另一个仅在链条为满时生成。在最大速度下，自复位回路以 10 个门延迟的时间流转运行，同一链条

上交替的 5 个门延迟的填充和排空脉冲几乎无间隔。类似 AND 门的逻辑门 B 对每个脉冲都极其重要，根据它使用串联晶体管开启脉冲及使用并联晶体管关闭脉冲的特性，可增加脉冲间隔。因为并联晶体管比串联晶体管的速度快，所以填充脉冲或排空脉冲在另一个打开之前会关闭，这样链条一端的驱动-保持器将状态从空变为满或从满变为空，而后关闭；接着链条另一端的驱动-保持器打开，然后将状态改回。通过门 B 后面的放大器 D 和 E 中的阈值偏移，可以进一步增强同一链条上填充脉冲和排空脉冲之间的间隔。

由于同一链条上的填充和排空脉冲交替进行，因此采用锁存器就可以安全地保存数据，而不需要触发器。此时脉冲替代了需要其他方式提供的时钟信号，而且脉冲只在需要时生成，所以是一种自动的"时钟门控"机制。

名称"6-4 GasP"表明：(1)链条是用 GasP 电路实现的，具有互补的驱动-保持器对和双向状态线；(2)需要通过 A、B、C、D、E 和 X 这 6 个门从 in 链条、fifo 链节到 out 链条来传递一个完整的状态；(3)需要通过 B、C、D 和 Y 这 4 个门从 out 链条，经 fifo 链节反向传递空状态到 in 链条。前向延迟和反向延迟一起产生 10 个门延迟的回路时间。注意，此回路时间与两条 5 个门延迟回路 A-B-C-D-Y 和 B-C-D-E-X 的自复位时间一致。我们使前向延迟比反向延迟更长，因为满状态的传播与数据的传递一起进行，同时影响了链条状态和存储在链条锁存器中的数据，而空状态的传播仅影响链条状态。

7.3.2.2　关键路径：从锁存、数据收取到轮转链条

人们可能猜到 Weaver 芯片中的关键路径在交叉开关网络中，这里将高速、大带宽和数据驱动的流控制结合在一起。我们将解释为什么链条的 5 逻辑门振荡环和 72 个锁存器的组合导致数据收取(data kiting)，为什么数据收取与数据驱动的流控制相结合后，需要对转向位进行提前译码，以及为什么提前译码会导致在交叉开关网络中采用轮转链条。

基于 7.1.4 节的逻辑势理论[3]，我们设计了 Weaver 电路。逻辑势特别有助于在驱动大电路负载时，确定所需的放大倍数。对于驱动大负载的逻辑门，我们要求：(1)扇出门在 1 个门延迟内感应到此逻辑门输出信号的变化；(2)此逻辑门的输出信号整体上应在 5 个门延迟内完全变化。图 7.19 中较大的负载有(1)out 链条中的锁存器，这给门 G 带来了很大的负载，以及(2)各链条两端间的数据和状态线，其长度可能超过图 7.19 中的其他导线，为锁存器 X 或 Y 带来大负载。下面我们概述图 7.19 中的 FIFO 电路如何支持这些大负载。

● 为 G 提供的放大：各链条有 72 个锁存器，各存储 1 位，共计存储 72 位数据。图 7.19 中串联的 D、F、G 反相器将 AND 函数的输出信号放大，逻辑 FULL(in) ∧EMPTY(out)∧go 用于启动 G 来驱动 out 链条中 72 个锁存器生成的大负载。

● G 上负载的限制：为了使 G 上的负载尽可能小，如图 7.20(a)所示锁存器由两个

互补的微小传输门(pass gate)[①]构成,二者由输入 c 控制,c 是图 7.19 中 G 的输出。当 c 为高电平时,其中一个传输门导通,捕获了从 Din 到 Dout 的新数据。当 c 为低电平时,另一个导通,存储已捕获的数据并使其保持在 Dout 上。传输门由一个 N 型晶体管、一个 P 型晶体管及一个微小反相器[在图 7.20(a)中省略]构成,反相器在局部翻转 c 以驱动这两类晶体管。

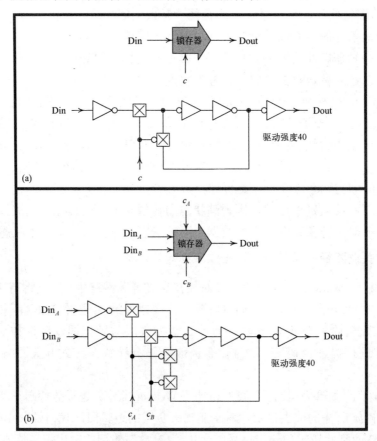

图 7.20　链条中存储和驱动 1 位数据的锁存器电路。(a)单输入/单输出锁存器图标(顶部),由输入 c 控制两个互补的微小传输门构成锁存器电路(底部)。传输门表示为交叉框,包含一个 N 型晶体管和一个 P 型晶体管,以及一个在局部翻转 c 的微小反相器(此处省略),使之可驱动两类晶体管。图中给出当 c 为高电平或 c 补为高电平时,传输门导通的原理:当 c 为高电平时,锁存器捕获从 Din 到 Dout 的数据;当 c 为低电平时,锁存器存储捕获的数据并保持 Dout 上的值。(b)中的多路复用锁存器使用两个控制输入 c_A 和 c_B,在任意时刻,最多有一个为高电平。当 c_A 为高电平时,数据从 Din_A 到 Dout;当 c_B 为高电平时,数据从 Din_B 到 Dout;当 c_A 和 c_B 均为低电平时,锁存器存储并保持所捕获的数据

[①] 这里的 pass gate 与 transmission gate 的标准称谓一致,都指的是传输门。

- 按需为 G 提供高增益放大：当前采用串联反相器 D、F、G 为 G 提供放大，足以驱动 72 个锁存器中的微小传输门。如果 FIFO 电路使用更多锁存器，比如说两倍的量，则可以采用基于 Proebsting[2] 提出的后充电逻辑来设计增益更高的脉冲放大器——例如将串联反相器 F 和 G 替换为图 7.6(b) 中的相关电路。

- 为 X 和 Y 提供放大：就像串联反相器 D、F、G 为 G 提供足够的放大来驱动 72 个锁存器一样，反相器 D、E、X 和 D 的作用亦如此。D、E[①] 为 X 和 Y 提供足够的放大来更新 out 链条和 in 链条上的满或空状态。我们为 X 和 Y 分别设置了 40 的驱动强度，如图 7.19 所示，部分原因是 X 和 Y 使用了小的保持器。

  X 使用 P 型晶体管将链条从空驱动到满。因为 X 的保持器很小，所以驱动 X 归结为驱动其 P 型晶体管，相当于驱动反相器代价的三分之二。代价的减少意味着可以用三级放大 D、E 和 X 为 X 提供 40 的驱动强度，D 也被用于放大 G 和 Y。Y 使用 N 型晶体管将链条从满更新为空，而且 Y 中的保持器很小，所以驱动 Y 归结为驱动其 N 型晶体管，只需驱动反相器代价的三分之二。减少的代价使 Y 能够只用两级放大 D 和 Y 就能达到 40 的驱动强度。

- 为锁存器提供放大：像 X 和 Y 一样，所有锁存器的驱动强度均为 40。图 7.20(a) 中的设计在传输门之后连接 3 个串联反相器，将传输门捕获的数据信号放大，以实现此驱动强度。

注意，在锁存器内部就要完成将锁存器放大并使其驱动强度变为 40 的工作。还应注意，这种针对 G 的额外放大为 G 提供了足够的强度，以驱动 72 个局部锁存控制信号。如果数据更窄，比如只有 1 位或几位，可能只需 2 个门来反相即可，而不用 4 个门，也不需要 G 的输出来触发(clock)，填充 out 信号[fill(out)] 可能就足够了。在这种情况下，新数据值将在 out 链条的另一端与满状态指示器同时有效。然而为 72 位时，新数据值将在 3～4 个门延迟后才会有效。换句话说，要高速驱动 72 位宽的数据，Weaver 芯片就要收取数据。

下面将逐步解释为什么会出现这种情况，也会解释如何收取数据以实现译码和轮转链条。

- 数据收取：图 7.19 中，在 fire 脉冲的 2 个门延迟之后，72 个锁存器由门 G 触发。同样，在 fire 脉冲的 2 个门延迟之后，起驱动-保持作用的门 X 将 out 链条的状态由空变迁到满。

  如图 7.20 所示，可以认为 Weaver 芯片中触发控制信号 c 拉高之前，锁存器的输入数据会到达传输门，所以穿过锁存器的延迟取决于从 c(拉高)到 Dout 的

① 原文为 D 和 Y，有误。——译者注

延迟。由于传输门非常小，因此锁存器的延迟趋近于 3 个门延迟，而不是 4 个。所以满状态的 3~4 个门延迟之后，锁存器新捕获的数据值就会在 out 链条的另一端有效。数据收取将延缓 3~4 个门延迟。

Weaver 芯片中的 FIFO 环可以处理 3~4 个门延迟数据的收取。在图 7.19 中，在 FULL(in) 到达 fifo 链节的 3~4 个门延迟之后，D(in) 数据到达 out 链条的锁存器，到达的时间会比锁存器触发时间早 2~3 个门延迟，锁存器由 FULL(in) 穿过 A、B、C、D、F 和 G 这 6 个门来触发。在触发信号上升时，数据至少提前 1~2 个门延迟到达，并在锁存器中的传输门处准备好。

如果设计得当，数据收取同样适用于 Weaver 芯片中数据驱动的流控制部分。以图 7.21 中的分流器(splitter)电路为例，其输入数据包含一个转向位 D(in[s])，在电路决定输出链条的状态变为 out_0 还是 out_1 之前，转向位必须有确定的真值或补值。真值或补值应该在一个门延迟内生成。将转向信号的真值、补值作为驱动-保持器门(X_0 和 X_1)的额外选择输入，电路就会尽可能晚地决定变更为哪种链条状态。因此，在 FULL(in) 到达 X_0 或 X_1 的 3~4 个门延迟之后，以及 FULL(in) 为了驱动 X_0 或 X_1 而穿过 A、B、C、D 和 E 这 5 个门的 1~2 个门延迟之前，数据 D(in[1:72]) 到达。

在 Weaver 芯片的所有电路中，从数据信号到达至控制信号到达都会有至少 1~2 个门延迟的余量，用于锁存数据或者控制数据驱动流。此外，在 Weaver 芯片的版图中，令不同的导线具有不同的宽度和间距，还能获得额外的延迟余量。特别是，Weaver 芯片中数据导线的宽度和间距为控制线的两倍。

要了解宽度和间距如何影响导线的"速度"，让我们考虑一下集成电路导线的真实形状。导线是相对较厚的金属层，夹在绝缘层之间。大多数导线的高度大于宽度，就像围栏的高度大于宽度一样。导线的高度几乎就是每一层的厚度，就像多层建筑内房间的墙壁一样。由于导线的高度大于宽度，导线之间的大部分电容是由同层相邻导线引入的，而不是由上/下层导线引入的。

令导线变为原有的两倍宽会使其电阻减半。电阻越小，信息就能更快地通过导线。导线宽度加倍后，此导线和上/下层导线之间的相对小电容也会加倍，但由同层相邻导线引入的大得多的电容保持不变。将导线和同层相邻导线之间的间距加倍，可以使该导线的电容负载几乎减半。较小的电容会加速驱动此导线的晶体管。

通过将(导线)宽度和间距加倍，Weaver 芯片的数据导线在速度上比其控制线获得了近四倍的增益。

- 从数据收取到转向位的提前译码：在数据进入交叉开关中的第一个跨越器对之前，分流器会提前一个层级来译码转向位(见图 7.16)。在跨越器对中，链条的满状态伴随数据，被硬连线到跨越器，跨越器将数据转向预期的方向(见图 7.17)。

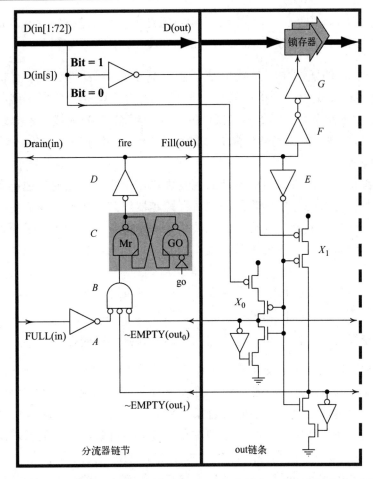

图 7.21 6-4 GasP 中分流器链节和近端 out 链条的结合。灰色区域包含了图 7.10
的 MrGo 及图 7.20 的锁存器这两种电路。分流器开始对转向位译码时，
会将转向位从绑定数据变为轮转(double-barrel)形式，从而转变交叉开关

跨越器仲裁相同方向的数据项时并不查看数据，而只用仲裁对应链条的
满状态即可。其原因在于分流器会在某一方向上将相关链条状态置为满来提
前译码。因此，每个跨越器都可以提前一层级来仲裁并对跨越器对定义的转
向位进行译码。

如果没有提前对转向位进行译码，则不可能同时实现 5 逻辑门振荡环、数据
收取和仲裁。

● 从提前译码到轮转链条：注意，对于图 7.21 中的分流器电路及分散在后面的
图 7.23(a) 和 (b) 中的跨越器电路，二者均采用独热码表示其链条状态，即将电路
转向位编码成某链条的一对状态。在任何给定时间，链条的一对状态中最多有一

个为满，所以只需一个 72 位锁存器组就足以存储沿链条满状态发送的数据。我们称这种链条为轮转链条(double-barrel link)[①]。

在 Weaver 芯片的版图中，地线屏蔽了同一侧相邻链条中窄的满/空状态线，保护了它们免受电容耦合噪声的影响。只有一根状态线的常规链条使用三线控制束：地线-状态线-地线。轮转链条使用 5 线控制束：地线-状态线 0-地线-状态线 1-地线。在链条中，控制束的每一侧都有 36 根更宽的数据导线，其间距也更宽。轮转链条仅比常规链条稍宽。

人们可能会将轮转链条视为更典型的窥孔优化，由两个独立的普通链条实现，二者互斥地将数据从同一源跨越器传输到相同目标跨越器以共享数据。我们更愿意将轮转链条视为具有类型化接口的链条，类型信息传达了两个链条状态的独热码属性。将类型信息添加到链条和链节接口，就可以微调接口和其每一侧的任务，同时也能保证信息交换的延迟敏感性。

交叉开关网络中开关的每一个层级都借助轮转链条进行通信。7.3.2.3 节描述了与交叉开关网络相关的三个代表性电路。

7.3.2.3　交叉开关网络电路：分流器、轮转反弹器和跨越器

轮转链条仅出现在 8 × 8 交叉开关网络内部及输入和输出处。数据从南边进入交叉开关网络，然后从东边离开。如图 7.16 中在交叉开关网络的南边，深灰色区域包含 8 个分流器，填充了跨越器对第一行的轮转链条。NW 边界的深灰色区域包含 8 个轮转反弹器，充当了轮转链条的 FIFO 层级。它们重复折叠轮转链条，引导数据从南向北并转向东行。图 7.16 中浅灰色区域的各跨越器对都有 2 个自南和自西来的轮转 in 链条，也包含 2 个向北和向东的轮转 out 链条。每个跨越器对包含 2 个跨越器——分别用于北向和东向数据。如图 7.17(c) 和 (d) 所示，两个跨越器共享来自轮转 in 链条的数据。每个跨越器都对其控制方向的数据项进行仲裁。在交叉开关电路的东边，图 7.16 中的另一个深灰色区域包含 8 个搬运器(lumper)，它们排空跨越器对最后一列的轮转链条，并将数据传递到常规链条和 FIFO 环中以构成环路。

图 7.21～图 7.23 给出了 Weaver 芯片的分流器、轮转反弹器和跨越器中所采用的 6-4 GasP 实现电路。为了突出这些实现电路彼此之间及与带有常规链条的简单 6-4 GasP FIFO 电路的相似性，所有三个图都借用图 7.19 的字母化的门标识符方案。下面是图 7.21～图 7.23 中电路实现的简要说明。我们主要关注后续图中的新电路。

---

① double-barrel link，原意为双管猎枪链条，指的是因为独热码缘故，每次仅有一位数据有效，正如双管猎枪每次只有一个枪管射击一样，这里可以译为"轮转链条"。——译者注

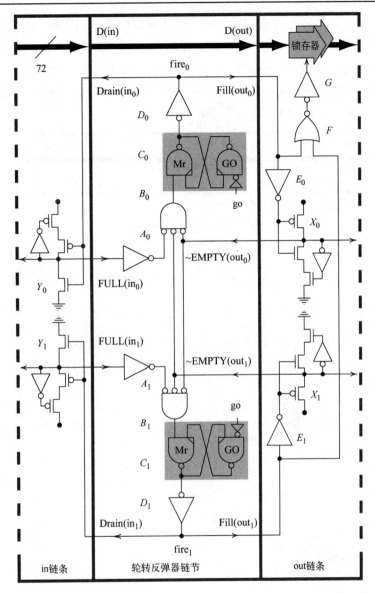

图 7.22　轮转反弹器链节和近端链条的连接。轮转链条前面有 FIFO 电路

- **分流器**：图 7.21 描述了一个采用 6-4 GasP 实现的分流器，给出了其分流器链节和一半的 out 链条，省略了 in 链条。链节接收 72 位的输入绑定数据，标记为 $D(in[1:72])$。72 位中的 $D(in[s])$ 是分流器的专用转向位，用于选择要填充的轮转输出状态——out_0 或者 out_1。链节将所有 72 个输入位 $D(in[1:72])$ 复制到 $D(out)$，其中也包括转向位 $D(in[s])$。因此，在绑定数据中 $D(in[s])$ 要一直保持有用，通过后续分流器时才能重复其转向任务。正如在 7.3.2.2 节所解释的，在 X_0 和 X_1 中，

收取过的转向位被尽可能晚地使用，以补偿收取操作的代价。类似于图 7.19，反相器 D、E、F、G 放大链节的 AND 逻辑，使之可以驱动由 out 链条中的 72 个锁存器带来的大负载，也可以驱动 out 链条和 in 链条中的驱动-保持器门 X_0、X_1 和 Y 所要求的大负载。分流器链节包含如下 AND 逻辑功能：FULL(in) $\wedge$ EMPTY(out$_0$) $\wedge$ EMPTY(out$_1$) $\wedge$ go。

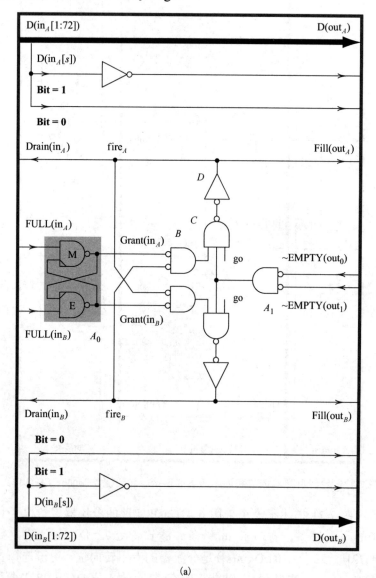

(a)

图 7.23　(a)跨越器链节及其输入/输出接口。灰色的门是互斥(ME)电路的图标，类似于图 7.10(c)和(d)中的 MrGo 图标，但同时传播输出

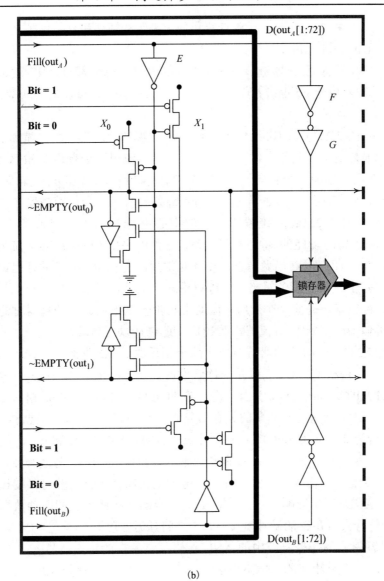

(b)

图 7.23（续）　(b) 连接到跨越器链节的轮转 out 链条。灰色的门是锁存器电路的图标，见图 7.20

● **轮转反弹器**：图 7.22 给出了 6-4 GasP 实现的轮转反弹器，只包含了轮转反弹器链节的一半 in 链条和 out 链条。轮转反弹器是一种先进的轮转链条 FIFO 电路，包含两个互斥的 AND 逻辑功能：触发第一个 AND 逻辑时，$FULL(in_0) \wedge EMPTY(out_0) \wedge EMPTY(out_1) \wedge go$ 为真，反相器 D_0、E_0、F 和 G 提供放大来驱动 out 链条中的锁存器，将数据从 $D(in)$ 复制到 $D(out)$，并驱动 X_0 和 Y_0 以填充 out_0 和排空 in_0；触发第二个 AND 逻辑时，$FULL(in_1) \wedge EMPTY(out_0) \wedge EMPTY(out_1) \wedge$

go 为真，反相器 D_1、E_1、F 和 G 提供放大来驱动锁存和复制数据，并驱动 X_1 和 Y_1 来填充 out_1 和排空 in_1。

注意，轮转反弹器链节有两个 MrGo 电路，每个都有 AND 逻辑，但我们将二者的输入信号 go 捆绑在一起，只用一个 go 信号就可以启动或禁止 AND 逻辑功能。

● 跨越器：图 7.23（a）和（b）给出了 6-4 GasP 实现的跨越器，图中显示了链节、跨越器，以及轮转 out 链条。建议链节的输入接口使用两个普通的 in 链条 in_A 和 in_B，包含 72 位数据和一个转向位。如图 7.17 所示，链条 in_A 和 in_B 是轮转 in 链条的信号子集，它们将进入跨越器对，与 out 链条关联在一起。跨越器在交叉开关中处理竞争，图 7.23（a）的跨越器链节的中心部分是一个具有仲裁或互斥（mutual exclusion，ME）功能的 A_0 逻辑门电路，这种电路由 Charles Seitz 在 20 世纪 80 年代提出[17]，图中电路已做调整，使其对常规的无竞争案例[4]的延迟最小。这种互斥电路基于先来先服务策略，等待亚稳态结束后拉低选定的授权信号。除了处理竞争，跨越器还提前一个层级，借助生成轮转输出来译码跨越器对的特定转向位——类似于图 7.21 的分流器。跨越器中还包括以下新功能。

（a）图 7.23（a）中的跨越器链节包含两个相斥的 AND 逻辑：一个授权 FULL（in_A），另一个授权 FULL（in_B）。第一次触发时，$\sim$ grant（in_A）$\wedge\sim$ $fire_B\wedge$ EMPTY（out_0）$\wedge$ EMPTY（out_1）$\wedge$ go 为真，分布在图 7.23（a）和（b）上的反相器 D、E、F、G 提供放大，驱动 out 链条的锁存器复制 D（in_A），排空 in_A，并根据转向位 D（$in_A[s]$）是否为 0 来填充 out_0 或 out_1。另一个 AND 逻辑在 in_B 和 out 之间起到类似作用。请注意 $\sim$ $fire_B$ 是 AND 逻辑的输入，会生成 $fire_A$；与之类似，$\sim$ $fire_A$ 也是 AND 逻辑的输入，会生成 $fire_B$。这种交叉耦合防止在背对背授权的情况下一个 AND 逻辑影响另一个[13]。交叉耦合确保在链条之间驱动数据和状态变化的信号具有足够的脉冲宽度——5 个门延迟宽度。

（b）请注意，跨越器链节中的 AND 逻辑都有各自的输入信号 go，但这些信号无仲裁，没有相应的 MrGo 电路。因为跨越器电路版图紧凑，其环路严格限制在 5 个门延迟，并具有高放大特征，我们发现将两个 MrGo 仲裁器添加到这个已仲裁的电路中极难实现，由一个输入信号 go 同时服务 AND 逻辑即可。

7.3.3　测试工作

Weaver 芯片环包含了使用交叉开关的部件，单个可每秒传输大约 6G 的数据项（6 GDI/s）。其支持的吞吐量如 7.3.5 节的图 7.30 所示。对于 72 比特宽的数据项，这相当于 3.5 Tbps。但目前我们仅使用一个只有 5 根导线的低速测试接口来测试 Weaver 芯片的功能，以及调试和描述其高速运行过程。此外，我们也使用这个低速测试接口来初始化和启动 Weaver 芯片。图 7.24 中的照片展示了安装在测试板上的陶瓷封装的 Weaver 芯片。

除了 5 个低速测试信号，Weaver 芯片还有两个专用的中速输出，提供的输出为 Weaver 芯片环频率输出的百万分之一。这两个中速输出反映了 Weaver 芯片所包含的 10 个 54 位宽的环形计数器其中两个的 19 位翻转频率，参见 7.3.1.3 节和图 7.18。图 7.24 中的两根黑色同轴电缆将降频输出传至示波器，以便进行实时观察。

环形计数器的长度为 54 位，以适应长时间的测试实验。以每秒计算 6G 的数据项为标准，54 位计数器大约每 30 天就会溢出。

计数器可以在测试实验开始时复位为 0，并在结束时读取其值。可使用图 7.24 右边缘中间可见的白色扁带状电缆读取计数器的值。扁带状电缆在芯片和计算机之间传输低速测试信号。计算机包含带有控制低速测试激励和观察低速测试响应的测试程序。该芯片包含一个带有 5 个测试引脚的低速 JTAG 测试接口、一个片上测试访问端口和片上扫描链。这种低开销低速测试接口是工业标准，用于测试所制造的芯片和印刷电路板，由联合测试行动小组 (JTAG) 和电气与电子工程师协会 (IEEE) 联合编写，并发布为 IEEE 标准 1149.1-1990，其标题为标准测试访问端口和边界扫描架构 (Stand and Test Access Port and Boundary-Scan Architecture)[15]。

图 7.24　已封装的 Weaver 芯片和测试板照片。这里包含两个实验，其中一个用于 Weaver 芯片，另一个用于 Chris Cowan 设计的 Anvil (用于抗辐照研究，这里没有进一步介绍)。连接在电路板中部附近的两根黑色同轴电缆将两个百万分之一的降频输出传至示波器，以便进行实时观察，见 7.3.1.3 节。照片右上角的 L 形连接器提供供电和地电。照片右边缘中间可见一条白色扁带状电缆，它在芯片和计算机之间传输 5 个低速测试信号。计算机包含带有控制低速测试激励和观察低速测试响应的测试程序。电路板和最终的芯片版图由 Sun 实验室的 Jon Lexau 提供

Weaver 芯片中的 JTAG 测试接口以 500 kHz 的频率运行，10 个环形计数器的每一个都为 54 位。我们使用扫描链一次读出所有 540 个计数位。然后，我们在 JTAG 测试接口上逐位移动扫描位，按序操作需要大约一毫秒。与之类似，也会读取和写入大约 500 个 go 控制信号，每链节一个，共计大约 500 个链条状态，720 个数据位，每 10 个环有 72 个重载器。

JTAG 测试接口采用时钟全局同步，有一个输出信号（测试数据输出），4 个输入信号（测试时钟、测试数据输入、测试模式选择和可选的测试复位信号）。这些信号用于设置和选择测试操作、读取和写入 Weaver 芯片的状态，以及启动和禁止 Weaver 芯片的操作。有关设置测试操作的详细信息，请参见 IEEE 标准 1149.1-1990[15]。这里我们仅展示与 Weaver 芯片相关的测试接口[7]的部分——与 Weaver 芯片中的扫描链、链条、链节交互的扫描链和传输电路，可读取和写入（链条）状态及启动和禁止（链节）行为。

7.3.3.1　扫描链及连接到 Weaver 芯片的链条和链节

Weaver 芯片中的扫描链由串联的移位寄存器组成。如图 7.27(c)所示，移位寄存器有两个串联的小锁存器，其电路设计如图 7.25 所示。有了这两个锁存器，移位寄存器就可以安全地存储一位，该位可以串行移入或移出。为了移入或移出一位，移位寄存器中的两个锁存器由两个扫描时钟 c_1 和 c_2 交替定时（驱动）。移位寄存器不需要通过扫描链将一位移入，而是使用一种称为 read 的特殊扫描信号，从 Weaver 芯片读取一位并将其存储到第二个锁存器中。除了通过扫描链将此位移出，移位寄存器还可以使用一种称为 write 的特殊扫描信号，将存储在第二个锁存器中的位写入 Weaver 芯片。

移位寄存器有一组扫描信号，共 8 个，包括移位寄存器对应的扫描输入和扫描输出信号 sin 和 sout。这组信号的其他信号沿整个扫描链传播，并进行常规性放大。这些信号包括两个扫描时钟 c_1 和 c_2，以及与 Weaver 交互的读扫描（read）和写扫描（write）信号，还包括在整个扫描链上传播的 c_1Return、c_2Return、sReturn 信号，这几个信号是远端的扫描时钟信号及最后一个扫描移位寄存器的扫描输出信号。它们沿相反方向在扫描链传播，直到第一个扫描移位寄存器及其 JTAG 测试接口。

返回 JTAG 测试接口的远端扫描时钟信号对于生成非重叠时钟以将数据移入和移出扫描链非常重要。图 7.26 中的时钟发生器将低频 JTAG 测试时钟与 c_1Return 和 c_2Return 相结合，以产生不同时处于高电平的低频扫描时钟 c_1 和 c_2。如果两个时钟不会同时处于高电平，则图 7.27(c)中由它们驱动的两个小锁存器就不会同时透明（复制数据），扫描链中后续的其他任何锁存器也不透明。故非重叠时钟使扫描链正确移位。

当一个比特到达某移位寄存器的第二个锁存器后，我们可以将其写入与此移位寄存器相关的 Weaver 信号中。我们也可以将 Weaver 信号的值读入第二个锁存器，并将其移出以供检查。某些类型的写入，特别是与 go 信号相关的写入，能够使能或禁用电路的某些行为，甚至可以启动或停止这些行为。其他类型的写入仅改变电路状态。

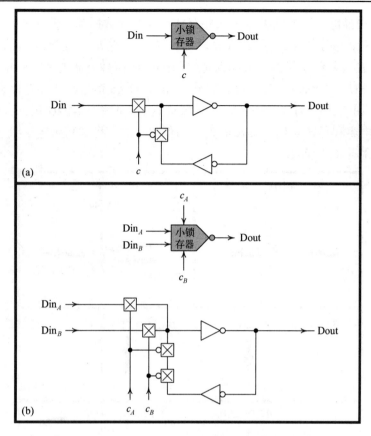

图 7.25 扫描锁存器。由于其较低的 500 kHz 的时钟频率，扫描锁存器的大小可以是图 7.20 中数据锁存器的一半

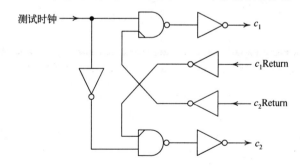

图 7.26 扫描时钟的生成电路。使用低频 JTAG 测试时钟来生成两个低频扫描时钟，它们永远不会同时处于高电平。扫描时钟 c_1 或 c_2 仅在 c_2/c_1 的最长分支 c_2Return/c_1Return 变低后才变高

Weaver 芯片使用不同的电路在扫描链、数据锁存器、链条的满或空状态和 go 信号之间传输比特位。图 7.27～图 7.29 说明了这些差异。这三幅图给出了类似的移位寄存器 (c)，但不同的传输电路 (b)，以及添加扫描机制后的相异的链条和链节电路 (a)。特别是，

Weaver 芯片将扫描链收到的数据位写入并存储在自身的数据锁存器中——见图 7.27。同样，Weaver 芯片重用自身的驱动-保持器来写入和存储从扫描链收到的 FULL(1) 或 EMPTY(0) 位。在写入链条状态时关闭保持器，在 write 信号为低电平时停止驱动链条（见图 7.28）。与之相反，Weaver 芯片将扫描链收到的所有 go 信号写入并存储在一个单独的小锁存器中（见图 7.29）。请注意在所有的三幅图中，移位寄存器能够读回其所写的内容。为了减少导线电容和翻转功耗，当 read 信号为低电平时，将对高频链条状态信号的读取转移到对移位寄存器的读取。

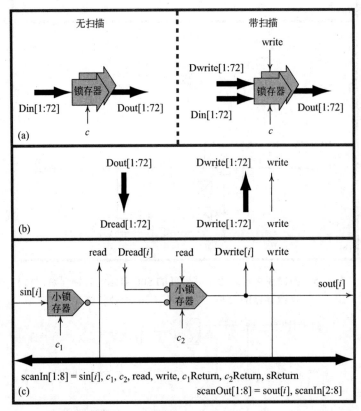

图 7.27   用于读取和写入 Weaver 数据的扫描连接机制。位于 Weaver 布局规划图 SE 边界的重载器，用于在检查时读取 Weaver 数据，或在初始化或测试时写入数据（见图 7.16）。重载器只是一个 FIFO 电路，如图 7.19 所示，可以扫描访问其 out 链条中的数据锁存器。数据锁存器与一个特定的扫描移位寄存器 (c) 相关联，它或者读取存储在数据锁存器中的 Dout[i] 位（也称为 Dread[i]），或者将其自己的 Dwrite[i] 位写入数据锁存器 (b)。为了实现移位寄存器重写锁存器内容，采用图 7.20 的数据锁存器设计 (a)，这种实现中采用小锁存器，72 个串联扫描移位寄存器及其扫描信号组类似于 FIFO 电路。重载器 FIFO 和扫描机制比较适合放在同一个 Weaver 芯片的版图模组中

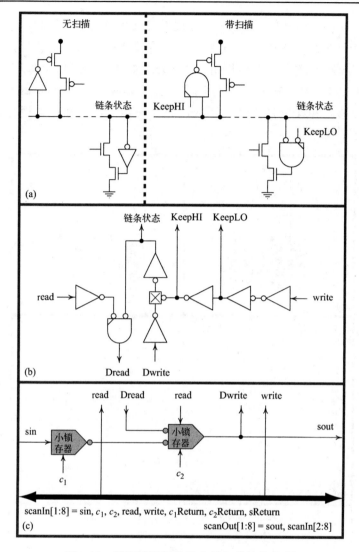

图 7.28　用于读写链条状态的扫描连接机制

　　Weaver 芯片有若干条扫描链。第一条扫描链沿着 Weaver 芯片的 NE 边界，读取环形计数器，将其初始化为 0，并设置选择器以实时地监控频率输出（见图 7.18）。第二条类似的扫描链基于图 7.27，沿着 SE 边界读写重载器的数据锁存器。第三条基于图 7.28，读写 Weaver 芯片中各链条的状态。第四条基于图 7.29，读写各链节的 go 信号。扫描链访问 Weaver 芯片中各模块的满、空和 go 信号，并以交互顺序（boustrophedonic order[①]）

[①] boustrophedonic order 中的"boustrophedonic"来自希腊语"如牛犁"，一般指的是文本阅读顺序。在一些（西方）古代资料中，对于阅读顺序，如果当前行从左到右阅读，那么下一行从右到左阅读。——译者注

进行。第一个移位寄存器开始于 NE 和 SE 边界交叉位置的 JTAG 测试接口，最后一个移位寄存器结束于 NW 和 SW 边界交叉位置。链节和链条的扫描移位寄存器和相应的传输电路会合在一起形成一个版图模组。Weaver 的 JTAG 测试接口以互斥方式操作扫描链。注意，图 7.27～图 7.29 中的移位寄存器并行读取和写入 Weaver 比特位，但将这些比特位串行地移入和移出扫描链。还应注意，扫描链可以在电路运行时进行移位操作，而不会相互干扰。

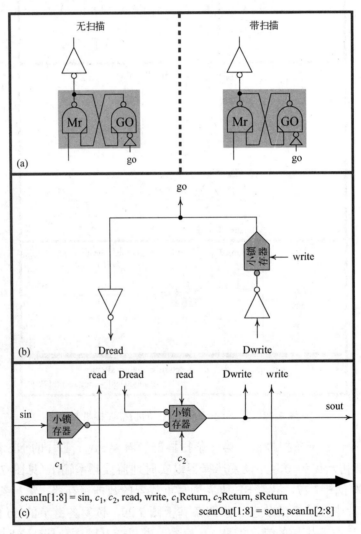

图 7.29　读写 go 信号的扫描连接机制。为了实现扫描访问，go 信号接收一个独立的小锁存器输出。这个锁存器将扫描移位与电路操作隔离开来，使之可以并行工作而不影响彼此的数据或控制流

7.3.4　借助低速扫描链来测试高速性能的方法

异步或自定时电路在运行时是可以尽可能快地运行的。在外部将它们的操作锁定在例如 JTAG 测试时钟上之后，异步电路失去了"自主"的计时，只能同步运行，而不再全速。基于这种认识，显然只需要确定电路可以运行的边界，并允许它在这些边界内"全力"运行，电路行为在边界处停止即可。上述电路中的 go 信号为我们提供了必要的控制手段，通过 go 信号能够启动和禁止边界内的(电路)行为。

因为启动了 JTAG 测试接口来分别控制行为和状态，所以可以快速测试高速 Weaver 操作。Weaver 的测试接口可识别和控制链节中独立的 go 信号，也能识别和控制存储在链条中独立的满、空和数据信号。在 7.2 节中，已经解释了如何区分行为与状态，以及分别控制它们以适配部分或整体设计的初始化、结构测试和全速测试。

在 Weaver 芯片中，一组数据可以从环中空段的一端高速运行到另一端，两端均禁止了 go 信号无效。运行这组数据需要做以下准备：(1)首先禁止 go 信号，这样我们就可以对环中开始、测试和停止部分的链条进行初始化，如图 7.14 所示；(2)然后启动 go 信号，除了两端和被测部分的"保持器"，其他所有部分自由运行；(3)最终启动"保持器"释放数据，令其自由通过此环段——通过使用 JTAG 测试接口，这一切都可以在低速下完成。高速性能来自让电路从一端到另一端自由地运行。类似的低速方法提供了一种在环中不停运行数据的机制，可通过实时禁止"保持器"来停止这种流转，如7.2.2 节末尾所述。这样做就可以衡量性能——吞吐量、功耗和能耗。对于吞吐量而言，可扫描环计数器，并将计数器值与运行时间关联起来。对于功耗，可使用电流探针来测量 Weaver 芯片在运行时产生的平均电流，并将其值与运行时所使用的供电压相关联。能耗可由吞吐量和功耗计算得出。7.3.5 节介绍了 Weaver 芯片的吞吐量、功耗和能耗的指标。

7.3.5　性能指标

图 7.30～图 7.33 给出了四幅穿顶图，包含了不同数据流量与供电压下 Weaver 芯片的吞吐量和功耗指标。各幅图都将测量到的信息绘制成环占用率的函数——满链条或有效数据项的数量[18, 19]。7.3.5.1 节～7.3.5.4 节对穿顶图进行分析，表明在约 6 GDI/s 的吞吐量条件下，每层级向前传递一个数据项约消耗 3 pJ 能量。

7.3.5.1　额定供电下的吞吐量与占用率

图 7.30 的穿顶图绘出了额定电压下 10 个 FIFO 环中的 4 个吞吐量。Ring 0 和 Ring 9 绕过交叉开关网络，从而省略交换单元。在通过交叉开关网络的 8 个环中，Ring 1 的最大吞吐量最高，Ring 8 的最大吞吐量最低。吞吐量反映了在 Weaver 布局规划图中 NE 边

界各计数器的计数值（见图 7.16）。我们采用平均 1 秒的运行时间作为标准的计数，在每张图中将吞吐量绘制成环占用率的函数，即环中有效数据项的数量。

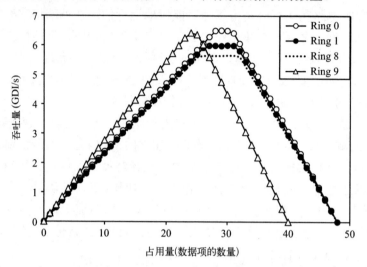

图 7.30 吞吐量与占用量的穹顶图。将标称供电压下测量的频率作为环占用量的函数来绘制穹顶图。Ring 9 有 40 个层级，其他环都有 48 个层级。最大吞吐量差不多为 60%，约 6GDI/s。Weaver 芯片的版图完全解释了图中所示最大吞吐量的差异

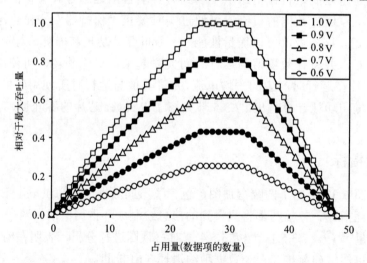

图 7.31 穹顶图给出了不同供电压下的吞吐量。该图绘制了 5 个不同供电级别下，Ring 4 的相对吞吐量与环占用率的函数关系，并表明吞吐量几乎与供电压减去 0.5 V 的差（供电压 − 0.5V）成正比

空环的吞吐量为 0，就像没有交通拥塞的空高速路一样。同样，全满环也不存在吞吐量，就像拥堵的高速公路上的交通阻塞一样。因此，在穹顶图的左右两端显示出零吞吐量。穹顶图左侧的占用率随着吞吐量线性上升就很容易理解了。一个数据项在特定周

期内流转，此周期由沿着环向前的延迟决定——就像少数几辆赛车在圆形赛道上一样——只要是少量的数据项都能如此。因为数据项不能相互重叠，所以吞吐量会随着流转数据项的数量而增加——只要不出现拥塞。穿顶图的右侧给出了拥塞的影响。随着拥塞的减少，有更多的流转用于转发数据项，吞吐量也相应地线性增加。

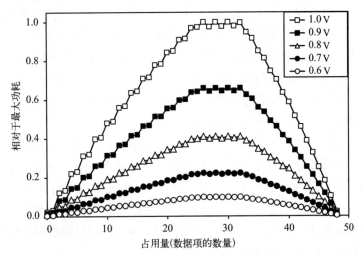

图 7.32　显示不同供电压下功耗的穿顶图。该图使用类似于 101010 后跟 010101 的数据模式，绘制了在 5 个供电级别下，Ring 4 的相对功耗与环占用率的函数关系。测得的功耗几乎与(供电压 $-$ 0.5V)$\times$(供电压)^2 成正比

在全满环和全空环之间存在一个最大吞吐量的占用时机。Ring 9 的穿顶图显示，在 60% 的占用率下，其最大值为 6.4 GDI/s，也就是说，此时其 40 个层级中有 24 个有效的数据项。Weaver 芯片使用的 6-4 GasP 电路传输空当(space)的速度比传输数据的速度要快：Weaver 芯片中每个 6-4 GasP 电路的前向延迟约为 100 ps，反向延迟约为 66 ps。传输空当比传输数据要快的原因是传输空当相对更容易。传输空当时声明链条为空，比起传输数据时声明链条为满，驱动锁存器并捕获到达的数据项更容易。在占用率为 60% 时，空当和数据项的净速度相匹配，可以得到最大吞吐量。

Weaver 芯片的版图完全解释了其穿顶图形状的不同，主要考虑了在交叉开关外的环主体部分的基本版图，以及交叉开关内的跨越器对的版图。我们通过分析图 7.16 中 NE、SE 和 SW 环主体的版图来说明。

- 版图模组：在环主体的版图中，将 NS 和 EW 环路交叉处的无关 FIFO 层级配对。每个层级包含一个 fifo 链节，以及链节与两个近端链条的连接机制，如图 7.19 所示。交叉层级成对形成一个版图模组，近似为正方形并紧靠在一起。两个 FIFO 层级并排放置在模组中，每一片电路都具有整个模组的高度和一半的

模组宽度。在各 FIFO 层级或电路片中，控制电路——图 7.19 中的 $A \sim G$ 及 X 和 Y——处于中间行，此行两侧各有 36 个锁存器组，均属于输出链条。用于扫描的 go 信号和链条状态信号电路位于底部的行、锁存器下方或者一部分中间行。

- 更长的南北向模组连接机制：在各 FIFO 层级中，链条状态信号在东西向水平延伸，几乎所有的路线都横跨中间行。在东西向连接两个 FIFO 层级的链条状态信号必须从一个版图模组的中间行水平跳转到相邻模组的中间行，二者间隔一片（FIFO）电路的距离。这种跳跃需要大约半个模组宽的额外导线。在南北向连接 FIFO 层级的链条状态信号必须从中间行垂直跳转到中间行，需要整个模组长度的额外导线——为东西向连接长度的两倍。

- 更慢的南北向模组连接机制：较长的导线比较短的导线更难驱动。此外，Weaver 芯片的吞吐量部分依赖于其链条的控制速度，也就是说，依赖于它的状态信号和驱动-保持器。为了设计的模块化和简单化，Weaver 芯片为链条的驱动-保持器统一使用 40 的驱动强度，在合理范围内与其驱动的状态信号线长无关。因为南北向模组的链条状态信号比东西向模组的长，对链条使用同样强度的驱动-保持器后，会使南北向模组的连接速度变慢。

南北向的连接速度与东西向的相比较慢，这一点在交叉开关网络的跨越器对版图模组上更加明显。它们的面积和组织结构类似于环主体的版图模组：近似正方形，两个跨越器和它们的近端链条并排放置，控制电路位于中间行，两侧各有 36 个锁存器组。因为控制复杂性更高，所以连接链条状态的电路逻辑门的数量也多，位于跨越器对版图模组中或者模组间的链条状态信号比环主体的更长。在任何方向上，跨越器对版图模组的连接速度都比环主体的慢，南北向的连接速度最慢。

所有其他电路，除了重载器层级，都被组织为窄的半宽度版图模组，此外并排放置了一片电路而不是两片电路。南北向连接的版图和环主体的一样慢。图 7.16 中 SE 边界的重载器层级是一个完整的版图模组。FIFO 层级占用了另一片电路，这片电路包含读写 FIFO 环 72 位数据的扫描电路。重载器层级的南北和东西连接与环主体的类似。

现在我们有足够的信息来理解图 7.30 中穹顶图之间的差异。首先考虑不经过交叉开关网络的 Ring 0 和 Ring 9 的穹顶图。Ring 0 和 Ring 9 的最大吞吐量大致相同，因为它们都受到南北向链条较慢的限制。接下来考虑引起交叉开关网络工作的 Ring 1 和 Ring 8 的穹顶图。Ring 1 穿过交叉开关网络中跨越器对三角形的底部，会比 Ring 0 和 Ring 9 慢。Ring 1 中没有南北连接，因此比 Ring 8 快。Ring 8 的穹顶图与 Ring 2 到 Ring 7 的大致相同，因此在图 7.30 中将其省略——因为每个环都受到其较慢的南北向跨越器对的限制。

7.3.5.2 多种供电压下的吞吐量

速度随着供电压而变化。图 7.31 显示的穹顶图绘制了多种供电压下 Ring 4 的相对吞吐量与环占用率的函数关系。在额定供电压下，测量了相对于 Ring 4 最大吞吐量的吞吐量值。在额定电压下，Ring 4 的吞吐量与图 7.30 中 Ring 8 的吞吐量大致相同。不同电压下穹顶图的平顶间距表明吞吐量与供电压之间呈近似线性关系。Weaver 芯片可以在额定电压的 0.6 倍到 1 倍之间完美运行，在这个运行区域，吞吐量几乎与超过阈值的供电压增量成正比。只要勉强超过晶体管的阈值电压(约 0.5 V)，任何超出这个限度的电压增量都可以给导线充电。

如图 7.18 所示，中速测试的实时输出连接到计数器，生动地展示了速度与供电压之间的函数关系。由于没有全局时钟，在改变供电压时不需要调整时钟频率，旋转旋钮来调整供电压就能使自定时的 Weaver 芯片自动加速或减速，每部分电路都能在当前供电压允许的最快速度下运行。转动供电压旋钮可以拉伸或收缩示波器上的方波，实时显示 Weaver 芯片计数器的输出。

7.3.5.3 多种供电压下的功耗

图 7.32 显示的穹顶图基于 5 个供电级别，采用最坏情况的数据模式[1]，绘制了 Ring 4 的相对功耗与环占用率的函数关系。图形按最高电压下最大功耗的比例标准化，功耗为消耗的电流和供电压的乘积。

可以看出，测量的功耗几乎与(供电压− 0.5 V)×(供电压)² 成正比。图 7.31 已经指出(供电压− 0.5 V)与吞吐量成正比。因此，第一项"(供电压− 0.5 V)"与每秒有多少数据项通过给定点(例如计数器级)有关。第二项"(供电压)²"与将数据项向前传递到下一层级所需的能量有关，这涉及对数据导线的电容进行充电或放电。功耗表征每秒消耗的能量，因此这些单位可以正常工作。图 7.32 主要用作合理性测试(sanity check)。7.3.5.4 节的图 7.33 提供了更引人注目的功耗指标。

7.3.5.4 多种数据模式的功耗

图 7.33 显示的穹顶图绘制了在标称供电下，Ring 4 的动态功耗与环占用率和多种数据模式的函数关系。

当所有数据项都相同时，功耗最低，因为对于相同的值，数据导线永远不需要改变。棋盘模式的功耗最高，因为数据项在通过版图中相邻的数据导线时，会以相反的方向切换。如果 Weaver 芯片交替使用全 0 和全 1 代替棋盘模式，则功耗会略有下降，因为传输相同值的相邻数据导线的边缘电容(side capacitance)[2]会减少。图 7.33 的中间是针对随机数据的，给出了样本之间的随机局部变化。

---

[1] 图 7.32 中的数据模式通过替换各数据项的比特值，将后续数据项反向翻转，形成一种棋盘模式。细节见 7.3.5.4 节。

[2] side capacity 亦为 fringe capacity，即边缘电容。——译者注

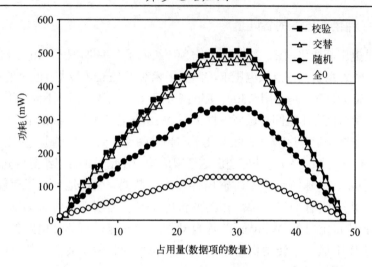

图 7.33　穹顶图给出了各种数据模式的功耗。此图将标称供电压下的 Ring 4 功耗绘制为环占用率和四种不同数据模式的函数。功耗取决于数据项通过 Weaver 芯片时发生变化的锁存器数量。对于常数数据（全 0），锁存数据保持不变，从而实现最低功耗。像 101010 后接 010101（校验）这样的棋盘模式会导致相邻数据导线随着每个数据项的传递而改变，从而产生最高的功耗。全 0 与全 1（交替）模式消耗几乎同样多的能量。随机数据（随机）给出平均功耗。通过将这些功耗测量值与图 7.30 中的吞吐量测量值相结合，可以估计将一个数据项转发一层级的能量最多为 3 pJ——详细信息请参见 7.3.5.4 节末尾

　　在棋盘模式和交替的全 0 和全 1 模式中，功耗在偶数和奇数占用率之间波动，高达约 60% 的占用率。对于流转的 N 个数据项，根据 N 是偶数还是奇数，值会发生 N 或 $N-1$ 次变化。向现有的偶数组数据项添加一个数据项不会增加数据更改的次数，但向现有奇数组数据项添加一个数据项会带来多一次的数据更改，同时动态功耗相应增加——除非出现阻塞。

　　图中棋盘模式和交替模式的功耗值仅相差约 5%。Weaver 芯片中的数据导线都为双倍宽度和双倍间距，以减少它们的负载电容（见 7.3.2.2 节）。该图表明数据导线之间的边缘电容贡献相对较小的负载。

　　对于相同的占用率，常数模式的数据流转所测得的最小功耗约为图 7.33 中报告的最大功耗的 1/4。这个最小值反映了对各占用层级的 72 个锁存器进行"局部定时"所需的功耗，即使数据输入和输出保持不变，这些锁存器也会反复变为透明和不透明。

　　随机模式数据流转所测量的功耗为棋盘模式数据流转的功耗的一半以上。在减去恒定数据模式提供的"局部定时"的固定功耗开销后，比较两者得出（随机 - 全 0）/（棋盘 - 全 0），在宽的占用率范围内其值约为 0.54。这与随机数据位在大约一半时间发生变化的统计模型一致。

　　图 7.33 中的穹顶图清楚地表明，当数据通过环和交叉开关时，Weaver 芯片的功耗取

决于有多少数据位变化。在 Ring 4 的 48 个层级中，以棋盘模式流转 60% × 48 或约 29 个数据项时，最多消耗 500 mW 的功耗，其中包括了交叉开关网络中的 8 个层级。Weaver 芯片中的任何层级都具有相同数量的锁存器，可驱动大约相同长度的数据导线。因此，当以相同的速度流转同类模式的数据时，每个层级都具有相同的功耗。因此，如果以最大速度在各交换环中流转最差模式的数据，则 8 × 8 交叉开关将以(64/48) × 500 或约 667 mW 运行。

所有交换环的吞吐量高达 5.5 GDI/s 到 6 GDI/s 之间。最差情况是具有 29 个数据项的棋盘模式通过交换环运行，速度为 5.5 GDI/s，功耗为 500 mW。如果将 x 定义为一个数据项向前传递到下一层级所需的能量，那么最差情况下 $x = 500/(5.5 × 29)$ 或约 3 pJ。

7.3.6 7.3 节的概要总结

Weaver 芯片实现了一个简单的逻辑功能：一个 8 × 8 无阻塞交叉开关网络，具有 8 个输出连接回其输入的流转通道。Weaver 的简单性让我们能够突破它的极限。多达 72 位的宽数据通路扩展了 Weaver 芯片的版图。基于 5 逻辑门振荡环的短周期，以及带有转向位和仲裁机制的复杂流控制扩展了 Weaver 芯片的电路结构。Weaver 芯片的每通道 6 GDI/s 的高吞吐量——对于完整交叉开关网络，接近每秒 3.5 Tb 数据量——是非常出色的。

对于初始化及全速测试和调试而言，Weaver 芯片的所有链节中都由独立的 go 信号控制，每个链条都包含满、空的访问状态。其功能的简单性使得通过各通道的单个重载器层级读写所有数据成为可能。测试 Weaver 芯片是一种乐趣——我们打算通过链条-链节计算模型进一步积累这种体验。

Weaver 芯片的逻辑设计既区分了链条的通信和状态，也分离了链节中的计算和行为。Weaver 的电路结构保持了这种分离。尽管它的所有电路都使用 6-4 GasP 自定时电路族，但它们也可能同样使用 Click 电路族。

Weaver 芯片使用不同种类的链条。例如，交叉开关网络在其输出链条的驱动-保持器中，组合了转向位和填充信号(见图 7.21)，这样做可以补偿数据中的收取延迟，如 7.3.2.2 节所述。Weaver 芯片的一个新颖特点是它使用了轮转链条，将数据位与两个状态信号捆绑在一起，这些状态信号以独热码形式携带转向信息。7.3.2.2 节讨论了将轮转链条等效为针对两个互斥的普通链条进行窥孔优化，还是视为可携带多种数据的具有类型化接口的链条。添加类型信息时需要微调链条-链节接口。

Weaver 芯片的版图模组将链节与其链条的近端包装在一起，在链条可以拉伸的地方做切割。版图模组隐藏了链条-链节接口，但暴露了握手接口——这是一个不好的副作用。设计师经常根据版图来调整其构思，但我们用链条-链节模型指导 Weaver 芯片的设计过程。一切变革，由此而始。

参考文献

[1] Ivan Sutherland and Scott Fairbanks. GasP: a minimal FIFO control. In *International Symposium on Asynchronous Circuits and Systems*, pages 46–53, 2001.

[2] Robert J. Proebsting. Speed enhancement technique for CMOS circuits. US patent US 5,343,090, assigned to National Semiconductor Corporation, 1994.

[3] Ivan Sutherland, Bob Sproull, and David Harris. *Logical Effort: Designing Fast CMOS Circuits*. Morgan Kaufmann, 1999.

[4] Swetha Mettala Gilla, Marly Roncken, Ivan Sutherland, and Xiaoyu Song. Mutual exclusion sizing for Hoi Polloi. *IEEE Transactions on Circuits and Systems II—Express Briefs*, 66(6):1038–1042, 2018.

[5] Jo Ebergen, Jonathan Gainsley, and Paul Cunningham. Transistor sizing: how to control the speed and energy consumption of a circuit. In *International Symposium on Asynchronous Circuits and Systems*, pages 51–61, 2004.

[6] Ivan Sutherland and Jon Lexau. Designing fast asynchronous circuits. In *International Symposium on Asynchronous Circuits and Systems*, pages 184–193, 2001.

[7] Swetha Mettala Gilla. Silicon compilation and test for dataflow implementations in GasP and Click. PhD thesis, Electrical and Computer Engineering, Portland State University, 2018.

[8] Hoon Park. Formal modeling and verification of delay-insensitive circuits. PhD thesis, Electrical and Computer Engineering, Portland State University, 2015.

[9] Hoon Park, Anping He, Marly Roncken, Xiaoyu Song, and Ivan Sutherland. Modular timing constraints for delay-insensitive systems. *Journal of Computer Science and Technology*, 31(1):77–106, 2016.

[10] Marly Roncken, Swetha Mettala Gilla, Hoon Park, Navaneeth Jamadagni, Chris Cowan, and Ivan Sutherland. Naturalized communication and testing. In *International Symposium on Asynchronous Circuits and Systems*, pages 77–84, 2015.

[11] Ad Peeters, Frank te Beest, Mark de Wit, and Willem Mallon. Click elements: an implementation style for data-driven compilation. In *International Symposium on Asynchronous Circuits and Systems*, pages 3–14, 2010.

[12] Edsger Dijkstra. Guarded commands, nondeterminacy and formal derivation of programs. *Communications of the ACM*, 18(8):453–457, 1975.

[13] Marly Roncken, Ivan Sutherland, Chris Chen, *et al*. How to think about self-timed systems. In *Asilomar Conference on Signals, Systems, and Computers*, pages 1597–1604, 2017.

[14] Alain Martin. The probe: an addition to communication primitives. *Information Processing Letters*, 20:125–130, 1985.

[15] IEEE-SA Standards Board. IEEE Standard Test Access Port and Boundary-Scan Architecture, IEEE Std 1149.1-2001 (Revision of IEEE Std 1149.1-1990), 2001.

[16] Sandra Jackson and Rajit Manohar. Gradual synchronization. In *International Symposium on Asynchronous Circuits and Systems*, pages 29–36, 2016.

[17] Charles Seitz. Chapter 7: System timing. In Carver Mead and Lynn Conway, *Introduction to VLSI Systems*, pages 218–262. Addison-Wesley, 1980.

[18] Gennette Gill and Montek Singh. Automated microarchitectural exploration for achieving throughput targets in pipelined asynchronous systems. In *International Symposium on Asynchronous Circuits and Systems*, pages 117–127, 2010.

[19] Ted E. Williams and Mark A. Horowitz. A zero-overhead self-timed 160-ns 54-b CMOS divider. *IEEE Journal of Solid-State Circuits*, 26(11):1651–1661, 1991.

第8章 面向多核架构资源有效性的异步片上网络

本章作者：Johannes Ax[1]，Nils Kucza[2]，Mario Porrmann[3]，Ulrich Rueckert[2]，Thorsten Jungeblut[2]

微电子电路小型化的进展使越来越多的晶体管能够集成在单一芯片上，从而实现了大规模并行片上多处理器系统(multiprocessor-system-on-chips，MPSoC)。与单纯增加时钟频率以实现最大化性能不同，片上多处理器通过在相对中等的时钟频率上并行处理来实现所需的吞吐量，从而实现了较高的能效。计算节点之间进行有效通信的基础是强大的片上网络(network-on-chip，NoC)，这种NoC架构的规则性带来的高可伸缩性使MPSoC能够简单地扩展到数百个处理器核。

随着单个芯片上处理器核数量的稳步增长，实现全同步电路的设计变得越来越困难。同步电路通常使用边缘触发的触发器来实现，如果系统基于一个在任何位置都同时有效的时钟(见图 8.1)，那么设计工具必须确保时钟边缘在系统的所有触发器上都不能出现

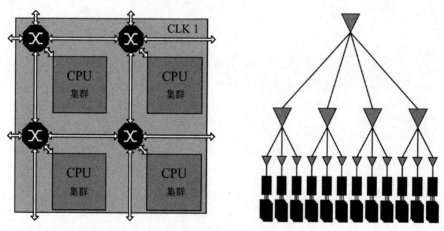

图 8.1 仅有一个时钟域的 MPSoC 及其各核时钟

1 dSPACE GmbH, Paderborn, Germany

2 Bielefeld University, Bielefeld, Germany

3 Osnabrueck University, Osnabrueck, Germany

任何显著的时钟偏移。这导致了时钟驱动的时钟树分支又大又宽，这样才能补偿整个晶片上的时钟相移（phase shift）。在同步电路中，所需时钟驱动的数量和尺寸随着设计的复杂性的提高而增加，导致了芯片面积和能耗的增长。此外，参考文献[1]还表明，可伸缩的同步 MPSoC 会导致最大时钟频率的大幅降低——即使在使用 NoC 时也是如此。

8.1　异步 NoC 的基础

全局异步局部同步（GALS）系统充分利用了片上网络（NoC）的可扩展性，是一种有前景的方法，这种系统的各模块同步运行，但模块之间的全局通信是异步的[2]。因为设计工具和 IP 库基本上都基于同步方法，导致全异步系统很难开发，所以 GALS 方案可以调和硬件效率和开发时间之间的矛盾。

GALS 系统会将以前非常大的时钟树划分为多个独立的小时钟树（见图 8.2），从而减少了所需时钟驱动的数量和大小，而异步方式则避免了单个时钟树之间可能发生的相移。GALS 方法的另一个优点是减少了电磁干扰（EMI）。干扰会导致供电和地电之间的噪声，减少了小面积和低压芯片中可能会出现的关键交换延迟[3, 4]。特别是同步时钟树对 EMI 有很大的影响，因为在短时间内同步交换芯片上的所有寄存器会产生非常高的冲击电流[5]。通过实现 GALS 系统，可以在不同的同步模块之间设置特定的相移，以便所有寄存器可以在整个时钟周期内的不同时间交换，使得交换时间分布在整个时钟周期内。这将产生统一的功耗，从而显著降低 EMI[6]。

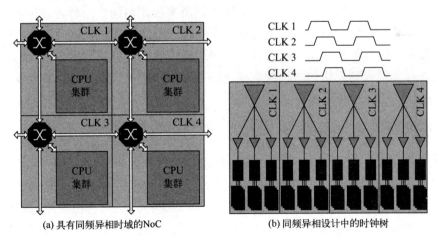

(a) 具有同频异相时域的NoC　　　　　(b) 同频异相设计中的时钟树

图 8.2　同频异相 MPSoC：（a）NoC 内的时钟分布；（b）潜在的时钟树和时钟相移

此外，参考文献[6]中列出了上述方法降低功耗的潜力。通过将 NoC 实现为 GALS 系统，可以动态地调整单个同步模块，以适应适时的性能需求，使得性能要求不高的节点可以工作在较低的时钟频率下。因此，供电压也可以在运行时进行调整，这称为动态电压频率缩放(DVFS)[7]，其中系统被划分成若干块(也称为电压岛)，各块具有不同的供电压[8]。根据参考文献[9]，时钟频率和供电压的自适应性都能大大降低功耗。

在 GALS 系统中，各同步模块之间异步工作，故模块的同步也是非常必要的。同步时要防止模块中的寄存器出现亚稳态[①]。信号到达某接收模块的输入寄存器时，无法保证其能满足寄存器的建立和保持时间，因此会在一段不确定的时间内导致亚稳态。

将 MPSoC 实现为 GALS 系统时，可以区分两种不同的场景。第一种情况是简单的同步系统，在这种系统中，在设计时就知道不同时钟之间的某种依赖关系。这个场景可以分为同频异相、准同步和异时方法。第二种情况是全异步系统，各模块工作在完全不同的时钟下[10]。

然而，现代工具链的改进及所采用的新设计方法提供了扩展同步架构的新的可能性。现代设计工具提供了所谓的时钟电流优化(CCOpt)设计流程，同时优化时钟树和组合逻辑[11]。采用这种方法可以基于时钟相移(必要的时钟偏移)来实现更高的时钟频率。但无论如何，GALS 方法仍然拥有更高的资源效率，几乎完全与任何相移都无关。新的 CCOpt设计流程与各种 GALS 方法的比较见 8.2.5 节。

8.1.1　同频异相架构

在同频异相架构中，每个同步模块都有独立的时钟域[见图 8.2(a)]，各时钟树都划分为若干子树。所有模块仍然由相同的时钟频率控制，但各模块的时钟信号之间可能存在不能预知的相移[见图 8.2(b)]。通常情况下，所有模块由同一个时钟源控制。由于全局的驱动并不使用时钟，横跨晶片的导线长度不同，导致在各模块间会发生相移[10]。

因为潜在的相移问题，模块间同步时需要避免亚稳态。除了采用双同步的 FIFO 电路，在发射端和接收端模块的时钟频率相同的前提下，还可以在模块接口处使用特殊的同步电路(见 8.2 节)。

8.1.2　准同步架构

在全同步 GALS 系统中，所有模块工作在几乎相同的时钟频率下。可能存在的频率极小偏移，随着时间推移，会慢慢导致模块之间的相移。避免这种行为的一种方法是探测不稳态的时间点，然后令其回到稳态。当然这种方法只有在探测可行的情况下才有意义，其优点是当系统处于稳态时不需要同步。因此，在数据传输期间没有额外的延迟。

---

① 触发器达到稳态(电平为 0 或 1)之前的一段时间内所处的未定义状态称为亚稳态。

8.1.3 异时架构

异时系统最接近异步实现，因为时钟频率完全不同。这种方案可分为比例同步系统和非比例同步系统。非比例同步系统与异步系统的唯一区别是，非比例同步系统的频率不会发生动态变化。而作为一种与众不同的特性，比例同步系统要求各时钟频率恰好是彼此的有理倍数。特殊的双同步 FIFO 电路用于异时系统的同步。这种方案是更容易实现的，但首先需要考虑系统是比例同步的还是非比例同步的。

8.1.4 异步架构

异步 GALS 系统的特点是，各个模块可以工作在完全独立、甚至在必要时可变的时钟频率下。一方面此方案提供了高灵活性；但另一方面，不同模块之间的复杂同步是必要的。可以在模块接口中使用双向同步 FIFO 电路，但会大大增加系统的延迟、面积和功耗。然而，增加的功耗可以通过动态降低单个节点的频率或供电压来补偿。实现异步GALS 系统的一种更有效的方法是使用全异步路由节点。

与同步系统不同，全异步系统只响应某些信号的状态变迁，而不响应时钟边沿。接收异步信号的一个挑战是确保接收到的信号在处于(暂时的)有效稳态之前不被处理，此要求增加了路由节点的复杂性，而且在从同步域切换到异步域时还需要额外的回路。信号的处理需要精准而快速地完成，而且不能触发非必要的信号变迁。现在已有若干实现，参考文献[12]和[13]介绍了用于异步电路的不同逻辑单元。需要注意各种仲裁器、C 单元、握手方法和缓冲区。此外，还需要检查异步电路中的错误状态，这增加了设计的工作量。参考文献[14]和[15]讨论了这个问题，并提出了扫描测试、自测试和外部测试的电路。对于同步电路来说，众所周知扫描测试和自测试就足够了；但对于异步电路而言，这两种方法还不够充分，上述文献的作者提出了额外的测试电路来检查异步电路的错误。

8.2 采用 GALS 扩展嵌入式多处理器

对于大规模的微电子电路，全同步实现通常会导致更高的面积和能量需求，而且性能常常较低[1]。如 8.1 节所述，将大规模电路设计为全局异步、局部同步是很有用的。在 MPSoC 中，CPU 通常实现为同步，CPU 之间按照 GALS 方式用异步通信结构相连接。

本节将介绍基于 NoC 通信的多种 GALS 方法，支持了全局异步多核架构。我们首先简要介绍各种基于 GALS 的 NoC 的技术现状；接着介绍 CoreVA-MPSoC 中的同步和异步路由节点的实现；最后在 8.2.5 节对这些系统和同步 NoC 系统进行比较。

8.2.1 基于 GALS 的 NoC 架构的发展现状

本文描述了基于 GALS 的 MPSoC NoC 架构的多种实现，它们基本上可以分为两种方案：全异步 NoC 和多同步 NoC。

在多同步 NoC 中，路由节点基于内部时钟信号进行同步操作。然而，路由节点之间的直接通信是异步的。在多同步 NoC 中，最常见的方法是使用同频异相的同步连接。虽然路由节点仍然以相同的时钟频率工作，但可能会发生不确定的相移[10]。因此采用这种方法可以简化本地同步路由节点和 CPU 的全局时钟树，从而可以使用更小的时钟驱动。但为了防止违反建立和保持时间，必须补偿路由节点之间的相移。除了双同步 FIFO 电路[16]，因为发射端和接收端模块的时钟频率相同，所以还在路由节点之间的连接上使用特殊的同步器。同步器的面积更小，延迟也更低[17]。在参考文献[18]中给出了一个同频异相的同步器实例，通过 3 个数据寄存器、一个基于 DLL 的倍频器和一个决策器来确保同步。同样在参考文献[19]中介绍了一种在相移探测后动态地调整连接上信号的延迟来确保同步的方法。类似的方法在 Spidergon-STNoC[20]中也有应用，其中采用了偏移非敏感型同频异相连接(SIML)来实现同步。在这种方式下，采样脉冲在发射端产生，接收端使用 4 个数据寄存器，所以 SIML 的实现需要两个时钟周期的延迟。参考文献[21]提出了一种紧密耦合型同频异相的同步器(TCMS)，这种架构面积更有效，只需要 3 个锁存器和两个 2 位计数器来实现相位同步。此外，由于相移未知，1~2 个时钟周期的 TCMS 延迟是最小的，因此 TCMS 也被用于 CoreVA-MPSoC 的同频异相 NoC。

在异步系统中，握手协议用于两个参与者之间的直接同步，参考文献[22]中描述了两种不同的协议：四相电平信号协议(LSP)和双相变迁信号协议(TSP)。LSP 通过请求(request)发送一个新的数据字信号，接收方应答请求后，发送方返回其默认电平(传输归零)，一旦接收方也返回到默认电平，就可以启动新的访问。TSP 避免了电平变化，请求信号状态的变化表示了新数据字(传输不归零)。下面给出这两种方法的例子。Thonnart 等人[22]提出了一个异步 NoC 框架，其异步通信是基于 LSP 的。路由节点通过 4 个 I/O 端口连接到一个支持虫洞路由的二维网格(mesh)，第五个端口连接本地 IP。为了克服 CAD 工具的局限性，还设计了一种新流程来适应异步电路的需要。该系统采用 65 nm CMOS 工艺制造，吞吐量为 550 Mflits/s[flit 即流控制单元(flow control unit)]，只占同步系统功耗的 86%。参考文献[23]提出了一种基于电平编码双轨协议的异步路由节点。该协议与双相 LSP 类似，但使用了更大的控制信号集。路由节点的 I/O 端口分配给整个传输机制(即线路交换，circuit switching)，只有在完备后才释放，该系统采用 130 nm 工艺制造，实现了 4×4 二维网格，包含 16 个 Spidergon 核，其延迟为 2.74 ns，吞吐量为 526 Mflits/s。Argo-NoC 也使用异步 NoC 实现[24, 25]。异步路由节点通过交叉开关(crossbar)连接输入和输出端口。在这个交叉开关中使用了所谓的握手时钟，每个输入端口消耗一个 flit，所有输出端口产生一个 flit，用于同步的一个状态位标志着无效 flit。因此基于 LSP 原理，所有传入的 flit 都必须移位到相同相位，可通过路由节点和节点之前 FIFO 电路之间的 mousetrap 流水线实现。Argo-NoC 也使用线路交换，简化了路由节点内部的仲裁。但对于同步域和异步域之间的变迁，没有考虑异步请求和应答信号的保护措施，或许会导致同步寄存器的亚稳态。

基本上双相 TSP 比四相 LSP 更有优势。当信号在 LSP 中返回到零状态时，会强制信号频繁地改变电平。使用双相 TSP，状态只在需要时改变，从而使通信过程更加紧凑。TSP 需要的交换操作要少得多，所以能效更高。

许多文献对各种 GALS 方法和全同步系统进行了比较[26, 27]。然而，在使用分层 MPSoC 时，同频异相同步和全异步 NoC 之间的比较很少被分析。据我们所知，只有 Sheibanyrad 等人在比较同频异相 NoC(DSPIN)和全异步 NoC(ASPIN)时，才考虑过这个问题[28]。DSPIN 实现了一种同频异相 NoC，路由节点之间使用双同步 FIFO 电路；而 ASPIN 使用四相 LSP 实现了全异步路由节点，基于双轨协议，其中两条线代表一个比特。ASPIN 架构需要双轨协议来同步 flit 的数据位。比较 DSPIN 和 ASPIN 时要从其最大吞吐量、最小延迟、芯片面积和功耗来入手。除此之外，还需强调的是，比较时考虑了路由节点之间的导线延迟，特别是在分层 MPSoC 中不可忽略。两种 NoC 设计在最大吞吐量和芯片面积方面显示出非常相似的结果。异步 ASPIN 的最小延迟超过了 DSPIN 的 2.5 倍。此外，在 ASPIN 中，空闲模式下的功耗是活动模式下的 1/3，并且在活动模式下数据传输过程中的功耗略高。特别是对于路由节点之间的长导线，与同步 NoC 相比，双轨协议失去了异步 NoC 的优势，因为需要两倍的导线。

随后还将介绍 CoreVA-MPSoC 架构及其实现所用的异步 NoC。异步 NoC 使用基于 mousetrap 电路的双相 TSP，但并未完全遵循双轨协议，我们在请求信号中加入一个与 flit 的数据位相关的额外延迟。因此在所有三种路由节点设计(同步、同频异相和异步)中，路由节点之间的导线数量几乎相同。

8.2.2 CoreVA-MPSoC 架构

CoreVA-MPSoC[29]是由 Bielefeld 大学开发的资源有效性多核架构，基于层次化的基础通信机制(见图 8.3)，主要针对流应用程序的处理进行了优化。其中的 CPU 核采用 CoreVA-VLIW 架构，支持超长指令字(VLIW)向量化和单指令多数据(SIMD)处理方法。该架构中的多个 CPU 核组成一个 CPU 集群，CPU 集群中的 CPU 通过低延迟、高吞吐量的通信机制来连接。如参考文献[30]所示，当越来越多的 CPU 集成到单个芯片上时，总线通信会限制其数量。因此，CoreVA-MPSoC 引入了片上网络(CoreVA-NoC[29])作为第二层通信结构。

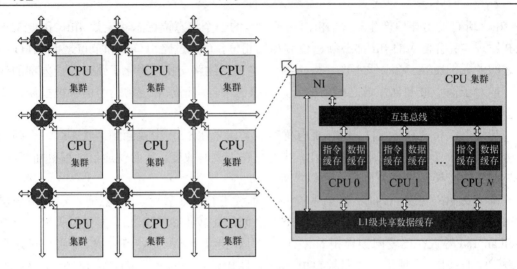

图 8.3 CoreVA-MPSoC 多核架构

8.2.3 同频异相路由节点的实现

CoreVA-MPSoC 中的同频异相 NoC 采用同频异相同步器(TCMS)[21]代替同步路由节点的输入寄存器。TCMS 的特点是与路由节点耦合得非常紧密,其功能是补偿两个路由节点之间可能发生的时钟相移,这样 flit 的所有数据位都可以在路由节点的 FIFO 中以稳定的状态存储。

TCMS 分为前端和后端(见图 8.4)。前端位于 TCMS 的输入端,接收来自外部路由节点的时钟 CLK_EXT 和 flit。后端构成 TCMS 的输出层级,属于本地路由节点的时钟域。因此同步发生在前端和后端之间。

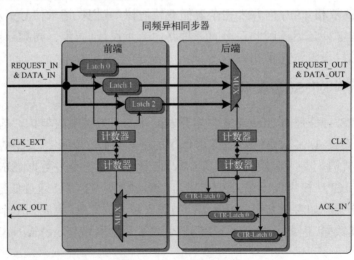

图 8.4 CoreVA-MPSoC 中的同频异相同步器(TCMS)架构

　　前端包含 3 个锁存器，其数据宽度为一个完整的 flit 加上请求信号。一个 2 位计数器决定在 3 个锁存器之一存储数据。为了避免在将数据写入锁存器时出现亚稳态，计数器与外部路由节点的时钟一起操作。此外，必须防止锁存器的使能信号活动时间过长而导致下一个数据字的数据被存储，所以该使能信号来自只在更高层活动的外部时钟。当使能信号在高电平期间切换时，由于信号延迟，计数器的值会在短时间内连续改变，在锁存器的使能信号中出现这种毛刺 (glich) 就可能导致错误行为[21]。为了避免这个问题，CoreVA-MPSoC 的 TCMS 中使用的计数器是由外部时钟下降沿驱动的。因此，在时钟的下一个高电平激活相应的使能信号之前，计数器值已经稳定了半个时钟周期，而且由于较长路径的缘故，计数器的信号延迟总是高于外部时钟的延迟，因此在高电平结束时也可以确保正确的行为。

　　TCMS 的后端决定从哪个锁存器向前传送数据。选择器由另一个对应的 2 位计数器控制，计数器由本地路由节点时钟 (CLK) 的上升沿触发。计数器必须设定为向前传送存储较长时间的稳定的锁存器数据。图 8.5 所示的波形给出了 TCMS 内部交换行为的实例。

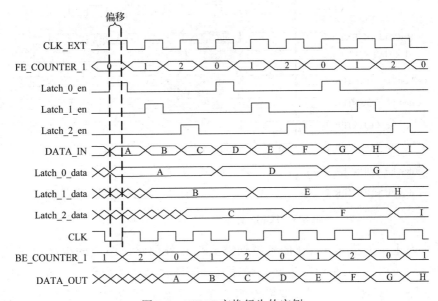

图 8.5　TCMS 交换行为的实例

　　为了彻底避免出现 TCMS 的亚稳态，前端计数器的设定必须与后端计数器的设定完全匹配。需要设计一系列机制来应对-180°到+180°的所有可能相移，从而只转发稳定锁存器的数据。计数器的正确置位要通过计数器的匹配复位来保证，CoreVA-MPSoC 的全局复位是异步的，这意味着复位与时钟边缘的相位关系没有被定义。因此，计数器的状态不确定，从而不能确定合适的计数器默认值。为了强制得到一个可定义的初始状态，复位信号必须首先与本地路由节点的时钟同步。为了同步复位信号，使用了强力同步器，该同步器由两个串联的触发器实现。通过将此复位信号同步到本地路由节点，可以初始化 TCMS 中的所有计数器。然而，这可能会导致前端计数器的亚稳态，因为复位信号可能太接近外部时钟的时钟边沿。为了避免这种情况，在复位完成之前，不能启动前端计数器的时钟。时钟的延迟是通过锁存的时钟门控来实现的，以避免出现时钟信号内的毛刺。为了避免在使用的锁存器中出现亚稳态，复位与内部同步时钟进一步使用强力同步器与外部时钟同步。这些重要环节可以确保得到一个确定的初始状态。

在初始化复位后，必须为计数器定义一个合适的起始值。如图 8.6 所示，由于相移，复位后存在一个窗口（窗口 1），在该窗口中可以出现外部时钟的第一个下降沿（CLK_EXT_int）。由于相移可能高达 360°，这个窗口延长超过一个时钟周期。对于前端的计数器也有一个窗口（窗口 2），它有一个固定值，表示数据传输到锁存器的（基于计数器的）周期。通过这种方式就可以确定后端计数器的起始值，它将从锁存器向前转发一个稳定的数据字。

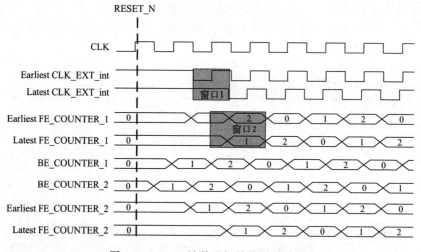

图 8.6 TCMS 计数器初始化时的波形

到目前为止，只描述了 flit 的数据通路。但在外部路由节点的控制通路中，基于 FIFO 充满程度的 ON/OFF 信号也必须传输到外部路由节点的时钟域，这同样适用于外部的数据通路。TCMS 的后端需要额外的 3 个锁存器来存储 ON/OFF 信号，这些信号是独立信号，只使用 1 比特宽的锁存器即可。使能信号也由一个 2 位计数器控制，而此计数器则由本地路由节点时钟的下降沿控制。与数据通路中的原因相同，使能信号只活跃在本地时钟为高电平时。在前端中包含一个选择器，它由另一个计数器控制并向相应的锁存器传输 ON/OFF 信号。TCMS 中的这种扩展可以确保在外部路由节点中不需要进一步的同步应答。

可以从图 8.6 所示的波形中得到 TCMS 的延迟。延迟取决于两个时钟信号之间的相移，长度会是 1 或 2 个时钟周期。传回外部路由节点的应答信号的延迟与之类似。然而在应答信号到达外部路由节点之前，考虑到相向而传的问题，双方的延迟加起来恰好是 3 个时钟周期，比在同步情况下要多花一个时钟周期。所以若仅剩 3 个时钟周期空闲，就要设置 FIFO 电路快满(almost-full)信号。此时必须考虑到 FIFO 电路的大小，这导致至少需要 5 个 flit 的大小。

8.2.4　异步路由节点的实现

实现异步路由节点时，会将同步路由节点的同步部件替换为异步部件。除此之外，异步路由节点的功能也与同步和同频异相路由节点的功能相同。异步路由节点的架构如图 8.7 所示。

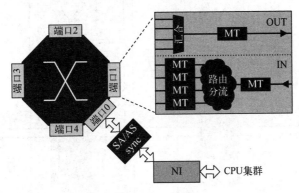

图 8.7　异步路由节点的架构

路由节点的关键部件是 mousetrap 型 FIFO 电路。参考文献[31]介绍的 mousetrap(MT) 是异步流水线的一种简单有效的基础部件，在路由节点的所有输入和输出中，MT 存储通过 NoC 发送的 flit，同时支持双相 TSP。图 8.7 显示了 mousetrap 型 FIFO 电路的架构。mousetrap 包含了数据和请求信号所需的锁存器，以及一个可以绕过锁存器的 XNOR 逻辑。初始化时，所有锁存器都是透明的；请求信号变迁时，mousetrap 锁定并保持值，直到应答信号有效。我们将向下一层级发出的请求也用作反馈应答信号，因此在这种设计中，信号的顺序是很重要的。为了避免锁存器的亚稳态，数据信号必须在请求信号之前有效。由于这个原因，我们使用反相器链来稍微延迟 mousetrap 层级之前的请求信号。对于 FIFO 部件，这些级联的 mousetrap 中会有几个是串联连接的。FIFO 电路的深度也可以进行配置。

图 8.8(b)描述了深度为 2 的 mousetrap 型 FIFO 电路的交换行为的波形。传入请求信号(Req_I)通过 2 个锁存器和一个由 6 个反相器组成的反相器链。而数据位只用通过 2 个锁存器，因此延迟较低。正确的信号序列和 TSP 方法是由运行时的差异来保证的。将 mousetrap 单元组合在一起实现 FIFO 电路时，必须确保前一层级反馈的应答信号具有确定

的延迟，从而满足锁存器的保持时间，也避免出现信号的亚稳态。在这种方法中，除门和互连的传播延迟外，不需要考虑其他特殊的预防措施。最后，根据芯片版图，反相器链的长度可能需要调整。

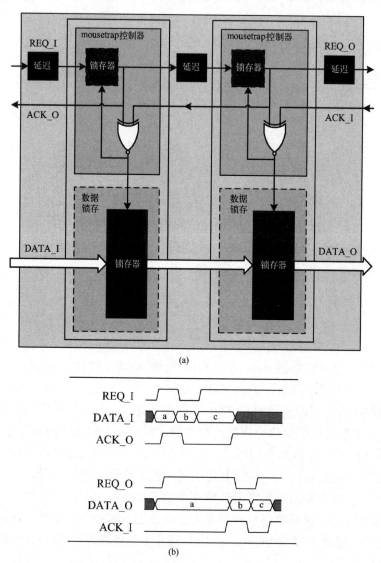

图 8.8 深度为 2 的 mousetrap 型 FIFO 电路及其交换行为：(a)连接两个 mousetrap 电路以实现 FIFO 电路；(b)FIFO 电路的交换行为，第一个数据字被采样与延迟

如图 8.7 所示，路由单元必须根据目标端口将传入的 flit 转发到相应的 mousetrap。路由决策本身遵循类似于同步路由节点的 XY 路由。为了在 TSP 中启用数据分流，需要一个互斥的分流机制。参考文献[32]中介绍的电路可将数据分流到两个输出端口［见

图 8.9(a)]，这种电路只有一个发射端，因而不存在碰撞，所以数据可以通过此单元路由而无须改变；而且，由于一次只能操作一个端口，输出控制信号必须以互斥的方式无歧义地发送到接收端。如果两个锁存器没有被路由节点设置为透明，则保存请求信号的输出值。由于每次只改变一个值，因此各锁存器前面的 XOR 门确保了正确的输出值。以上设置都是必要的，在双相 TSP 中，状态变化总是表示一个新的数据字。标准 2D 网格拓扑的 CoreVA-MPSoC 包含 4 个 I/O 端口，多个独立端口互相重叠地使用。

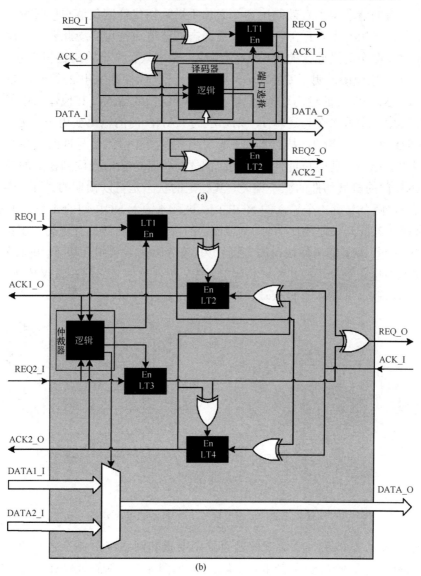

图 8.9　异步数据通路的分流(split)和汇合(join)单元：(a)互斥的数据分流单元架构；(b)汇合单元架构

与分流类似，TSP 中的数据通路必须再次融合。在路由节点中，汇合操作在输出端口之前的交叉开关或仲裁中实现（见图 8.7），我们基于参考文献[32]中的工作实现［见图 8.9(b)］汇合。其中，两个输入端口汇合到一个输出端口，用 4 个锁存器保持输出信号值的电平，若干 XOR 门将锁存器置位到正确电平。由于各输入端口可能同时发送新数据，因此必须使用一个特殊的仲裁器来实现互斥。在异步设计中，安全的互斥是一个特殊的挑战[33-35]。在没有时钟的情况下，必须以不同的方式确保在任何时间和状态下，都能根据参与者的请求做出有效的决定。必须不惜一切代价避免请求信号变化，特别是亚稳态的变化。采用一个互斥部件和一个亚稳态滤波器通常可实现此要求。用于互斥的组合电路常常由两个交叉连接的 NAND 门组成，其中只有一个输出逻辑为 0。

图 8.10 中的原理图说明了 CoreVA 架构的设计原理。仲裁器由 2 个 NAND 门和 2 个 NOR 门组成，NAND 门的输出连接到另一个 NAND 门的输入，其他输入用于外部输入信号，如果其中一个输入变为逻辑 1，则相应的 NAND 门的输出变为逻辑 0，可以防止另一个 NAND 门变为逻辑 0，从而实现互斥。但在逻辑 1 输入信号同时发生变化的情况下，就会发生亚稳态，此时可能需要一些时间才能将某个输出置位到稳定的逻辑 1。由于构成 NAND 门的电气部件的微小偏差，其稳定的状态是可以预期的。为了避免这种亚稳态，可以使用两个具有 4 个输入的 NOR 门。这种 4 输入 NOR 门的 4 个 PMOS 晶体管串联，这种晶体管的开关速度比 NMOS 晶体管的慢，而且通常具有更高的阻抗，其结构如图 8.10(b)所示。为了证明仲裁器的正确行为，在 Virtuoso 模拟环境下，我们采用 28 nm 标准单元工艺对电路进行了模拟。在汇合单元中，传入数据之间的决策仅依赖于仲裁器。汇合单元也被级联，并将 4 个输入端口映射到一个输出端口。

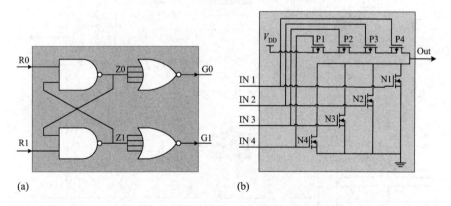

图 8.10　用于过滤汇合单元中的亚稳态的仲裁器架构：(a)仲裁器的组合实现；(b)NOR4 的 CMOS 实现

使用异步 NoC 时的另一个关键问题是路由节点和网络接口（NI）之间的接口。由于 NI 是同步操作的，因此需要在它和异步端口 0（如图 8.7 所示的 SA/AS sync 部件）之间建立一个稳定的信号变迁。如果异步电路和同步电路之间的单个信号发生变化，那么只有从异步到同步的变迁是有问题的。当不考虑寄存器的交换时间的情况下，为了避免亚稳态就需要一个同步器。在 CoreVA-MPSoC 中，同频异相路由节点使用的强力同步器适用于此目的。为了证明该电路的预期交换行为，我们在晶体管层级进行了 SPICE 模拟。

　　网络接口与路由节点之间不仅要进行单比特的交换，而且要进行整个 flit 的交换。当 flit 从路由节点传递到网络接口时，flit 的数据位和请求信号必须同步。图 8.11 中的框图显示了该同步电路的结构。类似于 mousetrap 电路，请求信号被延迟以确保对数据字的依赖，数据字总是在请求信号之前到达，这样才能稳定地存储在寄存器中。这意味着只需将请求信号传入强力同步器，因为下一个数据寄存器中的数据是至少早半个时钟周期的有效数据。在大约 700 MHz 的目标频率下，相当于超过 700 ps 的时间，与寄存器的建立时间相比，足够接收有效的数据。如果数据线上出现亚稳态，则请求信号晚一个时钟到达，数据字再次被捕获。这意味着只使用有效性得到保证的数据字。为了达到可能的最高吞吐量，输入的数据字被存储在两个寄存器之一。在双相 TSP 中，对于请求信号的逻辑 0 和逻辑 1 各有一个寄存器。

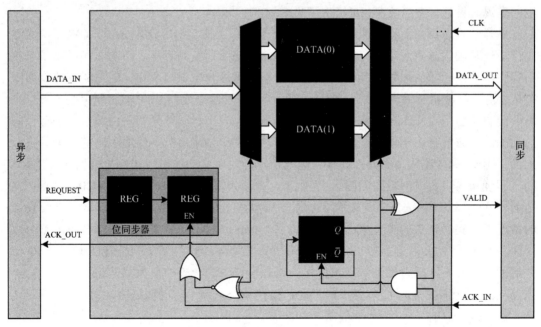

图 8.11　从异步部件到同步部件的同步器

　　在从同步域变迁到异步域期间，应答信号必须由强力同步器同步。应答信号的状态会被寄存，此状态控制了数据字会从哪个寄存器向前转发到输出。同步端传入的 flit 被写入两个寄存器之一，这两个寄存器用于实现异步路由节点的双相 TSP。

当同步电路从 NI 传递到路由节点或从路由节点传递到 NI 时，一个 flit 将有一个时钟周期的延迟。

8.2.5　各种 GALS 设计空间的探索

为了评估各种 GALS 方法，还需从面积、功耗、延迟和吞吐量等方面来探索设计空间。这里将异步 NoC 设计与同步和同频异相实现进行了比较。

为了与异步设计进行公平的比较，我们生成了一个完整的布局布线的异步设计。在异步设计的设计流程中必须考虑导线延迟，所以完整设计非常必要。特别是对于大型 CPU 集群的分层多核系统，如 CoreVAMPSoC，以上因素都不能忽视。因此，以下结果是基于集群节点的布局布线，集群节点中的若干节点可以通过层次化的设计互连。集群节点由 4 个大 CPU（CPU macro）、集群互连机制和 64 KB 大小的共享 L1 数据缓存组成。此外，我们还实现了一种二维网格型 NoC，每个节点带有 4 条连接的 I/O 端口及路由模块。节点同步部分的最大时钟频率为 704 MHz。

为了检验不同 GALS 方法对整体系统的影响，本节最后分析了由多种系统配置所产生的全局时钟树。参考文献[36]给出了更详细的结果。

集群节点需要的面积如图 8.12 所示。对于所有三种 GALS 实现来说，CPU、存储、集群通信基础设施和网络接口的面积是相同的，如图的左侧所示。图的右侧显示了三种不同路由节点所需的面积。其他项包括所有不能直接分配到一个实体的电路部件，如时钟树。由于不使用时钟树，并且使用锁存器代替触发器来缓存 flit，因此异步路由节点只需要同步路由节点 42% 的面积。正如预期的那样，同步和同频异相路由节点几乎有相同的面积。一方面，由于增加了额外的 TCMS，同频异相路由节点的面积略有增加。另一方面，由于 NoC 连接之间允许相移，因此可以通过更宽松的时间限制来补偿这种消耗。

同步和异步实现的版图如图 8.13 所示。为了实现位于集群节点中大 CPU 四侧的 4 个 NoC 连接，采用 P&R 工具在大 CPU 之上的两层金属中布线。在同步和同频异相设计的情况下，集群节点的整个版图面积为 0.817 mm^2。对于异步实现，集群节点的整个版图面积减少了 3.1%，为 0.792 mm^2。对于较大的集群（例如 8 个或 16 个 CPU），NoC 部件的面积预计不会显著增加。请求信号的延迟所要求的较长的反相器链（见 8.2.4 节），以及 NoC 连接较长的导线所要求的驱动，这些额外电路引起的面积增加可以忽略不计。

8.2.5.1　功耗

对两个连接的集群节点的版图进行门级模拟，就可以确定所实现的路由节点的功耗。为了分析其动态功耗，我们记录了数据包传输过程中路由节点在各种实现下的交换活动，然后使用 Cadence 的 Voltus 工具，基于这些交换活动来进行精确的功耗模拟。

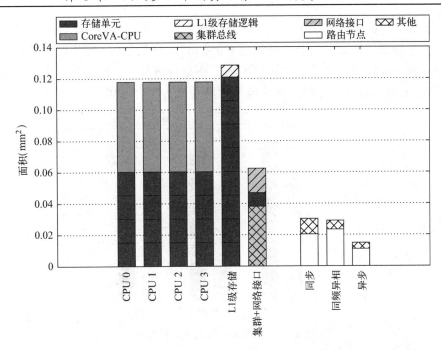

图 8.12　CPU、存储、集群通信基础设施、网络接口和多种路由节点的面积

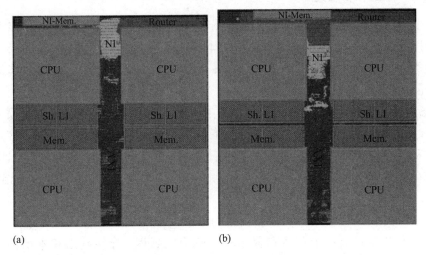

图 8.13　异步和同步 CPU 集群的版图：(a) 异步 NoC；(b) 同步 NoC

　　图 8.14 描述了单个路由节点在空闲和通信时的功耗。同步路由节点空闲时的功耗为 4.23 mW，通信时的功耗为 5.57 mW。同频异相设计稍微降低了功耗，分别为 3.98 mW 和 5.21 mW。由于没有时钟信号，异步路由节点在空闲模式下的功耗降低到 0.94 mW，是同步路由节点功耗的 22.4%，大部分的功耗消耗在路由节点和网络接口之间的两个同

步器上，这两个同步器仍然包含基于时钟的电路单元。同步器功耗为 0.467 mW，而路由节点的所有其他部件加起来的功耗只需要 0.056 mW。在通信时，异步路由节点的功耗增加到 2.94 mW，是同步路由节点功耗的 53%。在这种情况下，网络接口中活跃的同步器的功耗是 0.7 mW，路由节点的所有其他部件的功耗为 1.75 mW。

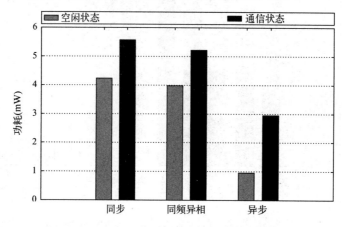

图 8.14   各种路由节点的功耗对比

8.2.5.2   延迟和吞吐量

在同步设计中，最小延迟和最大吞吐量完全取决于系统的时钟频率。该设计优化后的时钟周期为 1.42 ns，即时钟频率为 704 MHz。在同步路由节点中，一个 flit 需要两个时钟周期的延迟才能从一个输入端口传输到另一个输出端口。这导致其最小延迟为 2.84 ns。然而，这只适用于没有冲突的 flit。一个单向 NoC 连接的最大吞吐量是 704 Mflits/s，因为在一个时钟周期内，一个 NoC 连接只能发送一个 flit。同频异相设计的最大吞吐量与同步的相同，在最佳情况下的最小延迟也与同步的相同。然而，由于同频异相系统中的时钟相位不同步，因此在最坏情况下，一个 flit 的最小延迟可以持续几乎一个完整的时钟周期。因此，同频异相路由节点的最小延迟可以在 2.84 ns 到 4.26 ns 之间变化。

与同步和同频异相设计相比，异步路由节点完全与时钟信号无关。这意味着最小延迟和最大吞吐量只取决于逻辑和存储单元的交换延迟、导线延迟和本地握手。由于导线和门延迟的变化，导致 I/O 端口的结果不同。最小延迟在 1.79 ns 到 2.43 ns 之间，最大吞吐量在 704 Mflits/s 到 840 Mflits/s 之间，具体的值取决于发送的是哪个 I/O 端口的 flit。根据异步路由节点的 I/O 端口，数据包传输可以实现的最小延迟和最大吞吐量如表 8.1 所示。

表 8.1　异步路由节点各 I/O 端口可以实现的最小延迟和最大吞吐量

	最小延迟 (ns)				最大吞吐量 (Mflits/s)			
	端口 1	端口 2	端口 3	端口 4	端口 1	端口 2	端口 3	端口 4
端口 0	1.81	1.79	2.0	1.97	704	704	704	704
端口 1	—	1.93	2.17	2.20	—	816.4	818.0	797.3
端口 2	1 99	—	2.19	2.21	792.0	—	808.2	801.4
端口 3	2.13	2.11	—	2.34	820.9	817.8	—	825.1
端口 4	2.23	2.21	2.43	—	818.7	821.5	840.0	—

由于同步网络接口，最大吞吐量 (704 Mflits/s) 受到 I/O 端口 0 的限制。总体来说，可以看出在所有情况下，同步和同频异相实现的最大吞吐量和最小延迟都是由同步路由节点[①]实现的。平均而言，与时钟 NoC 相比，异步 NoC 路由节点的最大吞吐量要高 15%，而延迟则低 25%。

因此，异步路由节点通常比时钟系统更高效，理论上可以达到同等或更高的吞吐量，而同步部件 (网络接口及 CPU) 降低了最大吞吐量。异步 NoC 的最大收益会在 NoC 的满负载运行下实现。为了分析满负载情况，从 3 个输入端口分别向剩下的第四个 I/O 端口写入 100 个 flit。在压力测试期间，同步 I/O 端口 0 被省略。通过这种压力测试，会导致大量的数据包冲突，在高负载下，异步 NoC 显示出更高的平均吞吐量。因为每个时钟周期只能由输出端口处理一个 flit，所以同步和同频异相路由节点都需要 300 个时钟周期共计 426 ns 才能传输 3 × 100 个 flit。但异步路由节点只需要 230.95 ns (大约 163 个时钟周期)，因此只用 54.3% 的时间就能传输 3 × 100 个 flit。

8.2.5.3　全局时钟树

本节讨论整体 MPSoC 的全局时钟树。时钟树是集群中所有节点互连的结果，是衡量系统可扩展性的一个指标。在传统的同步电路中，所需的时钟驱动的数量和尺寸随着电路部件数量的增加而增加，从而导致面积和能耗的增加。Pullini 等人[1]的研究表明，当同步 NoC 中的节点大量增加时，最大频率会大大降低。

然而，现代设计工具也提供了扩展同步架构的新方法，称为"时钟并发优化" (CCOpt) 设计流程。在 CCOpt 中，时钟树和组合逻辑同时优化[11]，使得时钟相移的优化成为可能，在某些情况下，甚至可以积极地利用偏移 (有用的时钟偏移)。然而，GALS 方法仍然有更好的能效和进一步的优势，因为它完全独立于任何相移。因此，本小节比较了传统的同步设计流程 (CTS，时钟树综合)、新出现的 CCOpt 设计流程，以及各种 GALS 方法。

在全局层面，许多集群节点相互连接，形成一个二维网格型 NoC。时钟信号必须通

① 原文为异步路由节点，应是笔误。——译者注

过全局时钟树路由到所有这些集群节点。在同步设计的情况下，创建时钟树要求集群节点之间的 NoC 连接必须满足所需的建立和保持时间。然而，在同频异相和异步设计中，时钟树的要求可以更加宽松，因为这些 NoC 连接和集群节点完全独立于时钟信号的相移。此外，同步设计还需要时钟驱动为所有集群节点提供稳定的时钟信号。

　　为了给出各种设计方法的可扩展性，我们将整个设计都进行了完整的布局布线。依然采用前面提到的具有 4 个 CPU 的集群节点实例。表 8.2 显示了不同 MPSoC 尺寸和设计方法下全局时钟树的功耗。计算结果仅为全局时钟树的功耗，不包括集群节点内的内部时钟树。在同步设计方面，我们比较了传统 CTS 设计流程(trad.-CTS)和新的 CCOpt 设计流程。结果表明，采用 CCOpt 设计流程的实现和同频异相实现的功耗相近。但是，异步的全局时钟树设计的功耗显著降低(256 CPU 的 MPSoC 低 25%)，其原因在于 NoC 的同步电路部分被异步电路取代，使得集群节点的内部时钟树更小。由于内部时钟树更小，时钟树在全局级别上需要更少的时钟驱动。

表 8.2　各种规模的 MPSoC 和 GALS 方法下全局时钟树的功耗

# CPU (二维网格型 NoC)	同步 (mW)		同频异相 (mW)	异步 (mW)
	trad.-CTS	CCOpt 设计流程		
16(2×2)	0.39	0.28	0.27	0.27
64(4×4)	2.55	1.79	1.47	1.35
256(8×8)	—	7.83	7.55	5.78

　　如果在同步设计中采用传统 CTS 设计流程，则会显著增加时钟树功耗，也会令最大化时钟频率变得越来越困难，因此 MPSoC 设计中的 CPU 数量不可能超过 256 个。CCOpt 设计流程更加积极地使用全局时钟树的相移(有用的时钟偏移)，从而能够进一步扩大 MPSoC 的规模。使用 CCOpt 设计流程从包含 256 个 CPU 的 CoreVA-MPSoC 的 8 × 8 二维网格 (64 个集群节点)中提取全局时钟树，如图 8.15 所示，在 y 轴上可以看到时钟的最大相移(ns 量级)。即使在同步设计中，时钟树也不需要完全平衡。在这个例子中，最远的集群节点之间可能发生 0.5 ns 的相移。这意味着使用 CCOpt 设计流程就允许在芯片上实现一定的相移，类似于同频异相和异步设计。

　　除了使用传统 CTS 设计流程的同步设计，对于所分析的各种设计，集群节点的最大时钟频率可以达到 704 MHz。只有使用 CCOpt 设计流程的同步设计将最大时钟频率稍微降低了约 1%。

　　最后，通过使用 CCOpt 设计流程，可以得出在扩大同步 MPSoC 的规模时，最大时钟频率会有轻微降低。因此，同频异相和异步 NoC 更适合有效地扩大 MPSoC 的规模，但这需要更多的设计工作。

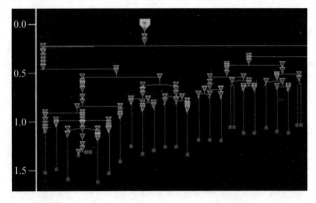

图 8.15　从包含 256 个 CPU 的 CoreVA-MPSoC 的 8 × 8 二维网格中提取出的时钟树相移(ns 量级)

8.3　结论

本章介绍了实现嵌入式 NoC 架构的各种 GALS 方法。GALS 方法允许在 NoC 可伸缩性增加的情况下减少资源需求，而不牺牲性能。本章比较了同步、同频异相和异步三种方法。对于同频异相 NoC，在连接之间实现了特殊的同步器。对于异步 MPSoC，路由节点完全实现为异步电路。结果表明，现代设计方法(CCOpt 设计流程)的同步 NoC 也可以很好地扩展 MPSoC。然而，与同频异相和同步实现相比，异步 NoC 有着更低的面积和功耗需求，同时仍然提供了与其他设计相当的性能。比较 MPSoC 的布局布线可知，异步 NoC 可以减少 3.1%的面积。异步路由节点的功耗仅为时钟路由节点的 22.4%(空闲时为 0.94 mW) 或 53%(通信时为 3.94 mW)。本章最后研究了具有 256 个 CPU 的 MPSoC 的全局时钟树。同步和同频异相 NoC 的功耗基本相同，约为 7.7 mW。使用异步 NoC 可减少约 25%(5.78 mW)的功耗。此外，同频异相和异步方法获得了 2.6%的时钟频率增益。

参考文献

[1] Pullini A, Angiolini F, Murali S, *et al*. Bringing NoCs to 65 nm. *IEEE Micro*. 2007;27(5):75–85.

[2] Hemani A, Meincke T, Kumar S, *et al*. Lowering power consumption in clock by using globally asynchronous locally synchronous design style. In: *Proceedings 1999 Design Automation Conference (Cat. No. 99CH36361)*. IEEE; 1999. pp. 873–878.

[3] Chen LH, Marek-Sadowska M, Brewer F. Buffer delay change in the presence of power and ground noise. *IEEE Transactions on Very Large Scale Integration (VLSI) Systems*. 2003;11(3):461–473.

[4] Samanta R, Venkataraman G, Jiang H. Clock buffer polarity assignment for

power noise reduction. *IEEE Transactions on Very Large Scale Integration (VLSI) Systems*. 2009;17(6):770–780.

[5] Yow-Tyng N, Shih-Hsu H, Sheng-Yu H. Minimizing peak current via opposite-phase clock tree. In: *Proceedings. 42nd Design Automation Conference, 2005*. IEEE; 2005. pp. 182–185.

[6] Stanisavljevic M, Krstic M, Bertozzi D. Advantages of GALS-based design. 2010.

[7] Leung LF, Tsui CY. Energy-aware synthesis of networks-on-chip implemented with voltage islands. In: *Proceedings – Design Automation Conference*. 2007; pp. 128–131.

[8] Ogras UY, Marculescu R, Choudhary P, *et al*. Voltage-frequency island partitioning for GALS-based networks-on-chip. In: *Proceedings – Design Automation Conference*. 2007; pp. 110–115.

[9] Clermidy F, Miermont S, Vivet P. Dynamic voltage and frequency scaling architecture for units integration within a GALS NoC. In: *Second ACM/ IEEE International Symposium on Networks-on-Chip*. 2008; pp. 129–138.

[10] Teehan P, Greenstreet M, Lemieux G. A survey and taxonomy of GALS design styles. *IEEE Design & Test of Computers*. 2007;24(5):418–428.

[11] Cunningham P, Swinn M, Wilcox S. Clock concurrent optimization: rethinking timing optimization to target clocks and logic at the same time. 2010; pp. 1–20.

[12] Martin AJ, Nystrom M. Asynchronous techniques for system-on-chip design. *Proceedings of the IEEE*. 2006;94(6):1089–1120.

[13] Oliveira CHM, Moreira MT, Guazzelli RA, *et al*. ASCEnD-FreePDK45: an open source standard cell library for asynchronous design. In: *2016 IEEE International Conference on Electronics, Circuits and Systems (ICECS)*. IEEE; 2016. pp. 652–655.

[14] Miorandi G, Celin A, Favalli M, *et al*. A built-in self-testing framework for asynchronous bundled-data NoC switches resilient to delay variations. In: *2016 Tenth IEEE/ACM International Symposium on Networks-on-Chip (NOCS)*. IEEE; 2016. pp. 1–8.

[15] Zeidler S, Krstic M. A survey about testing asynchronous circuits. In: *2015 European Conference on Circuit Theory and Design (ECCTD)*. IEEE; 2015. pp. 1–4.

[16] Tran AT, Truong DN, Baas BM. A GALS many-core heterogeneous DSP platform with source-synchronous on-chip interconnection network. In: *2009 3rd ACM/IEEE International Symposium on Networks-on-Chip*. IEEE; 2009. pp. 214–223.

[17] Jungeblut T, Ax J, Porrmann M, *et al*. A TCMS-based architecture for GALS NoCs. In: *2012 IEEE International Symposium on Circuits and Systems*. IEEE; 2012. pp. 2721–2724.

[18] Mesgarzadeh B, Svensson C, Alvandpour A. A new mesochronous clocking scheme for synchronization in SoC. In: *2004 IEEE International Symposium on Circuits and Systems (IEEE Cat. No. 04CH37512)*. IEEE; 2004. pp. II–605–8.

[19] Mu F, Svensson C. Self-tested self-synchronization circuit for mesochronous clocking. *IEEE Transactions on Circuits and Systems II: Analog and Digital Signal Processing*. 2001;48(2):129–140.

[20] Saponara S, Vitullo F, Locatelli R, *et al*. LIME: A low-latency and low complexity on-chip mesochronous link with integrated flow control. In: *2008 11th EUROMICRO Conference on Digital System Design Architectures, Methods and Tools*. IEEE; 2008. pp. 32–35.

[21] Ludovici D, Strano A, Bertozzi D, *et al*. Comparing tightly and loosely coupled mesochronous synchronizers in a noc switch architecture. In: *Proceedings - 2009 3rd ACM/IEEE International Symposium on Networks-on-Chip, NoCS 2009*. 2009; pp. 244–249.

[22] Thonnart Y, Vivet P, Clermidy F. A fully-asynchronous low-power framework for GALS NoC integration. In: *2010 Design, Automation & Test in Europe Conference & Exhibition (DATE 2010)*. IEEE; 2010. pp. 33–38.

[23] Onizawa N, Matsumoto A, Funazaki T, *et al*. High-throughput compact delay-insensitive asynchronous NoC router. *IEEE Transactions on Computers*. 2014;63(3):637–649.

[24] Kasapaki E. An asynchronous time-division-multiplexed network-on-chip for real-time systems. PhD thesis, Technical University of Denmark (DTU); 2015.

[25] Kasapaki E, Sparso J. The argo NOC: combining TDM and GALS. In: *2015 European Conference on Circuit Theory and Design (ECCTD)*. IEEE; 2015. pp. 1–4.

[26] Yaghini PM, Eghbal A, Asghari SA, *et al*. Power comparison of an asynchronous and synchronous network on chip router. In: *2009 14th International CSI Computer Conference*. IEEE; 2009. pp. 242–246.

[27] Gebhardt D, You J, Stevens KS. Comparing energy and latency of asynchronous and synchronous NoCs for embedded SoCs. In: *2010 Fourth ACM/IEEE International Symposium on Networks-on-Chip*. IEEE; 2010. pp. 115–122.

[28] Sheibanyrad A, Panades IM, Greiner A. Systematic comparison between the asynchronous and the multi-synchronous implementations of a network on chip architecture. In: *Design, Automation and Test in Europe*. Nice, France: IEEE Computer Society; 2007. pp. 1090–1095.

[29] Ax J, Sievers G, Daberkow J, *et al*. CoreVA-MPSoC: a many-core architecture with tightly coupled shared and local data memories. *IEEE Transactions on Parallel and Distributed Systems*. 2017; pp. 1030–1043.

[30] Sievers G, Daberkow J, Ax J, *et al*. Comparison of shared and private L1 data memories for an embedded MPSoC in 28 nm FD-SOI. *International Symposium on Embedded Multicore/Many-core Systems-on-Chip (MCSoC)*. 2015.

[31] Singh M, Nowick SM. MOUSETRAP: high-speed transition-signaling asynchronous pipelines. *IEEE Transactions on Very Large Scale Integration (VLSI) Systems*. 2007;15(6):684–698.

[32] Gibiluka M. Design and implementation of an asynchronous noc router using a transition-signaling bundled-data protocol. PhD thesis, Pontifícia Universidade Católica Do Rio Grande Do Sul; 2013.

[33] Oliveira CHM, Moreira MT, Guazzelli RA, *et al*. ASCEnD-FreePDK45: an open source standard cell library for asynchronous design. In: *2016 IEEE International Conference on Electronics, Circuits and Systems (ICECS)*. IEEE; 2016. pp. 652–655.

[34] Plummer WW. Asynchronous Arbiters. *IEEE Transactions on Computers*. 1972;C-21(1):37–42.

[35] Zhang Y, Heck LS, Moreira MT, *et al*. Design and analysis of testable mutual exclusion elements. In: *2015 21st IEEE International Symposium on Asynchronous Circuits and Systems*. IEEE; 2015. pp. 124–131.

[36] Ax J, Kucza N, Vohrmann M, *et al*. Comparing synchronous, mesochronous and asynchronous NoCs for GALS based MPSoC. In: *IEEE 11th International Symposium on Embedded Multicore/Many-Core Systems-on-Chip (MCSoC-17)*. 2017; pp. 45–51.

第 9 章　异步现场可编程门阵列（FPGA）

本章作者：Rajit Manohar[1]

现场可编程门阵列(FPGA)是一种可以通过电子编程实现任意数字电路或系统功能的芯片，最初被用于替代接口电路(板)中的分立门电路。在过去的三十多年中，FPGA逐渐发展到替代小规模和成本受限情况下的专用集成电路(ASIC)。现代商用的 FPGA 是复杂的集成电路，能够实现具有数百万门的数字芯片，部分 FPGA 已包含具有特殊 I/O功能的宏电路块来支持内存接口，以及高吞吐量的通信串行链路。

FPGA 被广泛用于数字逻辑的原型实现。本章讨论了使用标准 FPGA 来实现异步逻辑原型的一些挑战，并总结了基于异步逻辑设计新型 FPGA 架构的研究工作。

9.1　为什么需要异步 FPGA

为了理解为什么需要不同类型的 FPGA 来支持异步逻辑，我们首先总结了典型的同步 FPGA 的架构。大多数同步 FPGA 都由以下 4 个部分组成。

1. 可编程逻辑，组合逻辑门和触发器构成的可重构架构，是 FPGA 中用于映射通用逻辑的部分，称之为逻辑块(logic block)。

2. 乘法器强化块，有时也称为数字信号处理(DSP)块。在大量 FPGA 的优势应用领域中，执行运算时均借助了乘法器/乘法累加器的优点。对于 FPGA 供应商而言，这些种类的应用极其重要，必须投入专用硬件资源来优化计算。

3. 存储区，包含了单端口和/或双端口存储区。存储区在设计中无处不在，而且它们的效率通常决定系统的整体性能，所以 FPGA 提供了自定义的存储区，用于实现和映射电路系统的设计。

4. 可编程的输入/输出，以及其他类型的宏电路模块，在信号级和协议级实现了FPGA 能够以工业标准进行片外通信，支持各种数字信号标准(如 LVDS、SSTL、HSTL 等)，能够进行超过 10 Gbps/pin 速率的通信。

---

1 Computer Systems Lab, Department of Electrical Engineering, Yale University, New Haven, CT, USA

每个块包含了详细功能的配置位，并采用灵活的路由架构实现逻辑门/电路块之间的连接，以供设计使用。典型 FPGA 架构的总体结构见图 9.1[1, 2]。

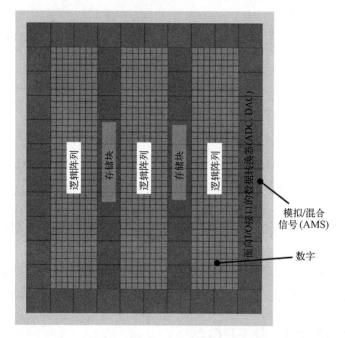

图 9.1　典型 FPGA 架构的总体结构

9.1.1　同步逻辑到标准 FPGA 的映射方法

同步数字设计由 Verilog 或 VHDL 等硬件描述语言（HDL）刻画，可映射到 FPGA。向 FPGA 映射的第一步是逻辑综合，它将 HDL 转换成逻辑门和由门之间的互连机制构成的网表，即 HDL 综合为组合逻辑和触发器，二者共同实现了同步电路的最初描述。为了将这些设计单元映射到 FPGA 上，FPGA 使用了以下两类基础构建块（building-block）。

- **查找表**（look-up table，LUT）：以逻辑函数的真值表形式来实现各种组合逻辑。
- **触发器**：实现综合后网表的触发机制。

实际中 FPGA 的一个 4 输入 LUT 可以实现不超过 4 输入（4 变量）的任意布尔函数，所以将复杂的组合逻辑重新映射为 4 输入 LUT 组成的网络，网络中每个 LUT 都能直接映射到 FPGA 上。LUT 之间的连接由可编程路由网络实现，LUT 和触发器之间的连接也使用路由网络实现。如果逻辑综合工具能够识别诸如乘法器和存储区等结构，那么这些结构就会被映射到高效的内置硬件资源，而不会由 LUT 和触发器实现。将 HDL 映射到

FPGA 本地硬件资源的过程称为工艺映射。

一旦将设计映射到 FPGA 中的逻辑资源,接着就要将设计布局布线到 FPGA 架构上。这个过程将工艺映射网表中的每个部件映射到 FPGA 中的一个物理位置上,并分配必要和适当的布线资源来正确地实现已布局网表的内部连接。

设计被映射到 FPGA 中的物理位置之后,就需要执行定时分析来确定电路设计是否能够正确运行。在同步逻辑中,设计必须满足的两个基本约束是触发器的建立和保持时间约束。建立时间由布局布线后逻辑的最大延迟决定,确定了最大时钟频率。保持时间由组合逻辑的最小延迟决定。大量实践表明,保持时间约束对 FPGA 来说不是什么大问题,因为布局和布线会将最小延迟增加得足够大,完全满足保持时间约束。

9.1.2 异步逻辑到标准 FPGA 的映射方法

将异步逻辑映射到商业用途的同步 FPGA 存在许多挑战。首先,许多异步逻辑族不使用触发器,而使用由电路构成的状态保持门。最常见的例子是 2 输入 C 单元,其输出是两个输入的共识(consensus)——如果两个输入相符,则输出和输入一致;如果两个输入不相符,则输出保持先前的值。这种状态保持门必须映射到现有的 FPGA 资源。在不使用触发器的情况下,必须使用几个组合逻辑门构成的环路拓扑结构来保持状态——这种结构与标准的静态定时分析工具不兼容。C 单元映射到标准 FPGA 的方法实例如图 9.2 所示[3]。

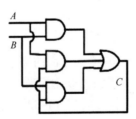

图 9.2 具有反馈回路的组合逻辑所实现的 C 单元

其次,异步逻辑一般要求大多数控制信号是无冒险的,这对组合逻辑映射到 FPGA 有影响。在进行传统的同步逻辑设计时,只要组合逻辑在逻辑上等价于所需功能,使用任意门拓扑结构都可以实现。例如,由于 2 输入 NAND 门使用得最广泛,因此将常规组合逻辑映射为只包含 2 输入 NAND 门的电路也是可行的。然而,如果要求组合逻辑网络无冒险,这种常规的映射策略就不再有效。图 9.3 展示了一个例子,4 输入 OR 门实现为两种不同形式。假设下方 2 输入 OR 门的输出路径比上方 2 输入 OR 门的慢得多,考虑这样一个场景:a 的初始值为 1,其他输入均为 0,则两个门的输出都为高电平;现在如果将 c 设置为 1,之后将 a 设置为 0,那么右边的门的输出将保持高电平;但是,如果灰色表示的慢路径极其慢，那么左边的电路将在输出上形成冒险。因此，为了确定逻辑门展开是否有效，需要一种更加严格和复杂的分析方法，将会涉及状态空间搜索[4]。

图 9.3 组合逻辑展开。假设电路左边的初始状态是 $a=1$, $b=0$, $c=0$, $d=0$(当 $s=1$ 时)，如果输入发生变化，其中 $c=1$, $a=0$，而且灰色的路径变化缓慢，那么左边电路的输出将会出现一个冒险，而右边电路则不会

第三个问题源于异步逻辑正确运行所需的各种定时约束集。为保证不同的异步逻辑族正确运行，就需要相应的定时约束。例如准延迟非敏感(QDI)电路族对其某些信号的扇出有定时限制，这些信号称为等时叉(isochronic fork)信号，要求等时叉信号必须满足相对延迟定时约束[5]；而速度无关电路假定任何信号的扇出端之间的相对线延迟很小；绑定数据逻辑电路要求用于指示结果就绪的控制信号必须比相应的数据通路逻辑慢，即相对路径延迟的定时假设。在 FPGA 环境中，在 FPGA 上完成布局布线之后，必须满足这些定时约束。

由于 FPGA 底层电路细节往往没有参考文档，异步逻辑映射到 FPGA 所需的约束也与同步逻辑映射的约束不同(也不被支持)，因此使得以上问题都变得更加严重。不过，人们面向特定 FPGA 定制异步逻辑，已经成功地利用现有设计自动化工具将其映射到标准 FPGA 中[6, 7]。

9.2　门级的异步 FPGA

实现新的 FPGA 架构可直接解决异步逻辑的需求，但还需要考虑若干项建议，其核心是要解决异步逻辑门到可编程逻辑的映射问题。为了达到此目标，需要研究三种方法：第一种也是最直接的方法是扩展同步 FPGA 的逻辑块，增加额外功能来支持异步逻辑映射；第二种是基于异步逻辑的需求来设计 FPGA，而不考虑同步逻辑的需求；第三种方法是基于常规异步模块来开发相应的 FPGA 架构，但逻辑块可以被配置为任何类型的常用模块。

9.2.1　对同步/异步逻辑的支持

第一个增加了对异步逻辑功能支持的 FPGA 架构是 Montage 架构[8]。Montage 架构FPGA 的核心逻辑功能与已应用的基础同步 FPGA 架构的类似，逻辑被映射到 3 输入查找表，查找表实现为通路晶体管逻辑(pass transistor logic，PTL)，目标是创建一个同时支持同步和异步逻辑的 FPGA。为此，在逻辑块中提供了一个内部反馈路径，以便能够支持如图 9.3 所示的反馈结构来实现可保持状态的异步逻辑门。

在某些场景下，异步电路要求电路可非确定性地执行。典型的例子是网络路由电路中多输入数据包可能被路由到单输出端口的情况，此时异步电路使用仲裁电路实现，仲裁电路由交错连接的 NAND 门和一个亚稳态滤波器[9]组成。为了使电路行为正常，交错连接的 NAND 门中的反馈必须比电路的输出快。Montage 架构采用一种特殊的逻辑块来支持仲裁器和同步器，以便提供上述功能。仲裁器在异步电路中并不常见，有人提出对于一个大型 FPGA，非仲裁块与仲裁块的比例为 15:1 是合适的[8]。

Montage 还提出了一种处理等时叉定时约束的方法。如果只要求叉电路的一个叉比其他叉快，那么路由这种叉电路的方法是将其映射到特殊逻辑块上，此逻辑块既包含连接到快速分支中的逻辑门，也包含连接到慢速分支中的逻辑门，以保证其满足等时叉定时约束。对于其他叉电路，在布局逻辑门时将其布设到共享布线轨上来控制叉电路端点之间的相对延迟。

9.2.2　对纯异步逻辑的支持

自定时可重构元件阵列（self-timed array of configurable cell，STACC）架构是一种面向异步逻辑的专用 FPGA[10]，设计该架构的灵感来自一种流行的异步电路设计样式——微流水线[11]。一种异步微流水线的电路拓扑结构如图 9.4 所示。该电路可分为两个基本部件：由 C 单元和延迟线构成的控制通路，以及执行计算的数据通路。控制通路与相邻流水段的运行同步，并为数据通路生成定时信号。因此，STACC 架构包含两个不同的可编程层——产生定时信号的控制层和负责计算的数据层。

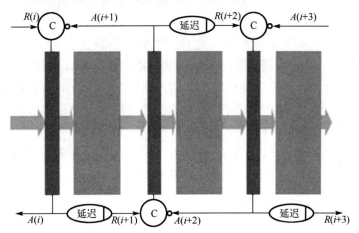

图 9.4　一种异步微流水线的电路拓扑结构

STACC 中的部分定时元件如图 9.5 所示。该元件包含一个可编程的 C 单元，以使来自数据通路的多个信号组合成单个控制信号。一些信号的含义由选择器更改，故其可以作为标准握手协议中的请求或应答信号。从图中可以看出，延迟单元也被集成到该元件中，微流水线控制电路可被泛化并将其视为整个定时元件。

STACC 架构中的数据阵列被设想为类似于标准的同步 FPGA 架构。主要的区别是 FPGA 中的可重构时钟网络替代为来自控制层的定时信号。其原因在于绑定数据型流水线的数据通路与同步逻辑的一致，同时延迟线可过滤组合逻辑中的任何冒险。

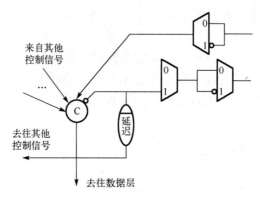

图 9.5　STACC 架构采用的可编程定时元件(部分)

异步 FPGA 架构的第一个物理实现是可塑元件架构(plastic cell architecture，PCA)设计[12]。在这种架构中，FPGA 被分成两个部件：内置部分，使用维序(dimension-order)虫洞路由策略的双向二维网格路由节点；可塑部分，一个用于实现逻辑的 8 × 8 元件阵列。每个内置部分通过两个绑定数据型单向 4 位数据通道与可塑部分连接，实现可塑部分之间的双向数据传输。

可塑部分的元件由 4 个 4 输入 LUT 组成，按固定拓扑连接，如图 9.6 所示。每个元件有 4 个输入(北、南、东和西)和 4 个输出(北、南、东和西)，这些信号的逻辑由 4 个 LUT 决定。8 × 8 元件阵列也会连接到相邻的元件阵列，从而形成了整体可编程结构的"LUT 海"(sea of LUT)架构。每个可塑部分也能够与内置部分通信，数据包可以通过路由网络传输到其他可塑部分。

PCA 架构采用 0.35 μm CMOS 工艺，在 100 mm^2 的面积上集成了 6 × 6 片平铺阵列(共计 9216 个 4 输入 LUT)。内置部分的测试性能在 20 MHz 以上。

9.2.3　对异步模板的支持

到目前为止所介绍的用于异步 FPGA 的方法主要集中在开发支持定时/通信协议的可编程逻辑门(阵列)，同时使用基于 LUT 的标准架构来计算。在 PCA 中，用来映射常规逻辑功能的可塑部分被设计为 4 输入"LUT 海"的形式。与此相反，另一种策略是开发一个可重构的基础构建块来实现异步逻辑的控制电路。

加州理工学院（Caltech）开发的 MiniMIPS 异步微处理器使用了模板化模块的概念，每个模块实现为一个异步流水段[13]。这些模板化模块的结构如下。

● 输入通道可部分或全部接收输入信号。
● 产生的输出数据作用在全部或者部分输出通道上。

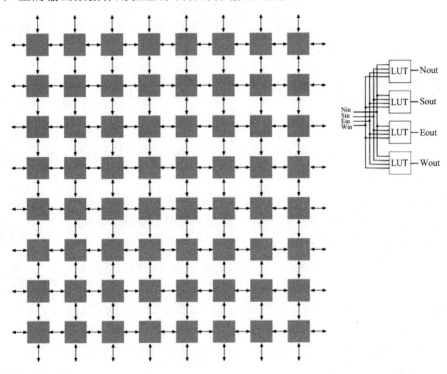

图 9.6　PCA 架构的可塑部分，显示出邻近的元件阵列采用重构方式互连

此外，局部状态既可以作为局部变量被添加到模板中，也可以将输出通道回连到输入，此时状态存储为反馈环中的数据令牌。由于这些模板足以设计完整的微处理器，因此后续项目使用这种可编程模板开发了一个 FPGA 架构[14]。在下面的内容中，我们将其称为基于模板的 FPGA，即 T-FPGA。

T-FPGA 的基础构建块是一个特殊的逻辑元件，该元件由 3 个一位输入通道和 1 个一位输出通道组成，各通道使用双轨编码，故每个通道有 3 根导线（两根用于数据，一根用于应答）。此逻辑元件类似于一个 3 输入 LUT，不同之处在于此逻辑元件在其输入和输出通道上执行握手，而不是实现组合逻辑。逻辑元件可以重构来跳过输入，甚至依据其他输入值来跳过输入，从而实现异步逻辑中数据路由的基础构建块。逻辑元件被组装成元件簇，每个元件簇包含面向全局互连的 4 个元件。

由于逻辑元件实现固定的模板集合，因此用于完备性检测的逻辑门如 C 单元等不必被直接映射。相反，在定制可编程完备性检测网络逻辑元件时，如果需要，就应包含定制的 C 单元电路。将设计映射到一组模板时，会使用一种称为数据驱动解耦合的技术，这些模板由架构[14]中的逻辑元件直接支持。

在布线时，该架构假定有一个标准的通路晶体管和若干缓冲型可编程导线，绑定导线（用于一位数据的 3 根导线）可共享一个重构位来减少布线开销。

我们在 0.18 μm 工艺中对逻辑元件进行 SPICE 模拟，结果显示吞吐量取决于重构时的通信模式，峰值吞吐量为 235 MHz。

9.3　数据流型异步 FPGA

异步 FPGA 设计的另一种方法是提升将异步设计映射到可编程芯片的抽象级别。与用户设计的数字逻辑门映射到 FPGA 的方法不同，数据流方法将 FPGA 中的基础构建块从门变为静态数据流单元。

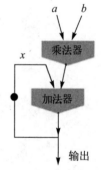

静态数据流是一种易于理解的计算框架[15]。在这个模型中，计算被描述为一种图，其中边代表信息流，顶点对应于计算单元。数据令牌在这种图上流动，途经顶点时，根据顶点需要实现的计算进行转换。图 9.7 展示了一个具有两个输入 a 和 b 的乘法累加器的数据流图。当数据令牌都到达两个输入时，数据值相乘。反馈边 x 包含了累加器的初始值。乘法器的输出与反馈输入相加产生累加器输出，并沿反馈回路产生一个输出副本。在新的输入令牌到达时，流经图的数据令牌流执行计算并产生新的计算结果。这种静态数据流模型天然契合流水线化的异步电路的运行。

图 9.7　乘法累加器的数据流图

一组完整的数据流基础构建块足以实现任何确定性计算，如图 9.8 所示。最简单的数据流单元是功能块，接收所有输入的数据令牌，根据函数计算并产生一个输出令牌。图 9.7 中的乘法器就是功能块的一个实例。复制块将一个输入令牌复制到所有输出链路。初始化块用于设置反馈环中的初始值，如图 9.7 所示。融合块（merge block）包含一个输入控制令牌（水平箭头），决定将哪个输入令牌复制到输出。分流块（split block）是融合块的对偶，其控制输入如何将一个输入路由到某一个输出通道。最后，"源"和"阱"用于插入常量令牌和丢弃令牌。图 9.9 中显示了一个简单的上述乘法累加器的扩展实例，它使用了所有的基础构建块，带有一个额外的控制输入 c 来复位累加器的值。

使用高级语言刻画的异步计算可以编译成数据流单元，编译的方法多种多样[16]。大多数技术与标准软件编译器使用的技术类似，均使用各种形式的控制流图和数据流图作为生成代码前的中间表示。与传统编译器最大的不同是，异步数据流 FPGA 的数据流图必须（最终）扩展为比特级操作，例如一个 32 位加法必须分解为对 1 比特值的操作。这类似于传统逻辑综合过程中的转换。

　　支持数据流图的 FPGA 架构是一个可编程的数据流单元阵列。异步数据流 FPGA（AFPGA）的逻辑块必须包含可重构的单元，这些单元的实现需要采用如图 9.8 所示的基础构建块，以便能够实现任意的数据流图。图 9.10 展示了参考文献[17]中逻辑块的一个示例，包含了令牌源、令牌阱、复制块、功能单元，以及支持分流与融合功能的单元。

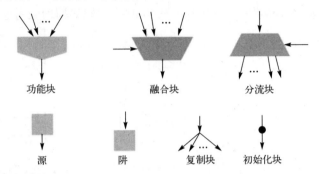

图 9.8　一组完整的数据流基础构建块，可以实现任何确定性计算

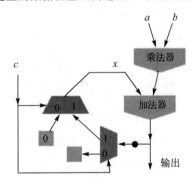

图 9.9　带有输入控制 c 的累加器，可以复位累加器

　　数据流 FPGA 不会单独布线，而是根据通道的轨来管理布线资源。通道就是可以同时携带数据和握手信息的通信链路，对应于数据流图中的边。通道对整个 FPGA 架构的性能有很大的影响。为了理解其中的原因，需要描述 FPGA 布线的复杂性。

　　在任何 FPGA 架构中，可编程布线机制都是面积开销的主要来源之一，超过 80% 的 FPGA 面积用于布线资源[18]。布线资源可以分为三个主要部件：（1）全局连通机制，与 FPGA 行/列对应的水平和垂直方向的布线轨数量及布线轨交点所支持的连接数量相关；（2）单个逻辑块内各部件之间的局部连通机制；（3）逻辑块主输入/输出到全局布线轨的连接。FPGA 通常使用选择器（MUX）电路实现条件连接，采用可配置存储来控制 MUX。MUX 电路经常使用通路晶体管逻辑和缓冲器来最小化面积。支持实际的设计就需要大量的布线轨，使得可编程布线机制成为 FPGA 架构中的主要部件。

　　如果布线资源是可编程的数据流通道，而不是单独的导线，那么 FPGA 架构就可以灵活地在可编程内部互连机制中支持流水线。这是因为在确定性异步计算中，对数据流通道添加缓冲不会影响总体设计的功能[19]。改造传统的同步电路的流水线可能需要对整个电路重新定时，与之不同，将异步流水段插入设计中不会影响全局。这意味着只要保证设计实现的正确性，流水线机制对布局布线算法是透明的[17]。因此，标准的布局布线工具可以将设计映射到异步数据流 FPGA——以前的任何架构均未考虑这一点。

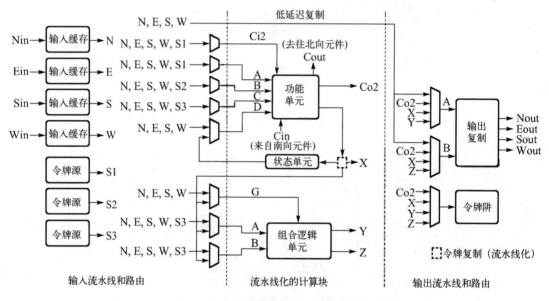

图 9.10　异步数据流 FPGA 架构的逻辑块细节[18]

　　我们采用 0.25 μm 工艺中对互连机制和逻辑块进行了 SPICE 模拟，使用这种方式的异步 FPGA 的峰值性能约为 400 MHz。在 0.18 μm 工艺下测量的峰值性能超过 650 MHz，明显高于相同特征尺寸的标准同步 FPGA[20]。映射（小规模）设计达到的频率甚至可以接近 FPGA 峰值性能[17]。Achronix 半导体公司已经推出了这种 FPGA 架构。

9.4　结论

　　本章提出了多种将异步逻辑映射到 FPGA 的方法，涉及从采用可映射的异步专用逻辑基础构建块来扩展同步 FPGA 的方法，到只针对静态数据流图异步电路的映射架构。

　　异步 FPGA，特别是那些支持互连流水线的 FPGA 可以证明，对于采用流水线机制的异步设计，其吞吐量显著提高。这为异步 FPGA 在信号处理和片上网络等领域的应用提供了机会，而且数据流型的流水线与典型的计算兼容。然而，异步 FPGA 的设计和实现还存在一些挑战，需要进一步的研究和探索。

尽管数据流 FPGA 表现出高吞吐量，但与支持类似功能的同步 FPGA 相比，具有较大的面积成本[17]。异步 FPGA 的架构优化需要更深入的研究，同时还要兼顾互连机制和逻辑块设计。这种研究即使对于同步 FPGA 来说也是一个挑战，自 20 世纪 80 年代以来，工业和学术界的长期研究实践，造就了当前高度优化的商用同步 FPGA 架构。虽然可以借鉴这些研究成果，但由于异步逻辑的性能和功耗特性与同步逻辑的存在显著差异，因此许多研究并不适用于异步 FPGA 设计。

手工设计并优化的电路与采用标准工具绘制的电路之间存在差距[21]。因此在分析 FPGA 的各种架构特性的影响时，异步 FPGA 研究使用实际的设计流程是很重要的。利用设计自动化工具对实际异步 FPGA 进行基准测试的定量研究还很少，为了更好地理解异步 FPGA 的设计空间，还需要大量这种类型的研究。虽然学术界研究同步 FPGA 也有类似的缺点，但产业界一直在用真实情况的抽象假设来推动同步 FPGA 架构的发展，从而促进该领域的发展。

总体而言，异步 FPGA 受益于异步电路自身的行为。首先，优化的布线架构对布线资源的使用率更高，因此显著影响同步设计的总体时钟频率的路径数量可能很少，异步 FPGA 只有在使用这些通信轨时才会付出大成本，但不会（像同步设计一样）在每个时钟周期都付出，当然这一观察结果是否成立还有待分析。其次，在对流水线型异步设计进行映射时，流水线可以集成到异步 FPGA 中，从而不会增加映射软件的复杂性，这是一个显著的优势，但会以面积成本为代价。很明显，在面积、功耗和性能的设计空间中，异步 FPGA 与同步 FPGA 相比表现出不同的特点。

参考文献

[1]　Xilinx, Inc.

[2]　Intel (formerly Altera).

[3]　Ho, Quoc Thai, Jean-Baptiste Rigaud, Laurent Fesquet, Marc Renaudin, and Robin Rolland. "Implementing asynchronous circuits on LUT based FPGAs." In *International Conference on Field Programmable Logic and Applications*, pp. 36–46. Springer, Berlin, Heidelberg, 2002.

[4]　Burns, Steven M. "General conditions for the decomposition of state holding elements." In *Advanced Research in Asynchronous Circuits and Systems, 1996. Proceedings, Second International Symposium on*, pp. 48–57. IEEE, 1996.

[5]　Rajit Manohar and Yoram Moses. "Analyzing isochronic forks with potential causality." In *IEEE International Symposium on Asynchronous Circuits and Systems (ASYNC)*, May 2015.

[6] E. Brunvand. "Implementing self-timed systems with FPGAs." In *International Workshop on Field-Programmable Logic and Applications*. Oxford, 1991.

[7] Christos P. Sotiriou. "Implementing asynchronous circuits using a conventional EDA tool-flow." In *Proceedings of the 39th Annual Design Automation Conference (DAC'02)*, pp. 415–418, ACM, New York, NY, USA, 2002.

[8] Scott Hauck, Gaetano Borriello, Steven Burns, and Carl Ebeling. "MONTAGE: An FPGA for synchronous and asynchronous circuits." In H. Grünbacher, and R.W. Hartenstein, editors, *Field-Programmable Gate Arrays: Architecture and Tools for Rapid Prototyping*. FPL, 1992, 1993.

[9] C. L. Seitz. "Ideas about Arbiters." LAMBDA, First quarter, 1980.

[10] R. Payne. "Asynchronous FPGA architectures." *IEE Computers and Digital Techniques*, 143(5), 1996.

[11] I. E. Sutherland. "Micropipelines." *Communications of the ACM*, 32(6) 1989, pp. 720–738.

[12] Ryusuke Konish, Hideyuki Ito, Hiroshi Nakada, *et al*. "PCA-1: a fully asynchronous, self-reconfigurable LSI." *Proceedings of the Seventh International Symposium on Asynchronous Circuits and Systems*, pp. 54–61, March 2001.

[13] Alain J. Martin, Andrew Lines, Rajit Manohar, *et al*. "The design of an asynchronous MIPS R3000 microprocessor." In *Proceedings of the 17th Conference on Advanced Research in VLSI (ARVLSI)*, pp. 164–181, September 1997.

[14] Wong, Catherine G., Alain J. Martin, and Peter Thomas. "An architecture for asynchronous FPGAs." In *Proceedings of the IEEE International Conference on Field-Programmable Technology*, 2003.

[15] Jack B. Dennis. "The evolution of 'static' dataflow architecture." In J.-L. Gaudiot and L. Bic, editors, *Advanced Topics in Data-Flow Computing*. Prentice-Hall, 1991.

[16] Song Peng, David Fang, John Teifel, and Rajit Manohar. "Automated synthesis for asynchronous FPGAs." In *13th ACM International Symposium on Field Programmable Gate Arrays (FPGA)*, February 2005.

[17] John Teifel and Rajit Manohar. "An asynchronous dataflow FPGA architecture." *IEEE Transactions on Computers (Special Issue on Field-Programmable Logic)*, November 2004.

[18] Ian Kuon, Russell Tessier, and Jonathan Rose. "FPGA architecture: survey and challenges." *Foundations and Trends^R in Electronic Design Automation*, 2(2), pp. 135–253, 2007.

[19] Rajit Manohar and Alain J. Martin. "Slack elasticity in concurrent computing." *Proceedings of the 4th International Conference on the Mathematics of Program Construction (MPC)*, June 1998.

[20] David Fang, John Teifel, and Rajit Manohar. "A high-performance asynchronous FPGA: test results." In *2005 IEEE Symposium on Field-Programmable Custom Computing Machines (FCCM)*, April 2005.

[21] Brian Von Herzen. "Signal processing at 250 MHz using high-performance FPGA's." In *Proceedings of the 1997 ACM Fifth International Symposium on Field-Programmable Gate Arrays (FPGA'97)*, pp. 62–68. ACM, New York, NY, USA, 1997.

第 10 章　面向极端温度的异步电路

本章作者：Nathan W. Kuhns[1]

在当今世界,电路应用的复杂性和可变性不断增加,反过来又提升了对集成电路(IC)自身灵活性和能力的需求。特别是在将电路集成到各种类型的极端温度环境中时，这些应用面临着一些新的挑战。例如，汽车行业正在推动将器件与现代车辆集成，以将它们转变为智能汽车。物联网(Internet of Things，IoT)需要开发许多全新且独特的硬件，以支持必需的各种类型的连接。此外，在航空航天领域，电路工艺可能会暴露在大范围波动的温度中，从而导致关键系统故障。

在恶劣的环境条件下，计算机硬件的主要目标始终是实现最高水平的性能和功能，同时最大限度地降低成本，或达到二者的平衡。通常情况下，工程师会造出复杂环境控制盒匣来安置电路，以确保避免其严重故障。这些盒匣结构又大又笨重，与它们保护的器件相比，会消耗大量电能。另一种普遍采用的技术是在电路和与其通信的控制逻辑之间安装长的弹性连接(resilient connection)设施，让脆弱的硬件远离有害环境。这种方法虽然更节能、更经济，但由于使用长传输线的固有缺点，会导致性能严重受损。

无论是在寒冷的太空中，狭窄的发动机舱中，还是在邻近行星的表面上，无论它们所处的环境如何，IC 能正常运行并以最佳方式运行是至关重要的。

10.1　极端环境下的数字电路

在设计极端环境下的电子系统时，需要考虑诸多因素。这些因素包括但不限于有源和无源器件的行为，用于封装和信号传输的材料的物理整合，例如焊点(由于温度波动较大引起的机械应力)，系统工作所面临的条件(如电路在任意给定温度下需要运行的时间)，以及要满足的能耗/性能规格。尽管所有这些因素在 IC 集成时都发挥着重要作用，但本章将重点讨论极端温度对 IC 本身的影响，以及在这些条件下使用异步逻辑而非同步逻辑的好处。

为了充分描述异步方案的内在优势，首先要明确所有半导体器件的功能都是借助于

1　The Design Knowledge Company, Fairborn OH, USA

控制带电载流子(称为电子和空穴)穿过器件相应区域的运动来实现的。器件中载流子的流动可以通过改变半导体区域的电特性来控制,此物理过程称为(物理)掺杂。最常见的例子是 PN 结,它由相邻的 P 型区域(电子受体)和 N 型区域(电子供体)构成,载流子在 PN 结的一个行进方向的电阻比相反方向的电阻要小得多。当这些器件处于高温环境中时,掺杂区域会被能量粒子淹没并产生离子,此时单独掺杂的区域变得更加相似且不再有效地控制载流子的流动,导致了非期望的电流流动,器件就变成一个简单的电阻器。在此过程中,每个器件的阈值电压波动很大,这意味着其行为超出了定时模型范围的设计初衷。对于同步系统,这很可能会导致严重故障,因为同步系统的每个寄存器阶段都是根据建立和保持时间来构建的。工业标准 IC 的数字设计流程依托特定的门级定时库[由于常见的工艺变化、电压波动和温度变化(通常在-40℃至 125℃之间),因此具有一定的灵活性],在 IC 制造出来之前必须满足严格的定时要求。

采用先进工艺的同步逻辑也存在次生问题。伴随着器件尺寸和工作电压的不断降低,同步电路定时的固有缺点极大地影响了同步逻辑。例如,虽然标准工作电压随着工艺制程的进步而降低,但影响片上电源域的其他方面(例如噪声、地弹和高速串扰)并没有以相同的比例缩放。因此,这些众所周知的 IC 方面影响因素的所占比例变得更大。一方面,由于电路规模较小,电路本身产生的热量对大量周围器件产生更大的影响;另一方面,其自身散热片面积更小,热量也更难以散发。

相反,对于极端寒冷的温度环境,由于生成的载流子减少,单个器件更难以开关。在这些情况下,载流子移动所需的能量(电离能)无法满足,导致出现称为"冻结"的情况。尽管随着环境温度下降,IC 存在这种固有风险,但硅基同步电路的性能通常会由于漏电功耗、噪声和寄生电容/电阻值降低等因素而提高。此外,能观察到的也在增长的因素还包括增益、速度和热传递。

现在有许多技术可以用来减轻极端温度对电子器件的影响,例如散热片/热源、热屏蔽和增强型 MOSFET(由于栅极电场的缘故,可在接近绝对零度的情况下工作)。此外,随着绝缘体上硅(SOI)工艺的引入,使其电压泄漏到衬底的可能性降低,因此抗高温能力有了巨大的提高。尽管做出了上述种种努力,但是极端温度仍然对阈值电压有很大影响,足以导致同步系统中的定时违例。这就是在极端温度环境中使用异步方案(用握手信号代替全局时钟信号)的原因。"自定时电路"的固有特性使它们能够免受阈值电压在较大温度范围内波动而产生的复杂影响。如前几章所述,NCL 是一种准延迟非敏感、构造即正确的架构,意味着不管器件开关需要多长时间,只要它们本身能继续正常工作,那么电路就会继续正常运行。从本质上讲,异步电路的性能会随其所处环境的影响而波动,而不是像在同步电路中那样,由于某些阶段的定时违例而产生不正确的数据。

为供读者参考,表 10.1 展示和比较了常见大温度范围应用的参考项与温度,并作为本章稍后描述的异步电路的参考数据。本章的其余部分回顾了近年来面向高/低极端温度环境下的 NCL 设计方法和技术，对应的电路采用硅锗（SiGe）和碳化硅（SiC）工艺制程制造，已经过严格的物理测试，并给出了测试结果。

表 10.1　电路应用和工艺的参考温度范围

华 氏 度	摄 氏 度	热力学温度	参 考 项
1040	**560**	**833**	SiC 电路发生故障前达到的最高温度 [1]
1004	540	813	
968	520	793	
932	**500**	**773**	大多数经过压力测试的 SiC 电路的平均故障温度 [1]
896	480	753	
860	**460**	**733**	金星表面的平均温度
⋮	⋮	⋮	
572	**300**	**573**	SiC 器件的最高额定温度
⋮	⋮	⋮	
338	**170**	**443**	Si 器件开始损坏的温度
⋮	⋮	⋮	
104	40	313	
68	**20**	**293**	室温
32	**0**	**273**	水的凝固点（冰点）
⋮	⋮	⋮	
−388	−233	40	
−424	−253	20	绝对零度——空间环境的理论最低温度（SiGe 器件 [2] 的实测最低温为 2 K）
−460	**−273**	**0**	

[1] 在 10.2 节中讨论。
[2] 在 10.3 节中讨论。
注：加粗部分对应最右边列中列出的参考项。

10.2　高温环境下的异步电路

本节所述的工作展示了开发一种经过验证且可行的设计方法学，用于设计和生产正在发展中的 SiC 工艺下真正的异步集成电路[1]。最终目标是研发适用于宽温度范围内的 NCL 电路，这种电路的实测物理结果可证实 NCL 型异步电路方案在极端环境中的性能和灵活性。

10.2.1　高温 NCL 电路方案概述

因为既要考虑验证，又要面向流片，故研发 SiC 工艺下 NCL 电路设计的工具流程需要付出大量努力。该方案通过两个阶段或制造流程来实现。首要任务是研发相比现有模型更准确的器件模型，以便在后续工作中实现高可信的大型电路设计。为了实现此目标，制造的第一个裸片(die)主要由测试电路组成，而第二个裸片则由更大的模块组成，这些模块更符合实际应用的设计。两次制造流程中的大多数电路都被设计成独立的块，除了带有一个专用 I/O，还包括如下核心逻辑(和原因)。

方案阶段 1

- 8 + 4 × 4 NCL 乘法累加单元(MAC)：复杂度适中的 NCL 组合电路(占用较大面积)，旨在展示设计流程和制程潜力。
- 4 位 NCL 计数器：复杂度适中的 NCL 时序电路。
- 布尔有限状态机(FSM)：用于比较的中等规模的同步电路。
- 4 位 NCL 行波进位加法器(RCA)：选用测量制程能力的小规模组合逻辑电路。
- 4 位布尔 RCA：用于对比 NCL 同类设计性能的电路。
- 11 级环形振荡器(RO)：一个简单的交换电路，用于测量温度范围内的过程变化和性能。
- 带探针焊盘的 11 级环形振荡器：与前面提到的振荡器设计相同，但增加了用于在封装前进行物理测试的探针焊盘。
- 8 位布尔移位寄存器(SR)[NAND 门 D 触发器(DFF)]：选择并实现了三种 SR 架构来比较性能测试结果，SR 是 NCL 方案中不可或缺的一部分。这种 SR 展示了使用 NAND 门构建的一种基本 DFF。
- 8 位布尔 SR(传输门 DFF)：这种 SR 使用传输门实现 DFF。
- 8 位布尔 SR(优化的静态 DFF)：此 SR 使用静态 DFF 实现。
- 布尔库：此方案中使用的基本布尔门，可单独使用，可在温度范围内独立进行此逻辑门的性能测试。
- 完备的 NCL 库(两个电路)：NCL 标准元件库，外部 I/O 可访问单个门。
- 用于测试晶体管尺寸的元件(三个电路)：在这种尚未成熟的工艺下，性能、功耗和产量(与器件尺寸相关)的最佳平衡尚未建立，因此设置这些电路来收集与温度指标相关的数据。

方案阶段 2

- 反激式控制器：由模数转换器(ADC)的输出馈送的反激式控制器用作智能栅极驱动器的数字控制逻辑，这意味着其规格已勾勒出用于现实世界的高温场景的轮廓。
- DAC 控制器：一个同步 FSM 需要驱动闭环反馈系统的数模转换器(DAC)。这种设计已做了修改，其中包括一个 I/O 环，以便单独测试。
- DAC 控制器(大量配置)：这种 DAC 控制器版本用于更大的系统，不包括 I/O 环。

　　在方案开始时,并不存在兼容(由 Raytheon 开发的)SiC 工艺的标准异步逻辑的流程,况且现有的 SiC 电路也很少。因此, 需要开发以下数据和流程:NCL 标准元件库(平衡原理图和版图), 单金属层布线的 Cadence Encounter 配置, 以及兼容制程设计工具包(PDK)的寄生参数提取方法(PEX)。支持电压偏差的印刷电路板(PCB)和相关装置, 可以按递增速度的方式进行高温物理测试,同样也是这项工作的一部分。

　　单金属层下的信号路由极具挑战。首先, 这意味着多晶硅层通常要在金属层下布线, 这对于现有的典型数字电路的物理实现流程呈现出复杂性。从本质上讲, 多晶硅是一种具有更高电阻的材料, 会导致性能下降, 所以应尽可能避免使用它作为布线层。此外, 由于可能存在设计规则检查(DRC)违约, 因此单条多晶线的布线长度有限制。使用单金属层和单多晶硅层进行布线需要使用一种早期的布局规划技术, 称为“通道布线”。在实现通道布线时, 核心电路中每隔一个标准元件行都要留出空间, 用于内部信号到达目标电路元件的通道。否则, 构成标准元件结构的金属和多晶硅一定会导致布线阻塞。标准元件之间也需要留出空间, 以便垂直穿过行的信号可以到达目标电路元件。所有这些规则导致顶层版图的面积利用率很低。因此, 在第二次制造时, 针对标准元件版图, 我们对通道布线技术进行了优化, 通过将供电和地电轨移动到电路元件中心, 从而将上拉区域与下拉区域有效地分离。此外, 将元件的 I/O 引脚从一侧的单点式布局改为顶部和底部的双点式布局, 这样信号可以从电路元件的顶部或底部走线, 从而节省了元件侧面走线所需的空间。本质上而言, 这种方法将引脚从侧面移走, 减少了标准元件之间所需的水平空间。此外, 自动布局布线工具可以在元件顶部和底部灵活连接, 也减少了布线通道中所需的垂直空间。与早期方法相比, 最终的顶层设计的核心版图的面积减少了 30%~40%[2]。

10.2.2　高温 NCL 电路的效果

　　为了证明 NCL 与对应的同步实现相比在高温环境中的先天灵活性和可行性,我们对前面提到的电路进行了一系列跨温度的物理测试。在执行异步电路的物理测试时, 必须读取被测器件(device under test, DUT)的输出, 以便在适当的时间生成 DUT 的输入。由于握手协议的固有特性, 最简单的读取过程实现方法是采用 FPGA。这项工作的物理测试是通过生成和接收来自 Xilinx Virtex-7 FPGA 的信号进行的, 而此信号还要经过电压转换 PCB。电压转换 PCB 将 FPGA 的 1.8 V 电压转换为 SiC 电路工作所需的 12~15 V 电压。我们对每个独立电路都编写了一个 VHDL 测试方案, 该方案将呈现 DUT 的最大性能, 并同时验证各种输入向量下 DUT 的功能正确性。这些测试对于异步和同步设计都是一样的。这些高温物理测试的测试装置如图 10.1 所示。

　　每个电路的测试过程都从室温下的通电和初始化开始。一旦 DUT 表现出正确的逻辑功能, 热板表面温度就会增加 20℃, 用户等待温度传感器(放置在电路封装和定制散热片之间的接触点)输出正确的值, 而后记录结果并重复测试, 直到 DUT 不再表现出正确的逻辑行为。图 10.2 显示了整个温度范围内的平均环形振荡器频率。结果表明，随着温度升高，性能逐渐提高，然后在超过 200℃时性能逐渐下降。在进行高温物理测试的大多数电路中，都可以看到这种趋势。作为补充参考，图 10.3 显示了温度范围内传输门移位寄存器的平均工作频率，图 10.4 显示了 NCL 计数器的平均工作频率与传播延迟的关系。

图 10.1　跨温度物理测试装置

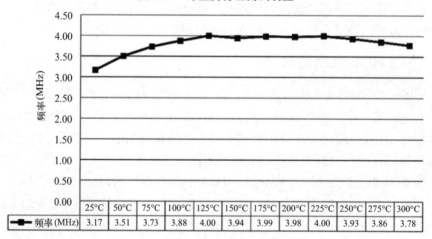

	25℃	50℃	75℃	100℃	125℃	150℃	175℃	200℃	225℃	250℃	275℃	300℃
频率(MHz)	3.17	3.51	3.73	3.88	4.00	3.94	3.99	3.98	4.00	3.93	3.86	3.78

温度 (℃)

图 10.2　环形振荡器的平均工作频率

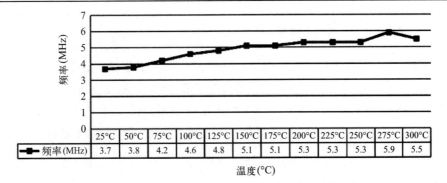

图 10.3　传输门移位寄存器的平均工作频率

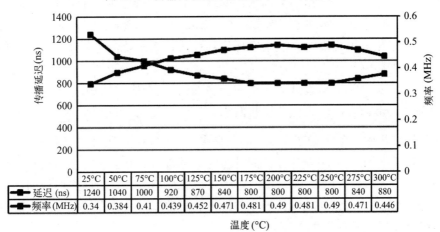

图 10.4　NCL 计数器的平均工作频率与传播延迟的关系

10.3　低温 NCL 电路方案

本节中描述的工作是为了展示和检测极低温下 NCL 电路的性能，此电路使用 IBM SiGe5AM 0.5 μm 工艺实现[3]，我们采用的设计是 Intel 著名的 8051 微控制器。选择 8051 的原因是这款微控制器是历史上应用最广泛的微控制器之一，其复杂性满足了测试方案的所有要求。我们的第二目标是为常规工业应用的同步电路找到一种有吸引力的替代方案。为了实现这一点，异步 8051 内核与同步"包装器"逻辑相结合，使最终设计能够与全同步的控制系统相连接。其结果将是一个用户友好的设计，能够直接取代同步 8051 电路，但也拥有异步电路在整个温度范围内的灵活处理能力。此外，这种异步 8051 电路基于一种类似的 SiC 工艺电路而设计，其中将大型的双轨数据传输总线替换为一种基于选择器的系统，目的是大大减少翻转和漏电功耗[4]。

10.3.1 低温 NCL 电路方案概述

8051 电路主要由 4 个 8 位 I/O 端口、可配置的片上/片外 RAM 结合体(作为微控制器运转时使用的寄存器堆)、控制电路、特殊功能寄存器和 ALU 组成。我们对每个部件单独考虑其转换到异步功能的方式,然后采用面向此系统的整体方法以提高全局性能。为了满足系统层面的异步功能,对各部件的基本逻辑结构进行了以下修改。

- I/O 端口:为了兼容同步 8051 设计,对 I/O 端口进行了修改,以实现单轨到双轨转换并生成适当的握手信号。
- 程序计数器、寄存器组和累加器:这些独立的(电路)块采用基本的 NCL 型 3 环寄存器架构重建,实现了"数据–零"(data-NULL)流转时的数据存储。采用此架构可以避免采用直接的方法来实现块到块的总线系统,这会对设计的面积和性能产生很大影响。
- ALU:从头开始重新设计为一个完全由 NCL 组合逻辑块构成的 ALU,设计时采用多轨逻辑编码,以优化性能和面积。

这项工作在初始时就考虑了迭代,涉及许多连续的目标,因此具有各种不同的设计。第一次迭代包括图 10.5 中的裸片显微照片上标记的部分。由于这些模块相对于整体设计都有独特功能,特别是 ALU,因此我们选择它们进行制造。关于这些部件的物理测试的成功,首先会增加对整个 8051 设计的完整性及物理测试装置的信心,其次也能得到关键路径中的组合逻辑模块的性能测试结果。

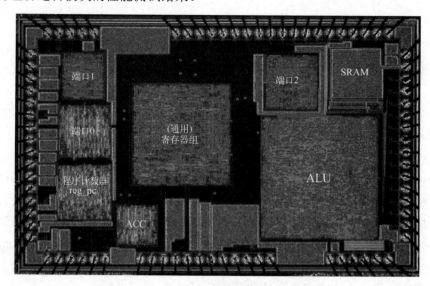

图 10.5   8051 微控制器的裸片显微照片

一旦对 8051 的各组成部分建立起高度的信心，上述方案的下一次迭代就要实现一个功能完整的 NCL 8051。如图 10.6 中的裸片显微照片所示，微控制器的布局布线方式更常规，并符合行业标准。

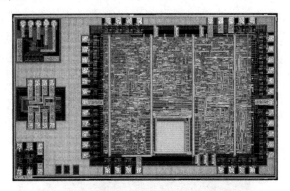

图 10.6　NCL 8051 微控制器的裸片显微照片

10.3.2　低温 NCL 电路的效果

最初，验证逻辑功能的正确性优先于在低温下开展物理测试。为了完成验证任务，在进行原理图模拟时，需将输入向量转换成模式生成器要求的格式。这些输入被发送到 DUT，输出被逻辑分析仪记录下来，并通过自定义脚本将结果与原理图模拟的预期结果进行比较。一旦在逻辑上验证了每个部件的功能，就会执行测试以确定其最小工作电压和最大工作频率，其过程包括设置恒定输入频率和反复降低供电压，同时在各时间间隙验证各个输出引脚的值，而后将 DUT 的输出保存到文本文件中，以便在电压标定过程结束后进行验证。这种劳动密集型过程是在高温测试方案中采用 FPGA 的缘由。图 10.7 显示了在最小供电压与最大工作频率物理测试中的 ALU 结果。正如预期，电压等级和性能之间存在直接的线性关系。

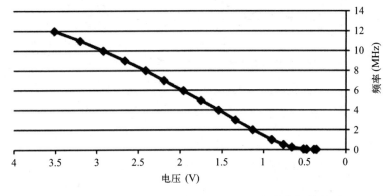

图 10.7　ALU 的最小供电压与最大工作频率之间的关系

　　一旦完成所有的性能与供电压测试，就会得出 ALU 是设计中传播延迟最长的部件的结论。考虑到这一点，ALU 的性能可以直接与微控制器的机器周期内的最差理论性能挂钩，这就是为什么选择 ALU 进行深度低温物理测试的原因。如前所述，低温测试装置（见图 10.8）主要由模式生成器、示波器和逻辑分析仪组成。此外，定制 PCB 被用于控制电压等级，以及将 DUT 连接到低温外壳。最后，使用了定制的 Janus 低温恒温器测试结构，这种低温工具使用长带状电缆（大约为 4 英尺[①]长），可能会影响物理测试期间的信噪比。

图 10.8　NCL ALU 低温测试装置

　　测试中，液氦通过测试室内的喷嘴进入测试腔室。氦气立即接触第一个温度传感器（共两个），该传感器主要用于控制腔室内的温度。第二个传感器位于 DUT 所连接的子板上，来自该传感器的读数用于数据计算。低温交叉温度测试（2～297 K）用于验证设计中所有模块的正确功能，ALU 在整个温度范围内将单独细致地进行供电压等级和功耗测试。在两种不同的运行速度（2.5 MHz 和 10 MHz）下，不同温度时 ALU 的最小供电压结果如图 10.9 所示。显然，保证逻辑行为正确性的供电压随温度的降低而降低，并且频率升高对所需的供电压有实质性的影响。

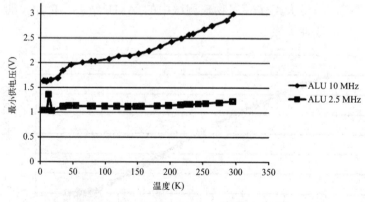

图 10.9　不同温度下 ALU 的最小供电压

---

① 1 英尺 = 0.3048 米。

　　为了进行更全面的实验,我们重新设计了完整的 NCL 8051 微控制器,并使用图 10.10 中所示的测试装置在−180℃到 125℃的温度波动范围内对其进行测试。热腔室既可用作电加热烤箱,也可用作液氮冷却的低温环境。所有 255 条指令都被输入微控制器,并在温度波动的情况下执行。微控制器在整个温度波动过程中成功执行了所有指令,无须任何外部调整或控制。原因在于 NCL 对延迟非敏感,无论逻辑门的延迟如何变化,都能保证电路运转正常。此外,在这个测试装置中,Altera FPGA 板用于 I/O 控制,可实现如前文所述的运行时(runtime)的异步定时。图 10.11 所示的执行时间清楚地显示出,当温度较低时,微控制器能以更高的速度执行更复杂的操作[5]。

图 10.10　NCL 8051 的温度波动测试装置

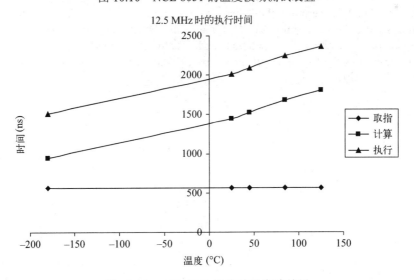

图 10.11　NCL 8051 温度波动实验结果

10.4　结论

本章介绍了在非常大的温度范围内不同尺寸和复杂性的多种 NCL 电路设计的物理测试结果。对于高温应用，使用了雷神公司开发的 SiC 工艺，并展示了在超过 500℃ 的温度下正常工作的电路。对于低温应用，采用了行业标准的 IBM 0.5 μm SiGe 工艺，并在温度接近绝对零度时展示了电路功能。这些测试表明，不需要特别考虑环境对器件水平的影响，NCL 电路就可以在这些宽泛的温度波动中正确运行。而在相同的条件下，同步系统将需要大量的工作(将逻辑设计更改得更复杂或考虑物理设置细节)，才能满足它们的时间约束，这将导致大量开销。这些结果证明了异步系统的灵活性和健壮性优于同步设计。

参考文献

[1] Caley, L. "High temperature CMOS silicon carbide asynchronous circuit design." Ph.D. Dissertation, University of Arkansas, 2015

[2] Kuhns, N., Caley, L. Rahman, A., *et al*. "Complex high-temperature CMOS silicon carbide digital circuit designs." *IEEE Transactions on Device and Materials Reliability*, vol. 16, no. 2, pp. 105–111, 2016

[3] Hollosi, B. "8051-compliant asynchronous microcontroller core design, fabrication, and testing for extreme environment." Masters Theses, University of Arkansas, 2008

[4] Kuhns, N. "Power efficient high temperature asynchronous microcontroller design." Ph.D. Dissertation, University of Arkansas, 2017

[5] Hollosi, B., Di, J., Smith, S. C., Mantooth, H. A. "Delay-insensitive asynchronous circuits for operating under extreme temperatures." *2011 Government Microcircuit Applications & Critical Technology Conference (GOMACTech)*

第 11 章　抗辐照异步电路

本章作者: John Brady[1]

半导体技术驱动了越来越小的工艺节点,使得集成电路(IC)中单粒子效应的易感性 (susceptibility to single-event effects,SEE)增加,导致了单粒子翻转(single-event upset, SEU)和单粒子锁定(single-event latch-up,SEL)问题。当电离粒子撞击到一个节点时, 在 IC 内就会产生单粒子翻转,引起了节点内的单粒子瞬态(single-event transient,SET)。 如果受单粒子瞬态影响的变化导致电路内锁存一个不正确的值,则发生了一次单粒子翻 转。这个不正确的数据点将传播到整个电路的其余部分,潜在地损坏其他数据而不报错。 单粒子锁定发生在 IC 电源和衬底之间产生短路时,即使不考虑 IC 内部潜在的数据损坏, 如果地电没有形成环路,则单粒子锁定也会导致异常高的电流,从而对集成电路造成永 久性的损坏。

准延迟非敏感(quasidelay insensitive,QDI)型异步电路采用多轨逻辑系统,天然适 合暴露于辐照的环境。如果检测到电离辐照事件,QDI 电路的特性可以延缓电路内的电 流运行,直到效应消退。双轨电路在这方面提供了额外的防护支持,只有当两条轨均受 到影响时才会发生单粒子翻转。除了在电路级采用异步机制来缓解 SEE,抗辐照技术还 可以应用于晶体管级的版图设计,也可以应用于诸如 DFF 的电路元件,以提高可靠性。

11.1　缓解 SEE 的异步架构

同步设计通常利用三模冗余(triple-modular redundancy)系统来检测 SEE 引起的错误 或中断。采用 NCL 双轨逻辑系统,只需对标准 NCL 流水线架构做很少修改,就可以形 成一种有效缓解 SEU 的双模冗余(DMR)解决方案。为了缓解单比特 SEU 或 SEL[1],需 要对 NCL 流水线进行必要的更改,形成一种新的 NCL 架构,见图 11.1。

1. 增加一个备份电路。
2. 修改寄存器逻辑电路,用 TH33n 门代替 TH22n 门。

---

1 Department of Computer Science and Computer Engineering, University of Arkansas, Fayetteville, AR, USA

3．在每个寄存器输出端与下一层级对应的组合电路输入端之间增加 TH22 门。

4．在 TH22 门的输出端放置完备性检测逻辑电路。

5．在每一层级和对应的 V_{dd} 之间插入一个 SEL 保护部件。

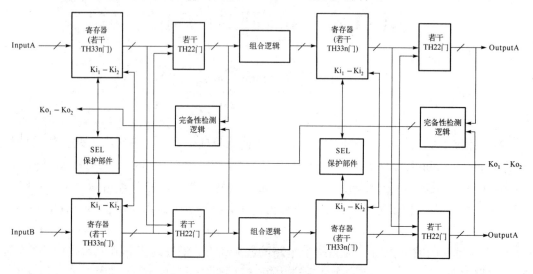

图 11.1　抗单比特 SEU 和 SEL 保护的 NCL 架构

　　通过使用两组 TH22 门，就可以比较原始电路及其备份电路各层级的输出，确保了只要从每个寄存器组输出的数据不匹配(这表明两个电路之一发生了 SET)，损坏的数据就无法继续传递下去。

　　一旦 SET 消除，无论其曾经发生在原始电路还是备份电路，二者各层级的输出都会匹配，因此可以允许新数据通过这两组 TH22 门。然后，完备性检测逻辑确定数据是完备的，并向上一层级请求新一波数据。这两组 TH22 门用于生成额外的 Ko 信号。

　　寄存器块中的 TH33n 门用于应对流水线内各层级的第二个 Ko 信号，这是必不可少的，可以防止破损的 Ko 信号不正常地请求新的数据或中断当前数据的操作。

　　对于这种基于 DMR 的特殊 NCL 架构，各层级只需输出数据是匹配的，这意味着电路不需要在 SEE 场景下区分正确和破损的数据，此架构既保持了 NCL 的 QDI 特性，也无须三模冗余的设计。传统的同步设计需要 TMR 生成 3 个投票来生成多数表决系统，当 3 个总投票中有两个匹配时，系统假定第 3 个不匹配的投票受到了 SEE 损坏的数据的影响，因此转发前两个投票的值。

　　SEL 保护部件通过监控各层级的电流量来工作。在发生 SEL 期间，层级中的电流需求上升到高于预定的正常工作标准时，SEL 部件就会关断该特定层级的电源。一旦电源重新启动，电路将不会死锁并继续正常运行，但之前在受影响层级中的所有数据都将无法恢复。

我们采用 130 nm CMRF8SF 1.2 V 工艺,设计了基于此架构的 4 × 4 规模 NCL 乘法器[2]。晶体管级的仿真结果(见表 11.1)表明该电路的运行速度降为原有的 1/1.31,面积增加 2.74 倍,能耗增加 2.79 倍。

表 11.1　架构级的数据比较

电　　路	晶体管数量	T_{DD}(ns)	能耗/运行 (pJ)
原电路	1695	7.2	1.05
抗单比特 SEU 和 SEL 电路	4646	9.4	2.93

11.1.1　基于 NCL 的抗多比特 SEU 和支持 SEL 时数据保持的架构

通过改进以前的架构,最多可缓解两个同时发生的 SEU,并防止 SEL 恢复期间的数据丢失[3]。需要改进的几点如下。

1. 将寄存器逻辑中的 TH33n 门替换为 TH44n 门。
2. 为流水线中的每个层级生成第三个 Ko 信号。
3. 修改完备性检测逻辑,增加 SEL 数据丢失保护机制。

如图 11.2 所示,寄存器中的 TH33n 门被替换为 TH44n 门,以应对额外产生的第三个 Ko 信号,此外还需要修改完备性检测逻辑来包含这个额外的 Ko 信号。不使用第一个或第二个 Ko 信号,而生成第三个 Ko 信号可防止一个 SEU 影响多个 Ko 信号,故通过第一个和第二个 Ko 信号创建了第三个 Ko 信号。第三个 Ko 信号来自层级中接收两个 TH22 门输出的完备性检测逻辑。

增加第三个 Ko 信号之后,两个破损的 Ko 信号就不会传递同样遭受损坏的数据。有三个 Ko 信号之后,其中的两个信号可能会破损,但是却不会损坏来自该层级的整体请求。这与同步 TMR 投票系统不同,因为三个 Ko 信号虽然相互独立,但并不进行投票。传统的同步 TMR 系统必须保证至多只能有一个不正确的投票;但是由于架构的差异,NCL 架构可以容忍两个不正确的值,三个 Ko 信号相互匹配才能起作用,这意味着只有在所有 SET 消退后电路才会继续运行。否则电路会推断出当前值不正确的结论,也不会改变当前的请求 NULL(request-for-NULL, rfn)或请求 DATA(request-for-DATA, rfd)状态。

一旦抗 SEL 电路检测到 SEL,这个独立的层级就会重新上电,并有效地实现与 V_{dd} 的断开。如果受影响的层级包含 NULL,则数据通常不会丢失,该层级能够重新上电并复位为 NULL,也不会导致电路的其余部分出现故障。但当 SEL 影响包含 DATA 的层级时,DATA 将会丢失,并将在电路的数据输出中产生间隙。对于包含反馈的设计,之后的数据会受到初始丢失数据的影响,效果会更差。在图 11.2 的架构中,SEL 期间通过流水线内的时序冗余来保持数据。流水线内每个层级的完备性检测逻辑块与流水线中的两个后续层级都相关，而不是仅依赖于直接后续层级。这种依赖性确保了对于流水线内的任何 DATA，相邻层级都会包含此 DATA 的副本，所以流水线内的任何层级在遭受 SEL 并从断电中恢复后，可以不会丢失或损坏受影响的 DATA，然后复位为 NULL。

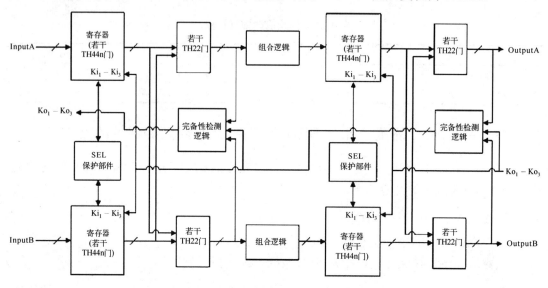

图 11.2　抗多比特 SEU 的 NCL 架构

11.2　抗辐照异步 NCL 库和部件设计

除了使用可以增强抗辐照能力的电路级异步架构，对晶体管级逻辑门库和电路级部件的修改可以更好地缓解 SEE。参考文献[4]中介绍了采用 90 nm IBM 9HP 工艺的异步 NCL 库，可以缓解 SEE。该逻辑门库使用标准阈值电压晶体管构建，采用了多种技术来完善库中逻辑门的版图，以提高其抗辐照能力(见 11.3 节)。

TH22 门的版图如图 11.3 所示，图中逻辑门的总体版图(库内其他门的结构类似)易于晶体管分段，所以保护环就能自然与之结合起来。PFET 位于版图的上半部分，NFET 位于下半部分。逻辑门版图的每一半(下半部分或上半部分)的高度取决于最大晶体管宽度，需要同时满足逻辑门产生输出的延迟和驱动强度的要求。这些常规版图的模板被设计成模块化的，以便于从水平方向增加晶体管，从而延伸了多晶体管门的版图。

版图中的每个晶体管周围都包含保护环。保护环为单个器件隔离 SEE，同时也增加了器件间的距离，从而降低了多粒子翻转(multiple-event upset，MEU)的可能性。只要内部布线允许，在保护环中就会放置触点。同时，由于保护环的位置因素，阻止了相应的 PFET 和 NFET 之间栅极的连续连接，因此第二层金属(第一金属层主要用于逻辑门内的布线)用于连接相应的晶体管。使用第一层金属连接相邻的 NFET(和 PFET)的结构与之类似。注意,增加的 NFET 沟道长度是为了低温可靠性而不是为了抗辐照。这种变化对门的抗辐照能力有影响(将在 11.3 节进一步讨论)。

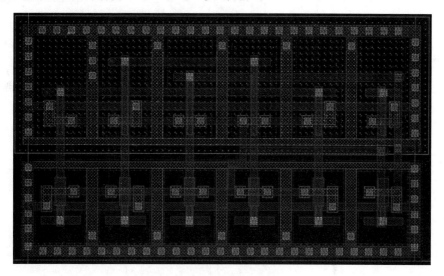

图 11.3　TH22 门的版图

　　除了修改 NCL 门库以提供更高的抗辐照能力,还可以修改 DFF 等电路部件来增强抗辐照能力[4]。对于同步电路,时钟信号控制 DFF 内新数据的存储。由于异步电路中时钟的缺失,因此(在 NCL 异步电路中)必须使用双轨数据信号的 NULL 和 DATA 状态来控制新数据的存储,通过 DFF 内第一个锁存器的输出与输入数据信号的结合使用来实现。这就要求第一个锁存器的输出 Qint 能确保在异步 DFF 被"触发"之前数据已经到达 DFF 的第二个锁存器的输入端。

　　将异步 DFF 内部的两个锁存器全部替换为双互锁存储元件(dual interlocked storage cell,DICE),就可有增强异步 DFF 的抗辐照能力[5]。DICE 在锁存器中添加冗余节点来缓解 SEU,意味着锁存器中有两个节点存储当前值,有两个节点存储当前值的补值。空间冗余对于节点间受限的可控性影响很大,即使 SET 能改变一个节点的值,但 DICE 锁存器对损坏所有 4 个节点的值具有很强的抵抗力。在 SET 消退后,3 个未受影响的节点能够将受影响的节点恢复到原有效状态。由于 DICE 锁存器对状态变化有很强的抵抗力,因此需要强驱动才能更新锁存器内的值。

　　基于 DICE 的 DFF 如图 11.4 所示。除了包括 DICE 锁存器,图中还给出了第一个 DICE 锁存器的输出(Qint)和第二个 DICE 锁存器的输入之间所需的额外缓冲。这个缓冲是必需的,因为第一个 DICE 锁存器的输出无法达到改变第二个 DICE 锁存器状态所需的驱动强度。

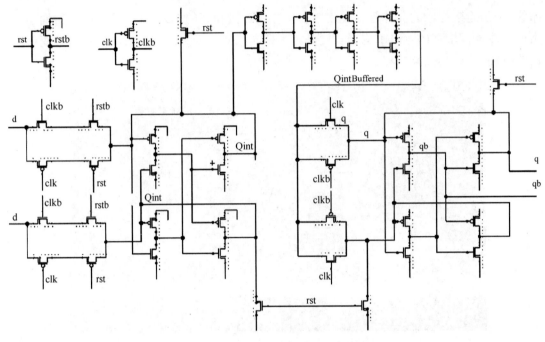

图 11.4　基于 DICE 的 DFF 原理图[4]

　　将同步 DFF 转换为异步 DFF 的逻辑如图 11.5 所示。Input 信号表示输入到 DFF 的双轨数据信号。Qint 是第一个锁存器的输出，如图 11.4 所示。对 $Input^0$ 的反相是必需的，$Input^1$ 会导致逻辑功能不正确。如果 Input 值为 NULL，那么 Qint 的值就会为 0，导致逻辑中两个 AND 门的输出为 0，从而引起 Clock 值为 0。当 Input 的值变为 DATA0 时，下部 AND 门的输出为 0，但上部 AND 门的输出为 1，引起 Clock 变为 1，此时 DFF 中的值更新为 0。当 Input 值为 DATA1 时，上部 AND 门的输出为 0，下部 AND 门的输出为 1。1 和 0 这两个输出将作为 OR 门的输入，因此 Clock 值为 1；存储在 DFF 中的数据值更新为 1。如在上述三种情况中所见，异步 DFF 仅响应输入 DATA0 或 DATA1，这意味着 DFF 能持续存储当前或最近的 DATA 值。在处理 NULL 波期间，不会访问存储的值，也不会使其更改为 0。

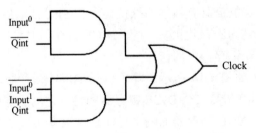

图 11.5　异步触发信号(Clock)生成逻辑

11.3　抗辐照分析

　　NCL 库中的每个门都经过了电离辐照场景来模拟抗辐照，这些场景详细描述了粒子撞击事件的时间和位置。所选的仿真粒子撞击事件模型采用双指数函数来表述最坏情况[6]。对于每种撞击场景，都会启动撞击模型来仿真，并将输出与原始门仿真结果进行比较，以确定是否发生了 SEU。

　　在分析逻辑门的原理图时，会基于网表和一套包含逻辑门状态的激励信号。逻辑门的仿真次数会根据其状态数量而变化。正如预期的那样，随着器件数量的增加，门的状态数量通常也会增大。各逻辑门的仿真次数不同，意味着对各次仿真得到的破损数据值进行比较是非常恰当的。

　　TH24 门的粒子撞击仿真波形如图 11.6 所示。在 118 ns 附近，晶体管 0 被粒子(100 LET)撞击，导致单粒子瞬态(SET)。在仿真 TH24 门的单粒子翻转(SEU)时，SEU 发生时所有选通晶体管的撞击事件数据都会被考虑以用于计算。

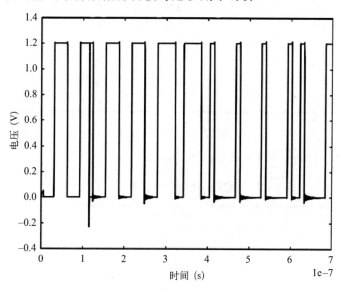

图 11.6　TH24 门的粒子撞击仿真波形

　　90 nm IBM 9HP 工艺下 NCL 库的撞击事件仿真结果如表 11.2 所示，对每个门而言，其最重要的统计数据是破损率，因为合格的仿真次数取决于门。总体来说，非迟滞门的性能最好。我们将 TH22 门和 TH24 门作为各种测试技术的测试用例，也采用了多种技术来提升版图对 SEU 和 MEU 的抵抗力。

异步电路应用

表 11.2 不同 LET 值下各种门的 SEU 次数

逻 辑 门	通 过 数	SEU 次数	SEU (%)	LET = 1	LET = 5	LET = 20
TH12b	1728	0	0	0	0	0
TH13b	5832	0	0	0	0	0
TH14	17 280	0	0	0	0	0
TH22n	12 195	93	0.76	27	33	33
TH24	339 309	459	0.14	141	153	165
TH24w22	29 945	55	0.18	15	19	21
TH33	17 226	102	0.59	30	36	36
TH33n	26 367	93	0.35	27	33	33
TH33w2	20 236	92	0.45	26	32	34
TH34	227 091	357	0.16	64	141	152
TH34w3	9042	84	0.93	24	24	36
TH34w22	164 652	348	0.21	105	120	123
TH44	34 395	165	0.48	49	58	56
TH44w2	89 152	272	0.31	60	104	108
TH44w3	34 835	157	0.45	45	56	56
TH44w22	80 555	295	0.37	87	97	111
TH54w22	42 144	192	0.46	58	66	68
TH54w32	34 381	179	0.52	53	62	64
TH54w322	144 941	211	0.15	65	73	73

除了测试 NCL 库,我们还对 TH22 门进行了一系列改进,以测定在不改变栅极面积的情况下是否可以提高其抗辐照能力,相关工艺和对应结果如表 11.3 所示。

表 11.3 TH22 门上每个改进工艺的 SEU 情况

改进工艺类型	SEU 次数	提升率(%)
原始逻辑门	654	—
2 倍沟道宽度	672	−3%
4 倍沟道宽度	667	−2%
最大沟道宽度	672	−3%
2 倍沟道长度	651	0%
4 倍沟道长度	1700	−160%
最大沟道宽度和 4 倍沟道长度	632	3%

许多门级版图的改进技术都会减弱其对 SEU 的抵抗力,尤其是在沟道长度加倍时。但是当整体沟道面积都增加时会有例外,比如最后一个改进工艺。尽管这种工艺能得到 3% 的增益,但它也有一些缺陷:需要更宽的保护环,要求栅极面积更大,导致这种工

艺下 TH22 门的功耗增加了 9 倍。总体而言，这些工艺要么不能提供额外保护，要么在面积和功耗方面需要更大的开销。

接下来我们分析添加多叉指栅对晶体管的影响。版图寄生效应会单独仿真以说明其影响，如图 11.7 所示，添加多叉指栅和提取的寄生参数会增加 TH22 栅极的抗辐照能力。然而，这同样也增加了面积和功耗。原本 TH22 门的仿真功耗为 14.63 nW，但多叉指栅的 TH22 门的功耗增加到 29.26 nW，而且逻辑门面积增加了一倍。

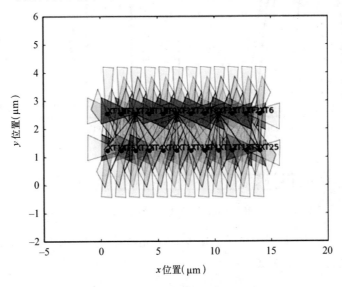

图 11.7　考虑器件相对位置时的多叉指栅仿真

为了依据多叉指栅来分析逻辑门面积的分布，仿真时必须考虑器件在逻辑门内的相对位置。图 11.7 说明了仿真器如何使用这些信息。此外，仿真器还考虑了寄生电容和电阻。

表 11.4 的结果表明，每个器件的多叉指栅提高了整体门的抗辐照能力，并且寄生电容和电阻提高了逻辑门的响应。前面的仿真结果(见表 11.2)中不包括寄生效应，但这种改进可以适用于所有的标准 NCL 门的版图。

表 11.4　多叉指栅版图的仿真结果

TH22 测试用例	合格仿真次数	MEU(%)
原始逻辑门	6862	0.729
多叉指栅	13 746	0.567
多叉指栅和寄生参数	13 756	0.415

图 11.8 描述了 6 次独立的撞击事件下存储在基于 DICE 的异步 DFF 中的数据波形，

其 LET 值在 1～100 MeV·cm²/mg 内变化，撞击发生在大约 45 ns 内。如图所示，6 个事件中只有 4 个影响 SET，导致存储的数据暂时变为 1。然而，异步 DFF 内的数据不会被打乱，一旦 SET 消退，存储的数据就会恢复原本的值。

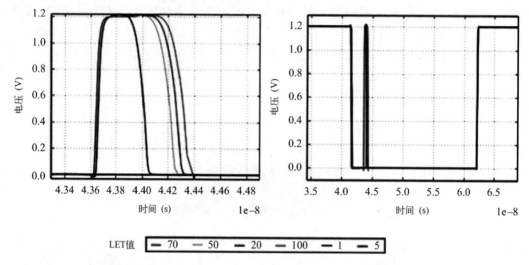

图 11.8　基于 DICE 的异步 DFF 在不同 LET 值下的 SET 仿真

表 11.5 显示出在 LET 值相同时，异步 DFF 遭受多达 21 次的 SEU，而基于 DICE 的异步 DFF 仿真只遭受 0 次 SEU。

表 11.5　各部件遭受的 SEU 次数

LET(MeV·cm²/mg)	异步 DFF	基于 DICE 的异步 DFF
20	20	0
50	20	0
70	21	0
100	21	0

参考文献

[1] J. Di, "A framework on mitigating single event upset using delay-insensitive asynchronous circuits," *IEEE Region 5 Technical Conference*, April 2007.

[2] L. Zhou, S. C. Smith, and J. Di, "Radiation hardened NULL convention logic asynchronous design," *Journal of Low Power Electronics and Applications*, 2015.

[3] J. Brady, "Radiation-hardened delay-insensitive asynchronous circuits for multi-bit SEU mitigation and data-retaining SEL protection," University of Arkansas, May 2014.

[4]　J. Brady, A. M. Francis, J. Holmes, J. Di, and H. A. Mantooth, "An asynchronous cell library for operation in wide-temperature and ionizing-radiation environments," *IEEE Aerospace Conference*, 2015.

[5]　T. Calin, M. Nicolaidis, and R. Velazco, "Upset hardened design for submicron CMOS technology," *IEEE Transactions on Nuclear Science*, Vol. 43, No. 6, pp. 2874–2878, 1996.

[6]　A. M. Francis, D. Dimitrov, J. Kauppilla, *et al*., "Significance of strike model in circuit-level prediction of charge sharing upsets," *IEEE Transactions on Nuclear Science*, Vol. 56, No. 6, 2009.

第 12 章   缓解侧信道攻击的双轨异步逻辑设计方法

本章作者: Jean Pierre T. Habimana[1], Jia Di[1]

侧信道攻击(SCA)仍然是硬件安全的一大威胁。对大多数 CMOS 电路而言,其电气行为与处理过的数据相关,因此容易受到 SCA。双轨电路继承了数据的均衡表示方法,在抵抗 SCA 方面表现优异。对比于工业标准的同步电路,NCL 电路具有更稳定的能耗路径;然而,由于缺少传播时的数据均衡考量,NCL 电路仍然容易受到 SCA。本章解释了 NCL 电路面对 SCA 的脆弱性,并介绍了更安全的双轨设计方法:源于 NCL 的双间隔子双轨延迟非敏感逻辑,即 D³L。利用这种方法设计的安全硬件具有对 SCA 的极大弹性。在本章中还说明了 D³L 弹性,与之相关的代价,以及减少此代价的改进方法。

12.1   简介

12.1.1   侧信道攻击(SCA)

随着技术的进步,越来越多的个人与敏感的数据出现在日常使用的电子产品上,如手机、笔记本电脑、便携式存储器等,这些设备存储或处理的数据因其敏感性而要求采取某些安全措施。在大多数情况下,会采用标准的加密算法(如 DES、RSA 和 AES)对数据进行加密。虽然这些算法在数学上非常复杂,并且在实际上不受暴力攻击的影响,但是它们在数据处理过程中经常会泄漏与处理数据高度相关的电气行为,攻击者可以利用这些特征来推断关键信息,以各种方式收集电气行为特征,如能耗、执行时间、电磁散射,并通过统计分析来揭示关键数据,这就是侧信道攻击(SCA)。

大多数的密码硬件部件是用 CMOS 逻辑实现的。CMOS 门处理的不同输入模式转化为不同的充放电活动,从而产生可测量的电流。可以通过多种工具与方法实现电流的测量,甚至可以高度精确地确定通过目标电路的电流值。在过去的二十年里,不同的研究与实践案例表明,对密码芯片泄漏的能耗信息进行统计分析可以揭示密钥[1-5]。

---

1 Department of Computer Science and Computer Engineering, University of Arkansas, Fayetteville, AR, USA

本章重点介绍了针对 NIST 于 2001 年发布的高级加密标准(advanced encryption standard，AES)进行的能耗攻击[6]。参考文献[1, 3, 4, 7, 8]的研究表明，对加密过程中捕获的泄漏能耗信息进行统计分析，可以成功地获取 AES 核的加密密钥。最常见的 SCA 是差分能量攻击(DPA)[1]与相关能量分析(CPA)[2, 3]。攻击者已经采用 DPA 和 CPA 多次破解了 AES 加密硬件[1, 3, 8]。

此外，人们针对 SCA 提出了不同的对策[9-14]，例如伪装和随机化技术。已有研究表明，伪装和随机化一些加密变量可以提高对 SCA 的弹性。在参考文献[9]中提出了一种结合伪装和随机化技术的 AES 实现。结果表明，伪装所有中间值能使一阶 DPA 无法实现，而操作的随机化对二阶 DPA 具有很大的弹性。在参考文献[13]中对 AES S-BOX 采用了 Montgomery 阶梯和标量乘法，以实现对简单能量攻击(SPA)的弹性，并加强对 DPA 的安全性。此外，还引入了快速椭圆曲线乘法，以提高椭圆曲线密码(ECC)硬件的性能及其对 DPA 的抵抗力[14]。

然而，所述对策共享相同的数据表示机制，其中逻辑 0 和逻辑 1 分别由连接地电和供电实现。因此，尽管使用了伪装或随机化技术，但数据与电路侧信道信息的相关性仍然存在，可以被不同的攻击模型利用。事实上，对于上述各种对抗技术，都已经开发了相应的简单或复杂的各种攻击模型，可以绕过或削弱这些安全算法的弹性。例如，参考文献[15]中引入的零值点攻击(ZPA)，导致系统尽管使用了随机化技术，但仍能破解 ECC 密码。参考文献[9]中提出的针对伪装中间值的典型 DPA 的方案，可以被不依赖中间值的 DPA 模型所实现。参考文献[2]中提出的切换计数模型绕过了中间值，从而能够削弱伪装技术的效果。此外，已经证明，只要增加分析模式[5]的数量，基于随机的加密就会被削弱，而且随着技术的发展，攻击者可以使用越来越多的处理技能，从而允许其在合理的时间内处理尽可能多的模式。

12.1.2　SCA 的双轨逻辑解决方案

与大多数提出的 SCA 缓解技术相比，相对于同步单轨电路，双轨设计方法在更好地平衡翻转行为方面具有突出的潜力。以归零逻辑(NCL)[16, 17]为例，逻辑 1(NCL 中的 DATA1 格式)和逻辑 0(NCL 中 DATA0 格式)均表示为一个高轨和一个低轨，其区别仅为高低轨赋值的不同，如表 12.1 所示。

表 12.1　NCL 数据表示

D0	D1	状　态
0	0	NULL
0	1	DATA1
1	0	DATA0
1	1	不允许

　　　由于双轨电路的数据表示方案，其大多数部件都以相同的方式受到逻辑 0 或逻辑 1 输入的影响。然而，NCL 电路的侧信道信息仍然可能与处理后的数据相关联，已证明 NCL 加密硬件仍然容易受到 SCA[18, 19]。

　　　双间隔子双轨延迟非敏感逻辑（D^3L）方法[18]扩展自 NCL，它平衡了电路中的翻转行为，消除了功耗与处理数据的相关性。采用双间隔子方案，一个全 0 间隔子和一个全 1 间隔子交替充当 DATA 状态之间的零（NULL）状态，这样在各 DATA/NULL 周期中所有信号双轨间的翻转行为完全平衡。这一特性将数据从泄漏的侧信道信息中解耦，这也是 D^3L 加密硬件对 SCA 具有弹性的原因。

　　　尽管 D^3L 成功地缓解了诸如 CPA 和定时攻击[18]等曾经尝试的 SCA，但 D^3L 电路的面积、功耗和延迟开销仍然是其得到更广泛应用的主要障碍。因此，人们已经尝试改进 D^3L 设计方法以减少其开销，同时保持其抗 SCA 的能力。基于多阈值归零逻辑（MTNCL）[20]技术，如翻转速度快且漏电低的高阈值电压和低阈值电压晶体管及提前完备性检测技术，我们开发了多阈值双间隔子双轨延迟非敏感逻辑（MTD^3L）方法[19]。使用此方法实现的 AES 核可以经受住 SCA，体现出 MTD^3L 方法保留了 D^3L 对 SCA 的弹性，此外 D^3L 方法实现的芯片面积、功耗和延迟开销的降低幅度都不大[19]，而 MTD^3L 的开销依然可以大幅降低[21]。

　　　参考文献[21]中提出了一种 MTD^3L 的改进方法，可以将面积、功耗和延迟开销降低到最佳水平。除了使用多阈值晶体管和提前完备性检测技术，我们还设计了一个新的晶体管级寄存器元件，可以轻松生成 NULL 状态（全 0 和全 1 间隔子），处理全 1 间隔子也全无开销。从而消除了处理两种不同类型的间隔子所需的额外电路、间隔子产生器和间隔子滤波寄存器[18]，解决了 D^3L 电路的主要开销。

　　　本章的组织如下。12.2 节讨论了相比同步电路，NCL 为平衡功耗所增加的策略，以及 SCA 下 NCL 的弱点。12.3 节介绍了 D^3L 方法并解释了该方法对 SCA 的弹性。12.4 节介绍的 MTD^3L 是一种改进的双轨机制，继承了 D^3L 对 SCA 的弹性，但具有更低的面积、功耗和延迟开销。在 12.5 节中，对比了 NCL、D^3L 和 MTD^3L 方法对 SCA 的弹性，以及其面积、功耗和延迟开销。最后，在 12.6 节给出了结论。

12.2　NCL 抗 SCA 的能力和弱点

12.2.1　NCL 的功耗平衡

　　　与同步单轨电路相比，双轨数据表示方案允许在 NCL 电路中更平衡地实现翻转。在同步电路中，一个时钟事件同时（simultaneous）将寄存器和锁存器连接到组合逻辑块进行翻转。在此事件期间，翻转节点的数量由即将被寄存器和锁存器锁定的数据决定。因此，同步单轨电路中的电流(或功耗)与处理后的数据高度相关。

在 NCL 电路中,一种类似的情况是 DATA 和 NULL 的变迁。此时,组合逻辑块将信号保持在 NULL 状态,等待 NCL 寄存器释放 DATA。与同步单轨电路相比,某些部件升高/降低的节点的数量并不取决于寄存器的数据。例如,对于一个 8 位寄存器输出总线,我们知道不管数据如何,8 个轨将会变高,而其他 8 个轨将保持为低。因此,对于这些部件,其翻转并不依赖于数据,而依赖于硬件。

同样的场景也发生在寄存器的输入端。事实上,在 NCL 中,一位值由两个寄存器元件保存,一个用于 1 轨,另一个用于 0 轨。在从 NULL 到 DATA 的变迁过程中,不管数据是什么,寄存器元件所改变的状态量是已知的;事实上,一半的寄存器元件会翻转,而另一半则不会。这表明对于某关键电流而言,NCL 消除了层级间数据翻转的相关性。

12.2.2　非平衡 NCL 组合逻辑

虽然 NCL 设计方法面向寄存器维持着 DATA 和 NULL 周期变迁期间翻转的平衡性,但功耗和所处理的数据之间的相关性仍然存在。这种相关性源于不被 NCL 信号轨对称驱动的组合逻辑。例如,考虑如图 12.1 所示的 NCL 型 AND 函数的实现,输入 X 和输入 Y 信号的 $X0/X1$ 轨和 $Y0/Y1$ 轨驱动的电容负载不同。实际上,$X0$ 轨和 $Y0$ 轨只驱动 TH34w22 门,$X1$ 轨和 $Y1$ 轨同时驱动 TH34w22 和 TH22 门。这解释了在 NCL 电路中,即使每个 NULL/DATA 周期中的 1 轨(Rail1)或 0 轨(Rail0)之一有效,它们产生的电流和功耗也是不同的,取决于哪条轨有效。换句话说,NCL 电路中的电流仍然依赖于所处理的数据。

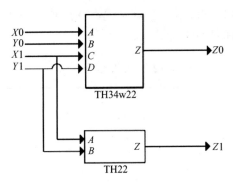

图 12.1　NCL 输入不完备的 AND 函数

12.2.3　NCL 上的 SCA

参考文献[18]中对 NCL 的 SCA 情况进行了测试。在 NCL 型 AES 核上实现了 CPA,

可以得出 NCL 容易受到 SCA 的影响。当针对单个 SUBBYTE 进行攻击时，能量消耗与翻转晶体管总数的相关性非常高，足以猜出加密密钥[18]。但同样的经验也表明，双轨数据格式可以相当大地降低数据和侧信道信息之间的相关性。事实上，尽管 CPA 成功破解了 NCL 型 AES 核，但对比以相同方式攻击的同步 AES 核，其相关系数要低得多。攻击成功时，同步 AES 核的相关系数为 0.668，NCL 型 AES 核[18]的相关系数仅为 0.428。

12.3 双间隔子双轨延迟非敏感逻辑（D³L）

为了进一步解耦数据与侧信道信息之间的相关性，我们提出了双间隔子双轨延迟非敏感逻辑，即 D³L 方法。基于改进 NCL 电路的功耗平衡的方法，以及面对 SCA 时 NCL 加密硬件的已知弱点，D³L 方法旨在完全解耦数据和侧信道信息之间的相关性，具体做法是在每次 DATA/NULL 变迁（从 NULL 到 DATA 再到 NULL 的周期）时强制各信号的每条轨翻转一次。

12.3.1 全 1 间隔子

如 12.2.2 节所述，NCL 电路中抗 SCA 的弱点来自组合逻辑电路，一条轨翻转产生的电流不一定会与另一条轨翻转产生的电流相同。因此，如果对于任何给定的数据模式，双轨都在每个周期中翻转，那么这个问题就不存在了。D³L 通过使用 NULL 状态的两种表示形式（在 D³L 场景中称为"间隔子"）来实现这种轨翻转行为。与 NCL 中一个信号的各轨分别有效相反，D³L 信号的所有轨同时有效，从而形成一种全 1 间隔子。因此在 D³L 上下文中，NULL 意味着两种状态：双轨都是逻辑 0 时的全零（A0）间隔子，以及双轨都是逻辑 1 时的全 1（A1）间隔子。也就是说，D³L 信号可以是 DATA1、DATA0、A0 或 A1 这 4 种状态之一，详见表 12.2。

表 12.2　D³L 数据编码

D0	D1	状　态
0	0	A0
0	1	DATA1
1	0	DATA0
1	1	A1

通过使用这种数据编码方案，一个完整的 D³L 数据变迁周期从 A0 间隔子到 DATA，然后再到 A1 间隔子。或者，周期从 A1 间隔子到 DATA，然后再到 A0 间隔子。因此，数据变迁周期中各轨信号翻转的方式如表 12.3 所示。

表 12.3　平衡的 D^3L 翻转行为

	初始状态	周期 1		周期 2		周期 3		总翻转次数
数据值	NULL A0	逻辑 1	NULL A1	逻辑 1	NULL A0	逻辑 1	NULL A1	3
Rail0	0	0	1	0	0	0	1	3
Rail1	0	1	1	1	0	1	1	3
数据值	NULL A0	逻辑 0	NULL A1	逻辑 0	NULL A0	逻辑 0	NULL A1	3
Rail0	0	1	1	1	0	1	1	3
Rail1	0	0	1	0	0	0	1	3

表 12.3 描述了在每个周期中各轨翻转一次，所以在 3 个周期内数据改变 3 次，每条轨翻转 3 次。与之相对，在表 12.4 的 NCL 电路中，每个周期内一条轨翻转两次，另一条轨保持不变。那么对于 3 个数据周期，一个场景下 Rail1 会翻转 6 次，而 Rail0 不变，另一个场景下 Rail1 不变，而 Rail0 翻转 6 次。所以可以得出结论，任何周期内 D^3L 电路的翻转行为不取决于所处理的数据。

表 12.4　非平衡的 NCL 翻转行为

	初始状态	周期 1		周期 2		周期 3		总翻转次数
数据值	NULL	逻辑 1	NULL	逻辑 1	NULL	逻辑 1	NULL	3
Rail0	0	0	0	0	0	0	0	0
Rail1	0	1	0	1	0	1	0	6
数据值	NULL	逻辑 0	NULL	逻辑 0	NULL	逻辑 0	NULL	3
Rail0	0	1	0	1	0	1	0	6
Rail1	0	0	0	0	0	0	0	0

12.3.2　双间隔子方案下的 NCL 寄存器

使用 A1 间隔子作为 NULL 状态是有代价的，需要对 NCL 寄存器结构进行大量修改才能支持 D^3L 数据表示方案。

12.3.2.1　D^3L 中 Ko 信号的生成机制

在 Ko 信号的产生方式及其他电路中 Ko 信号的含义上，A1 间隔子的逻辑 1 引起了冲突。考虑一个输入为 A 和输出为 Z 的 NCL 寄存器，当 Z 是 DATA 时，需要 Ko 信号为逻辑 0 来请求 NULL 周期；当 Z 处于 NULL 状态时，需要 Ko 信号为逻辑 1 来请求 DATA。所以 $Z0$ 和 $Z1$ 为输入、Ko 信号为输出的 TH12b 门恰好符合这些要求。图 12.2 详细说明了 NCL 寄存器和 Ko 信号生成逻辑的组成。

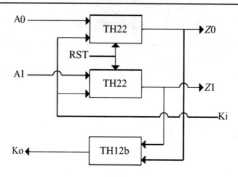

图 12.2　NCL 寄存器与 Ko 信号生成逻辑

然而，随着 A1 间隔子被用作 NULL 状态，TH12b 门就不能再正确地产生 Ko 信号了。因为 $Z0$ 和 $Z1$ 都是逻辑 1，导致 Ko 信号为逻辑 0 并请求 NULL 输入，而寄存器仍然持有 NULL 输出（A1 间隔子）。根据表 12.5 给出的真值表可知，Ko 值必须采用 XNOR 函数才能符合双轨异步逻辑的握手协议，因此 D^3L 寄存器用布尔 XNOR 门替换 NCL 的 TH12b 门来产生 Ko 信号。

表 12.5　Ko 信号与寄存器输出状态的关系

状　态	Z0	Z1	Ko
A0	0	0	1
DATA1	0	1	0
DATA0	1	0	0
A1	1	1	1

12.3.2.2　D^3L 中 Ki 信号的生成机制

为适应 A1 间隔子，D^3L 还得调整 Ki 信号的生成机制和含义。在如图 12.2 所示的 NCL 寄存器中，Ki 信号补充 TH22 门的保持能力，以确保请求时 DATA 和 NULL 波能够被释放[17]。具体而言，当输入 A 为 NULL 时，A0 间隔子和 A1 间隔子都是逻辑 0，输出 $Z0$ 和 $Z1$ 保持不变，直到 Ki 信号为逻辑 0。同理，当 $Z0$ 和 $Z1$ 为逻辑 0（NULL 输出）且 DATA 输入（A0 或 A1 间隔子为逻辑 1）有效时，$Z0$ 和 $Z1$ 保持不变直到 Ki 信号为逻辑 1，其中的原因是 TH22 门要求所有输入有效后，输出才能有效；也要求所有输入无效后，输出才能无效[17]。

A1 间隔子的 NULL 输入不能支持这种方式。当寄存器输出为 DATA 时，只要后续层级需要 DATA，那么 Ki 信号就要保持为逻辑 1。然而，当 A1 间隔子的 NULL 输入有效时，如果 TH22 门的输出为逻辑 0，那么只有其所有输入都为逻辑 1 后，TH22 门的输出才会为逻辑 1。可以为 NCL 的基础寄存器添加更多逻辑来解决此问题。参考文献[18]中描述的架构使用了 Ki 生成器，该部件根据寄存器要传输的下一个间隔子来置位 Ki 值。

Ki 生成器使用前间隔子(previous spacer，ps)信号来确定未来的间隔子。ps 信号在复位时一直保持逻辑 0，直到寄存器输出变为 A1 间隔子；然后 ps 变为逻辑 1，直到寄存器输出再次变为 A0 间隔子。Ki 生成器逻辑使用 ps 和 Ki 信号作为输入，输出一个 Ki_gen 信号来代替原先的 Ki 信号。图 12.3 中给出了包含 Ki 生成器及输入和内部连接的 D^3L 寄存器。

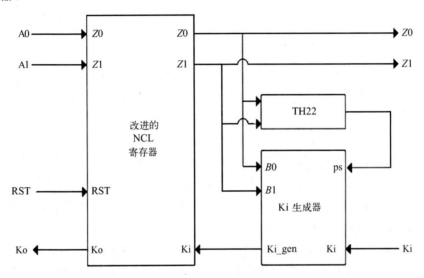

图 12.3　完整的 D^3L 寄存器

为了遵守双轨握手协议，Ki_gen 信号的工作方式如下。第一种场景，寄存器输出为 A0 间隔子时请求 DATA(rfd)，Ki_gen 信号将为逻辑 1，使得 TH22 门传播逻辑 1 的 DATA 输入(一个输出轨上升到逻辑 1，而另一个轨保持逻辑 0)。第二种场景，寄存器输出为 A1 间隔子时请求 DATA，Ki_gen 信号将为逻辑 0，此时进行逻辑 0 传播(一个输出轨下降到逻辑 0，而另一个轨保持逻辑 1)。第三种场景，寄存器保持 DATA 输出，此时 ps 信号为逻辑 1 并请求 NULL，Ki_gen 信号将为逻辑 0 以使 A0 间隔子传播(逻辑 1 的输出轨下降，另一个轨保持逻辑 0，形成一个 A0 间隔子)。最后一种场景，ps 信号为逻辑 0 并请求 NULL，Ki_gen 信号将为逻辑 1，进行 A1 间隔子传播(逻辑 0 的输出轨上升，而另一个轨保持逻辑 1，形成 A1 间隔子)。

需要仔细区分请求 DATA 时 Ki_gen 为逻辑 1，以及请求 A1 间隔子时 Ki_gen 为逻辑 1 的不同。表 12.6 总结了复位、输入 A、输出 Z、Ki_gen 和 ps 信号之间的关系。

基于 NCL 门的 D^3L 数据格式远比简单地采用 A1 间隔子的更复杂。如果要掌握 Ki 信号生成逻辑及其实现，以及 D^3L 寄存器的完整方案，还需要进一步查阅 D^3L 方法。

表 12.6　D³L 寄存器的 DATA 变迁机制

时刻	0	1	2	3	4	5	6	7	8	9
复位	1	**0**[1]	0	0	0	0	0	0	0	0
A0	0	0	0	**1**	1	1	1	1	**0**	0
A1	0	0	**1**	1	1	1	0	0	0	0
Z0	0	0	0	0	**** 1**	1	**1**	1	*****0**	0
Z1	0	0	***[2]1**	1	1	1	***0**	0	0	0
Ki	1	1	1	1	**0**	***1**	1	1	***0**	0
Ko	1	1	****0**	0	*****1**	1	****0**	0	******1**	1
Ki_gen	1	1	****0**	0	***1**	1	**0**1**	1	****0**	0
ps	0	0	0	0	***** 1**	1	1	1	******0**	0

[1] 表格中的加粗条目表示周期中的主要事件。

[2] 星形符号(*)表示延迟。带有*的条目出现在没有*的条目之后，带有**的条目出现在带有*的条目之后，以此类推。

12.3.2.3　D³L 滤波寄存器

在某些情况下，D³L 的间隔子交替方案无法正常工作。例如，如果不做进一步改进，3 寄存器环会在复位后陷入死锁状态。D³L 数据/间隔子的变迁依赖于正确的 DATA/NULL 输入流。但是对于这种环结构中的寄存器而言，复位后的所有输出都被强制变为 A0 间隔子。当 12.3.2 节描述的 D³L 寄存器的输出为 A0 间隔子时，无法将输出变迁到预期的 A1 间隔子，因此不能传播 A0 间隔子而导致无限期地停止电路[18]。可以采用一种特殊的滤波寄存器来解决这个问题，这种寄存器能够根据前间隔子及输入间隔子，将 A1 间隔子更改为 A0 间隔子(反之亦然)。例如，如果前间隔子和输入间隔子都是 A1，那么滤波器寄存器将 A1 间隔子更改为 A0 间隔子[18]。

12.3.2.4　D³L 间隔子生成寄存器

当交替的输入间隔子不可用时，就可能在 D³L 数据/间隔子变迁期间出现另一种问题。例如，部件 X 可能需要在其输入流更改之前执行多个周期，而 X 的前一层级并不需要执行那么多的周期。间隔子生成寄存器可根据部件 X 的要求提供适当的间隔子[18]。

12.3.3　侧信道攻击时 D³L 的弹性

双轨数据表示方案及信号轨之间的平衡翻转行为，解决了侧信道信息与所处理数据之间的相关性。每个 D³L 信号的两个轨在每个数据/间隔周期仅翻转一次，因此 D³L 电路中的翻转行为与处理的数据无关。这样，对侧信道信息(例如功耗或能耗)的统计分析不会产生任何与受保护数据相关的详细信息。

在参考文献[18]中实现和测试的 AES 核表明 CPA 未能攻破 D³L 加密硬件。对于任何状态变化，采用双轨数据表示的 D^3L 电路的汉明距离始终相同。这使得原先的 CPA 不再适用[3]。然而，参考文献[18]中使用了专门用于双轨电路的修改版本。我们编写了一个程序，基于猜测的加密密钥来计算给定输入模式下翻转的晶体管数量。还编写了另一个程序，将测量的能耗与计算出的翻转晶体管数量进行比较，并为每个猜测的加密密钥分配一个相关系数。最高的相关系数应该与猜对的密钥相对应[2, 3, 18]。

参考文献[18]中的结果表明，即使一次攻击一个 SUBYTE，执行的 CPA 也未能破坏 D^3L 的 AES 核。该文献中获得的最大相关系数为 0.354，这是所有测试方法中最低的，并且也并不对应正确的加密密钥。

12.4   多阈值双间隔子双轨延迟非敏感逻辑（MTD^{3}L）

12.4.1   第一种 MTD^{3}L

MTNCL 方法[20]中使用的多阈值晶体管具备提前完备性检测和可睡眠门等技术特点，MTNCL 电路在大多数指标下的性能优于其他 NCL 类型。Linder、Di 和 Smith 通过将这些技术应用于 D^3L 方法以减少 D^3L 电路开销而创建了 MTD^{3}L 方法[19]。在这种方法中，使用睡眠机制消除了传统 D^3L 组合逻辑功能所需的 NCL-X 完备性检测电路。与 MTNCL 门类似，MTD^{3}L 应用低 V_T 晶体管，所以 MTD^{3}L 门比对应的 D^3L 门切换得更快，而高阈值电压晶体管可以将泄漏电流保持在最低水平[19]。

我们测试了此设计方法对 SCA 的弹性及其开销，并且与同步、NCL 和 D^3L 方法进行了对比。在同一环境中使用这四种方法分别设计了 4 个 AES 核，采用了 Cadence 工具，并基于 IBM 8RF-DM 130 nm 工艺。事实证明，与 D^3L 方法相比，MTD^{3}L 方法在能耗、速度和面积开销方面取得了成功。例如，测试的 AES 核表明，完整加密过程的能耗从 6.012 nJ 减少到 3.84 nJ，并且内核面积从 6.27 mm^2 减少到 3.37 mm$^{2[19]}$。为了抵抗 SCA，我们改进了 CPA 方法，仅在同步 AES 核上成功破解[19]。4 个 AES 核的相关系数和攻击结果如表 12.7 所示。

表 12.7   同步、NCL、D^{3}L 和 MTD^{3}L 实现的 AES 核的抗 SCA 结果

设计方法	相关系数	关键猜测成功/失败
同步	0.872	成功
NCL	0.207	失败
D^3L	0.376	失败
MTD^{3}L	0.353	失败

尽管与 D^3L 方法相比，MTD^{3}L 方法在面积和能耗开销方面有了显著的减少，但与

NCL 和同步方法相比，MTD^{3}L 电路的开销仍然非常高。表 12.8 按部件列出了 NCL 和 MTD^{3}L 中 AES 核的能耗。可以观察到 NCL 和 MTD^{3}L 能耗之间的最大差异来自寄存过程，其中 MTD^{3}L 的寄存开销为 1.836 nJ，而 NCL 的寄存开销为 0.252 nJ。尽管存在大约 700% 的差异，但事实上这一观察结果并不令人意外，造成 D^{3}L 寄存开销的主要原因是 Ki 生成器、间隔子滤波寄存器和间隔子生成寄存器，它们也是 MTD^{3}L 寄存器的一部分。

表 12.8　NCL 和 MTD^{3}L 各部件的能耗

部　件	NCL 能耗 (nJ)	MTD^{3}L 能耗 (nJ)
寄存器	0.252	1.836
逻辑门	1.512	1.26
缓存	0.444	0.744
总计	2.208	3.84

考虑到 MTD^{3}L 电路中的寄存开销，我们提出了一种改进的 MTD^{3}L 方法，旨在创建一个简化的寄存新方案[21]。12.4.2 节介绍了改进的 MTD^{3}L 方法，描述了新型的晶体管级寄存器元件，也介绍了替换 Ki 生成器、间隔子滤波寄存器和间隔子生成寄存器的机制。在本章的其余部分，Linder、Di 和 Smith 的 MTD^{3}L 方法将被称为 MTD^{3}L_v1，而改进的 MTD^{3}L 方法将被简称为 MTD^{3}L。

12.4.2　新型 MTD^{3}L 设计方法

12.4.2.1　措施

D^{3}L 和 MTD^{3}L_v1 的寄存电路基于 NCL 寄存器结构，添加了 Ki 生成器、间隔子生成器和间隔子过滤器来处理双间隔子机制。然而，这些功能是在门级添加的，因此降低了它们的灵活性，也未能进一步优化。为了解决寄存开销问题，改进后的 MTD^{3}L 版本在晶体管级重新设计了新寄存器元件来处理自身的双间隔子机制。此寄存器元件不需要 Ki 生成器、间隔子生成器和间隔子过滤寄存器。此外，该寄存器元件简单且晶体管数量少；事实上，它的面积比对应的 NCL 电路的还要小。寄存器元件的晶体管级实现如图 12.4 所示。

12.4.2.2　取消间隔子生成寄存器的方法

睡眠信号与寄存器元件输出的关系

间隔子生成寄存器被睡眠寄存器取代。睡眠寄存器能够通过睡眠到 1 (sleep-to-one, s1) 和睡眠到 0 (sleep-to-zero, s0) 信号的有效性来生成 A1 和 A0 间隔子。由于双轨信号的每个轨都连接到其自身的寄存器元件，因此令两个寄存器元件同时睡眠，要么在 s1

信号有效时产生 A1 间隔子，要么在 s0 信号有效时产生 A0 间隔子。

　　该方法中的寄存器元件的实现方式为：当 s1 信号有效时，输出为逻辑 1；而当 s0 信号有效时，输出为逻辑 0。但为了简化晶体管级设计的实现，我们使用反向睡眠到 1(not-sleep-to-one)信号而不是睡眠到 1(s1)信号，反向睡眠到 1 信号记为 ns1。使用 ns1 信号后，当 s1 有效或 ns1 为逻辑 0 时，输出为逻辑 1。图 12.4 突出显示了睡眠信号及其在寄存器元件中的功能。

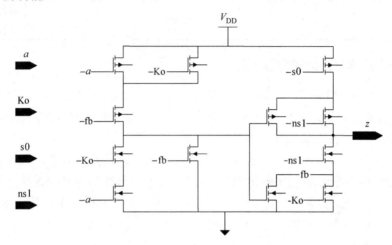

图 12.4　晶体管级的新型 MTD^{3}L 寄存器元件

　　该架构中 s0 和 s1 之间的互斥性至关重要。对于 DATA 状态，两个睡眠信号都置为逻辑 0；对于 NULL 状态，s0 或 s1 之一会有效。睡眠信号控制电路用于产生 s0 和 s1(ns1)信号。该电路的门级实现如图 12.5 所示。考虑到减少开销，睡眠信号控制逻辑应该是一个简单的电路，整个层级只寄存一个(信号)实例。

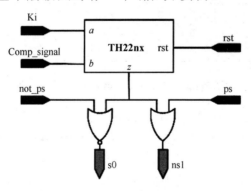

图 12.5　MTD^{3}L 睡眠信号控制单元

　　前间隔子(ps)信号的使用方法与 D^{3}L 确定睡眠信号有效的方法相同。当 ps 为逻辑 1(前间隔子是 A1 间隔子)时，s0 有效，以便寄存器元件产生一个 A0 间隔子；当 ps 为逻辑 0(前间隔子是 A0 间隔子)时，s1 有效，以便寄存器元件生成 A1 间隔子。表 12.9 总结了前间隔子和生成的间隔子之间的关系。

表 12.9　与睡眠信号及生成的间隔子相关的前间隔子

ps	s0	s1	生成的间隔子
1	1	0	A0 间隔子
0	0	1	A1 间隔子

12.4.2.3　晶体管级的寄存器元件

相比于 NCL 或 MTNCL 等其他双轨方法，MTD^3L 方法必须能赢得区分 DATA 状态的逻辑 1 及 A1 间隔子的逻辑 1 的挑战。而且 MTD^3L 方法的主要目标是在不增加面积、功耗和延迟开销的情况下赢得这一挑战。

新寄存器元件的实现利用了 Ko 信号和睡眠信号之间的关系。在双轨握手协议中，逻辑 1 的 Ko 信号表示了寄存器输出处于 NULL 状态，此时寄存器准备好接收 DATA 输入；而为逻辑 0 的 Ko 信号表示输出处于 DATA 状态，寄存器已准备好接收 NULL 输入。此外，当 s0 或 s1 信号有效时，寄存器的输出也处于 NULL 状态。因此，当 Ko 信号为逻辑 1 时，寄存器的输出由睡眠信号控制，寄存器的输入应该不影响其输出。Ko 信号与寄存器输出状态的关系总结在表 12.10 中。通过遵循以下三个步骤，就能将 Ko 信号并入 MTD^3L 寄存器元件的晶体管级设计中。

表 12.10　Ko 信号与寄存器输出的关系

Ko	s0	s1	寄存器输出
1	1	0	A0 间隔子
1	0	1	A1 间隔子
0	0	0	DATA

步骤 1：使用反馈路径调整类 OR 函数的寄存器元件结构

这个结构与 MTNCL 寄存器中 TH12m 门的结构相同。睡眠(s)信号有效时，强制此门输出逻辑 0，反馈路径强制输出有效后能够保持有效。图 12.6 中的晶体管级原理图解释了此功能。

由于 MTD^3L 元件需要两个输入型睡眠信号，因此首先在 TH12m 结构中添加一个 ns1 输入，如图 12.4 所示。对于两个输入型睡眠信号，该结构处理间隔子生成过程，但它不能阻止输入的 A1 间隔子导致的逻辑 1 覆盖输出数据状态。换句话说，在流水线的下一层级请求 NULL 状态之前，输出的逻辑 0 将被传入的 A1 间隔子覆盖。

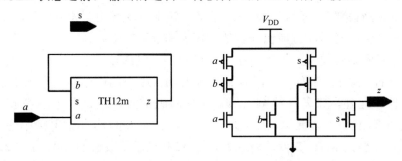

图 12.6　带有反馈输入的 MTNCL 型类 OR 函数的寄存器元件结构

步骤 2：在请求 NULL 之前，使用 Ko 阻止逻辑 0 的输入 A1 被覆盖为逻辑 1

如表 12.10 所示，当寄存器的输出处于 DATA 状态时，Ko 为逻辑 0。此外，当 Ko 为逻辑 0 时，将 Ko 与寄存器输入 a 串联后，Ko 就不会影响输入 a 的值而使其变为逻辑 1。换句话说，如果输入 a 将输出拉为逻辑 1，则要求 a 和 Ko 都需要同时为逻辑 1，而这种情况在寄存器输出为 DATA 时不会发生。图 12.7 中的原理图突出了 Ko 在寄存器元件中的作用。

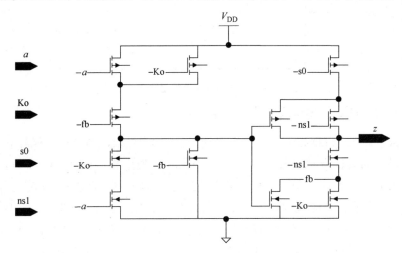

图 12.7　晶体管级 MTD^3L 寄存器元件中标注的 Ko 功能

步骤 3：睡眠信号(s0)和 Ko 下降沿之间的可控定时机制

如图 12.7 所示的 MTD^3L 寄存器元件，其自身会生成间隔子，可以正确地阻止输入的 A1 间隔子覆盖数据输出。然而，连续地观察事件，可以看出在一些 A0 间隔子输出之后可能会发生保持时间违规现象。事实上，使用提前完备性检测，Ko 和 s0 之间的传播延迟会潜在地导致两个信号同时置为无效。由于只要 Ko 不是逻辑 1，那么逻辑 1 输入就不会被锁存，因此生成 Ko 和睡眠信号的完备性检测逻辑块必须确保 Ko 在 s0 下降后的适当时间内保持在逻辑 1。s0 和 Ko 下降沿之间的延迟必须足够长，才能使输出上升；一旦上升，反馈路径就会接管，此时 Ko 下降，输出不受影响。我们已经测定 s0 和 Ko 之间只要有一个缓冲延迟，就能保证合适的速度和泄漏电流。

将这三个步骤结合起来，就形成了一个简单的 MTD^{3}L 寄存器元件，该元件能够生成和过滤自身的间隔子，从而无须在 D^{3}L 和 MTD^{3}L_v1 电路中使用间隔子生成器和间隔子过滤寄存器。此外，完备性检测逻辑块生成睡眠信号，双轨握手协议定义的 Ko 状态中也会使用 Ki 输入，因此 Ki 生成器不需要 D^{3}L 和 MTD^{3}L_v1 电路中使用的部件。图 12.8 显示了完整的 MTD^{3}L 双轨寄存器，图 12.9 显示了改进的 MTD^{3}L 整体架构，包括寄存器元件、完备性检测逻辑块、组合逻辑块，以及握手信号连接。

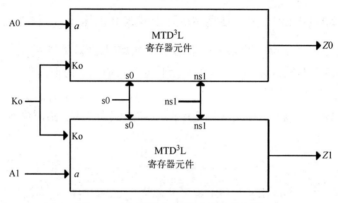

图 12.8　完整的 MTD^{3}L 双轨寄存器

12.4.2.4　MTD^{3}L 的模拟及结果

我们测试了新的 MTD^{3}L 方法，分析其对 SCA 的弹性，以及面积、能耗和延迟开销。为了与本章讨论的其他双轨设计方法进行公平比较，使用相同的 CAD 工具，并同样基于 IBM 130 nm 工艺设计了多个 AES 核[18, 19, 21]。与 D^{3}L 和 MTD^{3}L_v1 方法相比，改进的 MTD^{3}L 方法非常显著地减少了面积、能耗和延迟开销。表 12.11 显示了一轮加密过程下 NCL、MTD^{3}L_v1 和 MTD^{3}L 型 AES 核的延迟和能耗，可以看到改进的 MTD^{3}L 型 AES 设计能提供最佳的延迟和能耗。在表 12.12 中，比较了延迟、能耗和寄存晶体管数量。新的 MTD^{3}L 方法中能耗改进 353.9% 的主要原因是所采用的寄存方案；事实上，寄存能耗提高了 443.5%，MTD^{3}L_v1 寄存需要 1.836 nJ，而改进的 MTD^{3}L 寄存仅需 0.414 nJ。

表 12.11　NCL、MTD^{3}L_v1 和 MTD^{3}L 型 AES 核的延迟和能耗

设　　计	延迟(ns)	能耗(nJ)
新的 MTD^{3}L	85	1.085
MTD^{3}L_v1	330	3.84
NCL	462	2.208

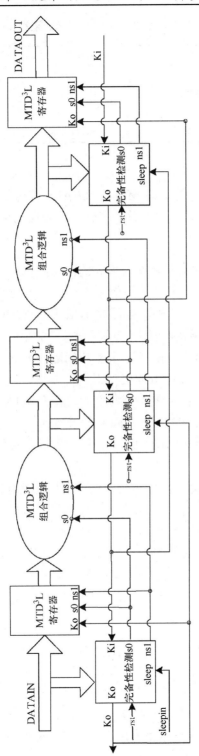

图 12.9　改进的 MTD³L 整体架构

表 12.12 MTD³L_v1 和改进的 MTD³L 之间延迟、能耗和面积的对比

设计目标	MTD³L_v1	改进的 MTD³L	改进结果
延迟 (ns)	300	84.9	388.7%
寄存能耗 (nJ)	1.836	0.414	443.5%
总能耗 (nJ)	3.84	1.085	353.9%
寄存晶体管数量	242 364	44 344	546.6%

12.4.2.5 对 SCA 的弹性

我们采用 DPA 和 CPA 来测试改进的 MTD³L 型 AES 核对 SCA 的弹性,并对 DPA 和 CPA 的最佳攻击条件进行了实验,以及分析了针对原理图的模拟攻击信息。

CPA

如 12.3.3 节所述,传统上 CPA 探索输入模式的汉明距离、猜测的密钥,以及电路能耗之间的相关性[3, 22],并不适用于双轨加密硬件,因为双轨数据格式下的汉明距离在不同的输入模式中是相同的[18]。此外,以前在 D³L 和 MTD³L_v1 型 AES 核[18,19]上使用的根据给定输入模式来统计翻转晶体管数量的改进 CPA 模型,也不适用于改进的 MTD³L 方法。消除了 Ki 生成器、间隔子产生器和间隔子滤波器的功能带来了一个好处,即 MTD³L 架构的其余部件仅使用双间隔子双轨门实现,其翻转行为不依赖于所处理的数据。不管输入数据如何,完备性检测逻辑块中基于 MTNCL 和同步门实现提前完备性检测,握手信号在每个周期都经历相同的翻转行为。这导致了在所有可能的输入模式下进行攻击时,计算 NCL 和 D³L 型 AES 核中翻转晶体管数量的程序会得出相同的数字,这是预期的结果。

CPA 基于猜测的密钥进行预测,以便与真实测量的能耗进行比较,从而计算相关系数来确定密钥猜测是否正确[3,22]。由于汉明距离及所有输入模式下翻转晶体管数量均相同,因此可得出结论,CPA 不适用于 MTD³L 型 AES 核。

除了 CPA 不适用,不同输入模式的能耗一致性进一步证明了 MTD³L 方法能够平衡翻转行为,并将能耗与处理数据相分离。在进行 SUBBYTE 操作时,S-BOX 电路所有 256 个可能输入的能量值的标准差为 (1.773E−14) J,0.0365% 的 SUBBYTE 的平均能耗较差。

DPA

遭受 DPA 的 128 位密钥的 AES 核需要跟踪大量功耗轨迹,以及提升的处理能力和较长的处理时间。为了减少所需的功耗轨迹数量,攻击集中在一个 S-BOX 上。在这种情况下,如果成功,攻击就能恢复密钥的一个字节,通过重复相同的过程就可以恢复整个密钥。该技术将密钥猜测次数从整个 128 位密钥攻击所需的 2^{128} 次减少到一字节攻击所需的 2^8 次。每个关键猜测都关联多个纯文本,以记录用于统计分析的功耗轨迹的实际数

量。此外，选择第一轮攻击而不是最后一轮攻击以缩短模拟时间。第一轮攻击的目标是第一个 AddRoundKey 和第一轮的 SUBBYTE 操作[1, 2]；攻击时只需考虑相应的部分功耗轨迹，因此可以在第一轮加密后停止模拟。最后，还应知道在添加密钥和进行 SUBBYTE 操作时的真实密钥和确切时间；所以我们采用的攻击条件比通常的 DPA 条件要有利得多。

　　我们对 4000 多条功耗轨迹进行了统计分析，没有检测到相关性迹象。通过观察不同输入模式下的功耗轨迹，发现其非常相似，尖峰对应于执行的操作（步骤）而不是处理的数据。这些相似之处再次证明 MTD^{3}L 电路的功耗取决于正在执行的操作，但完全独立于处理的数据。

　　攻击的统计分析基于 S-BOX 电路的软件模型，该模型有助于将功耗轨迹分为两组。G0 组由对应于低功耗输入的功耗轨迹组成，它们在电路兴趣点处消耗更少的电流；而 G1 组由高功耗输入的功耗轨迹组成。对于成功的攻击而言，随着更多的轨迹被糅合在一起，这些兴趣点上的功耗差异会不断放大。然而，如图 12.10 所示，avgG1 轨迹（代表 G1 组中的平均功耗轨迹）和 avgG0 轨迹（代表 G0 组中的平均功耗轨迹）没有显示出可检测到的差异。事实上，avgG1 轨迹几乎完全覆盖了 avgG0 轨迹。在成功的 DPA 中的兴趣点上，例如第一个 AddRoundKey 阶段，avgG1 轨迹会飙升得更高，从而与 avgG0 轨迹分开[1]。完全覆盖彼此的两条平均功耗轨迹是功耗与处理的数据之间缺乏相关性的另一个证明。因此，可以得出结论，DPA 不会破坏 MTD^{3}L 型 AES 核。

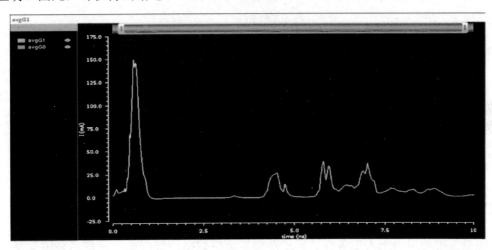

图 12.10　G0 组和 G1 组的平均功耗轨迹

12.5　测试结果

　　本章讨论了用于加密硬件设计的不同方法。使用这些方法设计的 AES 核经过了抗

SCA 的能力及面积、功耗(能耗)和延迟开销的测试。表 12.13 总结了本章讨论的设计方法对 SCA 的弹性。

表 12.13　设计方法对 SCA 的弹性

设计方法	CPA	DPA
同步	成功	未测试
NCL	成功	未测试
D^3L	失败	未测试
MTD^3L_v1	失败	未测试
MTD^3L	不可用	失败

已证明 D^3L、MTD^3L_v1 和 MTD^3L 型 AES 核都对 SCA 具有很强的弹性，D^3L 中的能耗、面积和延迟开销较小，MTD^3L_v1 更小。表 12.14 显示了讨论的每种设计方法的 AES 核执行一轮数据加密所需的能耗和延迟。

表 12.14　不同设计方法的能耗和延迟

设计方法	能耗(nJ)	延迟(ns)
同步	1.356	153
NCL	2.208	462
D^3L	6.012	325
MTD^3L_v1	3.84	330
MTD^3L	1.085	85

所有讨论过的双间隔子双轨设计方法，即利用 D^3L、MTD^3L_v1 和 MTD^3L 研发的安全硬件都显示出对 SCA 有极强的弹性。基于此方法的可信研究，证明了采用双间隔子双轨设计方法研发的 AES 核能够抵挡住 SCA。相对其他方法，改进的 MTD^3L 方法表现得更好，除了抵抗 SCA，这种方法甚至比同步方法具有更低的能耗和延迟开销。

12.6　结论

随着日常使用的个人设备存储和处理更多敏感数据，数据安全变得越来越重要。加密硬件虽然对暴力攻击非常安全，但容易受到侧信道攻击(SCA)。此外，技术的进步伴随着侧信道攻击的进步。各种各样关于侧信道攻击的对策只在有限的时间内能站稳脚跟，但最终未能通过时间的考验。基于双轨的方法，如 NCL，有可能将处理过的数据与侧信道信息分离，这将为侧信道攻击提供永久解决方案。

本章介绍了一种基于双间隔子双轨的对侧信道攻击具有弹性的加密硬件。使用 D^3L

方法实现的 AES 核展示了对改进的 CPA 的弹性。此外，从 D^3L 衍生出另外两种方法，以追求具有最小开销的 SCA 弹性加密硬件。这条道路上的最后一项努力产生了一种改进的 MTD^3L 方法，该方法实现了对 SCA 的强大弹性和极低开销。事实上，与包括同步 AES 核在内的所有其他讨论过的方法相比，采用这种方法设计的 AES 核具有最佳的延迟和能耗。此外，在这种 AES 核遭受 DPA 时，它没有显示出任何弱点，从而不能将其破解。由于其完全平衡的翻转行为，MTD^3L 方法还使 CPA 失效，因为汉明距离和翻转行为对于所有可能的输入模式均保持相同。我们得出的结论是，即使所有三种双间隔子双轨设计方法都对已知的 SCA 具有弹性，但只有 MTD^3L 方法实现了完全平衡的翻转行为，并且产生的电路在面积、能耗和延迟方面最佳。

参考文献

[1] P. Kocher, J. Jaffe, and B. Jun, "Differential power analysis," Proc. Adv. Cryptogr., Ser. LNCS, vol. 1666, pp. 388–397, 1999.

[2] A. Moradi, O. Mischke, and T. Eisenbarth, *Correlation-Enhanced Power Analysis Collision Attack*, Springer, Berlin, Heidelberg, 2010, pp. 125–139.

[3] E. Brier, C. Clavier, and F. Olivier, "Correlation power analysis with a leakage model," Cryptogr. Hardw. Embed. Syst., vol. 3156, pp. 16–29, 2004.

[4] T. S. Messerges, E. A. Dabbish, and R. H. Sloan, "Investigations of power analysis attacks on smartcards," in *USENIX Workshop on Smartcard Technology*, Chicago, IL, USA, May 10–11, 1999, pp. 151–161.

[5] P. Bottinelli and J. W. Bos, "Computational aspects of correlation power analysis," J. Cryptogr. Eng., pp. 1–15, 2016.

[6] S. Heron, "Advanced encryption standard (AES)," Netw. Secur., vol. 2009, no. 12, pp. 8–12, 2009.

[7] S. Aumonier, "Generalized correlation power analysis," in *Proceedings of the Ecrypt Workshop Tools for Cryptanalysis*, 2007.

[8] P. Kocher, J. Jaffe, B. Jun, and P. Rohatgi, "Introduction to differential power analysis," J. Cryptogr. Eng., vol. 1, no. 1, pp. 5–27, 2011.

[9] C. Herbst, E. Oswald, and S. Mangard, "An AES smart card implementation resistant to power analysis attacks," in Lecture Notes in Computer Science (including subseries Lecture Notes in Artificial Intelligence and Lecture Notes in Bioinformatics), 2006, vol. 3989, pp. 239–252.

[10] S. Nikova, V. Rijmen, and M. Schläffer, "Secure hardware implementation of nonlinear functions in the presence of glitches," J. Cryptol., vol. 24, no. 2, pp. 292–321, 2011.

[11] E. Oswald, S. Mangard, N. Pramstaller, and V. Rijmen, "A side-channel analysis resistant description of the AES S-box," Fast Softw. Encryption, pp. 413–423, 2005.

[12] D. Canright and L. Batina, "A very compact 'perfectly masked' S-box for AES," in *Applied Cryptography and Network Security*, Springer, Berlin, Heidelberg, 2008, pp. 446–459.

[13] J.-H. Ye, S.-H. Huang, and M.-D. Shieh, "An efficient countermeasure against power attacks for ECC over GF(p)," in 2014 *IEEE International Symposium on Circuits and Systems (ISCAS)*, 2014, pp. 814–817.

[14] T. Izu and T. Takagi, "A fast parallel elliptic curve multiplication resistant against side channel attacks," in Lecture Notes in Computer Science (including subseries Lecture Notes in Artificial Intelligence and Lecture Notes in Bioinformatics), 2002, vol. 2274, pp. 280–296.

[15] T. Akishita and T. Takagi, "Zero-value point attacks on elliptic curve cryptosystem," Inf. Secur., vol. 1, pp. 218–233, 2003.

[16] S. C. Smith and J. Di, "Designing asynchronous circuits using NULL convention logic (NCL)," Synth. Lect. Digit. Circuits Syst., vol. 4, no. 1, pp. 1–96, 2009.

[17] K. M. Fant and S. A. Brandt, "NULL convention logic: a complete and consistent logic for asynchronous digital circuit synthesis," in *Proceedings of International Conference on Application Specific Systems, Architectures and Processors: ASAP '96*, 1996, pp. 261–273.

[18] W. Cilio, M. Linder, C. Porter, J. Di, D. R. Thompson, and S. C. Smith, "Mitigating power- and timing-based side-channel attacks using dual-spacer dual-rail delay-insensitive asynchronous logic," Microelectr. J., vol. 44, no. 3, pp. 258–269, 2013.

[19] M. Linder, J. Di, and S. Smith, "Multi-threshold dual-spacer dual-rail delay-insensitive logic (MTD3L): a low overhead secure IC design methodology," J. Low Power Electron. Appl., vol. 3, no. 4, pp. 300–336, 2013.

[20] J. Di and S. C. Smith, "Ultra-low power multi-threshold asynchronous circuit design," U.S. Patent 7,977,972 B2, July 12, 2011.

[21] J. P. T. Habimana, F. Sabado, and J. Di, "Multi-threshold dual-spacer dual-rail delay-insensitive logic: an improved IC design methodology for side channel attack mitigation," in *2016 IEEE International Symposium on Circuits and Systems (ISCAS)*, Montreal, QC, 2016, pp. 750–753.

[22] C. Clavier, J. S. Coron, and N. Dabbous, "Differential power analysis in the presence of hardware countermeasures," In *Proc. CHES 2000*, pp. 252–263, 2001.

第13章 面向定时单通量量子电路的
异步时钟分布网络

本章作者: Ramy N. Tadros[1], Peter A. Beerel[1]

单通量量子(single flux quantum, SFQ)技术潜力巨大, 可满足电子工业与未来的百亿亿次级超级计算系统中对低功耗和高运算速度的需求。然而, 目前尚未实现已经规划的三个量级的低功耗和一个量级的性能提升, 可变性和可伸缩性一直是该技术进步、提高竞争力、发展及取代硅基 CMOS 的长期障碍, 而且工具流程也并未建立。相反, 这些都是 CMOS 数字电路设计的主要优势。

在这一章, 我们讨论采用异步时钟分布网络(ACDN)作为 SFQ 电路的定时机制。特别是, 我们回顾了同构三叶草形时钟的层级链[hierarchical chains of homogeneous clover-leaves clocking, (HC)^{2}LC][1], 一种在这类不确定的环境下仍具有弹性的自适应定时技术。(HC)^{2}LC 从它的异步特性中继承了健壮性, 该特性适应空间相关的元件延迟变化, 合理地权衡了面积和功耗的代价, 从而可以获得更高的可靠性和提升的可伸缩性。

13.1 简介

虽然现在已有大数据技术和超级计算机, 但未来必须分析体量更大的数据, 因此需要更强大的计算机。然而, 一个现代设计的百亿亿次计算平台的功耗在几十兆瓦(megawatt)的量级[2]。根据最乐观的假设, 未来的超级计算机所需的功耗相当于一个小型发电厂[3]生产的电力, 因此需要低功耗、高性能的处理器。

13.1.1 为什么讨论超导

实现这些超级计算的设想是具有挑战性的, 超大规模集成电路行业正在接近半导体规模的物理极限。VLSI 社区的许多人都在寻求深度摩尔, 面向超越 CMOS 器件来探索未来[4]。超导电子元器件, 特别是 SFQ, 理论上在无电阻偏置网络[3]情况下拥有一个量

---

1 Ming Hsieh Department of Electrical and Computer Engineering, University of Southern California (USC), Los Angeles, CA, USA

级的速率提升，同时还能够降低至多三个量级的功耗。尽管有快速冷冻的开销[3]，但此项技术早在 20 世纪 80 年代末期就被认为是接近极限的未来技术[5]。

然而，这一目标从未实现。在这么多的质疑中，可变性和可伸缩性似乎成了重要的问题[6-10]。首先，在可伸缩性方面，CAD 工具及其在数十年工艺进步中的发展和演变，使得 CMOS 技术得以蓬勃发展。超导电子界缺乏这样一个已建立的既定的流程[8-10]。其次，在可变性方面，SFQ 具有较高的非确定性[6, 7]：（1）全局制程偏差[6]；（2）由于制造的局限所造成的局部不匹配[7]；（3）RLC 寄生现象[11]；（4）偏置分布的不匹配[12]；（5）在超导变迁过程中的受限通量[13]；（6）热波动[6]；以及（7）局部的电阻发热[14]。这使得一个 1 THz 的器件只能在低得多的 20 GHz 的时钟频率下工作。

13.1.2　定时是挑战

在这样一个不确定的环境中，（器件的）高频运转仍然非常具有挑战性[6, 15]。虽然一些研究人员认为平衡树形零偏移时钟的健壮性不够[5, 16]，但激进的异步解决方案通常被认为过于昂贵[17, 18]。正如参考文献[5]中所解释的那样，虽然对于 SFQ 来说，异步解决方案是非常自然的，但高性能的目标吸引了研究人员远离纯异步解决方案。遗憾的是，混合方法太过于定制化，以至于无法推广到更大范围[15, 19-21]。

13.1.3　异步时钟分布网络

在参考文献[22]中，我们建议使用 ACDN[1]来提供循环移位寄存器（CSR）的 SFQ 时钟，CSR 是最简单的算法循环形式，可用于研究定时机制[23]。对于 32 门 CSR，与零偏移时钟相比，所提出的技术在相同周期内实现了高达 93%的性能提升。然而，参考文献[22]的工作并没有解决如何将提出的时钟结构进行扩展的方法，使之可胜任比基本的 CSR 循环更通用和更复杂的流水线结构。特别是这种循环时间为 $O(N_{gates})$，这对于大尺度超大规模集成电路的设计是非常不切实际的。

我们之前在参考文献[1, 24]中的工作扩展了参考文献[22]的内容，并提出了一种适用于通用复杂流水线的健壮自适应定时技术，其周期时间与总门数无关。(HC)^{2}LC 的健壮性继承自各种原因导致的空间相关性[6, 7, 11, 12, 14, 25]与传统逆流（counterflow）时钟的定时健壮性[5]，本章将从这两点来展开讨论。

13.1.4　本章概述

本章的结构如下。首先，13.2 节提供了 SFQ 技术的背景知识，同步系统的基础定时机制，以及 SFQ 中的时钟分布网络（CDN）。然后，13.3 节基于标记图（MG）来讲解 ACDN 的理论知识。之后，13.4 节讨论了 (HC)^{2}LC 方法的架构、定时属性及构造方法，并回顾了一些初步结果。最后，13.5 节进行了总结。

13.2　背景知识

首先，本节解释 SFQ 技术和电路的基础知识，指出它与 CMOS 的区别，并讨论引起各种不确定问题的原因。其次，本节提供一些关于定时、同步和 CDN 的基础知识。此外，还特别讨论了 CDN 设计，以及 SFQ 中的挑战。

13.2.1　SFQ 工艺

超导性[26, 27]是指某些材料在冷却到某个特定的临界温度以下时电阻为零，以及具有完全抗磁性。这种现象并不表现出基于经典物理学的理想的完美电导率，而是一种量子力学现象。

参考文献 [26] 和 [27] 都解释了超导的量子现象和超导电子学的主要基础——Josephson 结(JJ)的隧穿效应。简而言之，JJ 由一个小的不连续面隔开的两个超导体构成，具有有趣的 *I-V* 特性——可以用其构建逻辑门[5]。在 IEEE 应用超导学报的第一篇论文中，Likharev 和 Semenov[5]总结了 SFQ 技术的基本特性，与通过传统直流(DC)电压表示信息不一样，将过阻尼 Josephson 结连接，可以用短量子脉冲(称为磁通子或 SFQ 脉冲)表示二进制信息。在 20 世纪 80 年代，一个过阻尼 Josephson 结可以激增式地产生 0.5 ps 的磁通量。

SFQ 与传统 CMOS[5]的主要区别可以总结如下。

● **比特位的表示方式**：SFQ 电路遵循"SFQ 基本约定"，即在某一段时间内，如果 SFQ 脉冲到达，则被识别为逻辑高电平；如果在这段时间内没有脉冲，就会被识别为逻辑低电平。

● **门级流水线**：本质上，每个逻辑元件都需要一个时钟信号来操作，故传统的组合逻辑元件无法实现。传统上设计时序网表的抽象结构是在两个寄存器之间插入一片组合电路，需要修改才能适用于 SFQ 应用。在 SFQ 中，没有组合电路，只有时钟门，产生了具有挑战性的门级流水线：(1)流水线饥饿现象[28, 29]，此时大部分流水线都缺少数据，反映出一种低效的吞吐量；(2)具有比传统 CMOS 电路多得多的时钟阱(clock sink)，加剧了 CDN 的设计挑战；(3)增加了对建立和保持时间的灵敏度，原因是没有显著的组合逻辑延迟，时钟门在时钟周期中所占的份额更大。

● **互连**：传统意义上的普通连接导线已不存在，SFQ 集成电路的互连要么使用必须匹配的无源传输线(PTL)，要么使用诸如 Josephson 传输线(JTL)[6]的有源传输线。

● **破坏性读出(DRO)**：对于 SFQ 逻辑门，这种时钟脉冲的逻辑元件的赋值是破坏性的过程。因此，这些门被称为 DRO 元件。对于 CMOS 寄存器，则是非破坏性的。

- 扇出：SFQ 元件的扇出严格为 1。这就需要使用分流器[见图 13.1(a)]来获得更高的扇出。

除了同步逻辑元件，SFQ 还使用其他几个元件来执行非逻辑功能。这些元件本质上是异步的[5]，因为它们不依赖时钟。图 13.1 给出了一些基本异步 SFQ 元件的符号，首先是分流器，图 13.1(a)介绍了解决扇出问题的分流器，采用电流放大机制产生两个单独的脉冲，当输入脉冲出现的时候，就从其输入端口复制出两个脉冲。图 13.1(b)给出的交汇缓冲器(CF)是一个融合器，每当在其任一输入端口检测到一个脉冲时，就产生一个输出脉冲。如果两个输入脉冲在一定的建立时间内发生，则只产生一个脉冲。这就是它与组合逻辑的 OR 门的区别所在。并存结(C 结)如图 13.1(c)所示，它在功能上与 Muller C 单元[16]相似，当且仅当两个输入端口都检测到一个输入脉冲时，将生成输出脉冲。C 结的功能遵循参考文献[5]中描述的有限状态机(FSM)，即如果两个脉冲在一个输入上连续到达，而另一个输入尚未接收，那么第二个脉冲不会改变输出状态，可以说基本不影响输出。如图 13.1(d)所示，通过微调了偏置电流分配电路(bias current distribution circuit)，启动的 C 结就能初始化 FSM 的各个状态。具体而言，in_2 的第一个脉冲将产生一个输出脉冲，此输出脉冲激活各个未启动的 C 结，产生一系列后续脉冲。

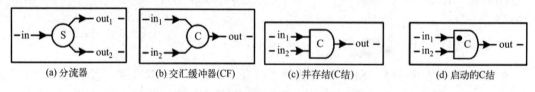

(a) 分流器　　　(b) 交汇缓冲器(CF)　　　(c) 并存结(C结)　　　(d) 启动的C结

图 13.1　基本异步 SFQ 元件的符号[1]

如 13.1.1 节所述，SFQ 技术具有高度的可变性。我们在此列举已知的具备可变性的原因。

- **全局制程变化**：生产过程带来的变化会对 SFQ 中的物理和定时参数有重大影响[6, 7]。

- **局部的不匹配**：源自光刻(photolithography)衍射限制、制造容错性，以及版图不准确和不对称，还需考虑局部不稳定性[6, 7, 25]。

- **RLC 寄生现象**：虽然设计人员倾向于认为标准单元(lumped-element)的阻抗值是精确的，但除了相互作用，许多寄生现象也会影响这些阻抗的实际值[11]。

- **偏置分布式网络**：偏置电流的不匹配改变了门的工作方式，故修改其定时参数[12]。

- **通量捕获**：在冷却过程中，器件经历一个过渡性的部分超导阶段。当一个"正常"区域被超导区域包围时，一些通量量子会驻留在此区域，并最终被捕获，从而改变相关的 Josephson 结的临界电流值[13, 30]。

- **热波动**：冷却不完美会导致热波动，从而导致存储和决策错误[6, 31]。
- **量子波动**：铌传输性质的变化会引起伴生 Josephson 结临界电流的变化[6]。
- **局部的电阻加热**：RSFQ 和 ERSFQ/eSFQ[3]都使用过阻尼结，其中一个电阻被分流到每个 Josephson 结[5]，而 RSFQ 也将电阻用于偏置分布网络。此外还有其他用于各种逻辑门或部件的电阻，所有电阻都会产生热噪声，这些热噪声会影响附近门[14]的定时参数。
- **抖动积累**：随着路径中 Josephson 结数量的增加，构成该路径的门上的抖动量会积累，从而产生额外的定时和延迟变化。

13.2.2　定时的基础

产量下降可能来自装配故障、冷却期间的通量捕获、直流偏置或定时违规，本章只讨论后者，因此本小节提供了定时和时钟的背景知识。

如果两个寄存器[32]之间只存在组合逻辑（没有时序单元），则这对寄存器是时序相邻的。图 13.2 显示了同步系统[16]中两个时序相邻的元件。注意，我们用 Δ 表示最大延迟值，用 δ 表示最小（混合[33]）延迟值。SFQ 系统和 CMOS 系统分别如图 13.2 (a) 和 (b) 所示，二者的区别是在 CMOS 中，寄存器元件之间有一个组合逻辑块；而在 SFQ 中，逻辑元件本身就是寄存器，这种元件之间没有更多的逻辑——它们之间只发生互连延迟，其原因即所有常规的 SFQ 逻辑门都是时钟定时的。

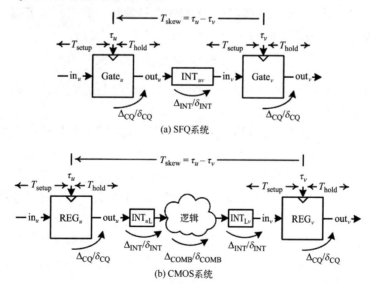

(a) SFQ系统

(b) CMOS系统

图 13.2　同步系统中的两个时序相邻的门[1]。τ_x 表示第 x 个门的时钟输入。
数据通路和时钟路径参数分别被描绘为带箭头的曲线和直线。INT
代表门之间的互连；REG 和 COMB 分别表示寄存器和组合逻辑

传统同步时钟[32]的主要定时条件是：（1）稳态周期，SFQ 脉冲出现在每一个时间周期 T_{sys} 的时钟输入处；（2）设置合适的偏移值，两个任意时钟阱之间的时钟到达时间差是明确设置的。对于任意的时钟阱 Gate_n，这些条件可以形式化表示为[1]

$$\tau_n^{(i)} = T_{\text{up}} + T_{\text{skew}_n} + i \cdot T_{\text{sys}}, \ \forall i \geq i_{\text{up}} \tag{13.1}$$

其中，i 表示时钟信号的第 i 次出现。T_{up} 和 i_{up} 分别为准备周期和出现序数，它们均为表示时钟系统进入周期稳态前的暂态相位的常数[1, 34, 35]；T_{skew_n} 是在 Gate_n 上相对于参考量的偏移量。

对于有反馈的系统——大多数时序系统都如此——时钟偏移被认为是守恒的（conserved）[32]。换句话说，任意两个门 Gate_u 和 Gate_v 之间的反馈路径的时钟偏移与前向路径的时钟偏移之间有以下关系：

$$T_{\text{skew}_{uv}} = -T_{\text{skew}_{vu}} \tag{13.2}$$

这些概念对于系统避免定时违规至关重要，它们通过某种形式的静态定时分析（STA）[33]进行核查。特别是，为了在图 13.2(a) 所示的从门 Gate_u 到另一个门 Gate_v 的任意数据通路上考虑建立时间，系统应该满足以下这些建立约束[16]：

$$T_{\text{sys}} \geq \Delta_{\text{DATA}} + T_{\text{setup}} + T_{\text{skew}} \tag{13.3}$$

其中，$\Delta_{\text{DATA}} = \Delta_{\text{CQ}} + \Delta_{\text{INT}}$ 表示从 τ_u 上的时钟脉冲到 in_v 上的数据脉冲到达之间的最大延迟。T_{setup} 是 Gate_v 的建立时间。T_{skew} 是两个门之间的时钟偏移。其次，为了遵守数据通路上的保持时间，系统应该满足下面的保持约束[16]：

$$T_{\text{skew}} + \delta_{\text{DATA}} \geq T_{\text{hold}} \tag{13.4}$$

其中，$\delta_{\text{DATA}} = \delta_{\text{CQ}} + \delta_{\text{INT}}$ 是 τ_u 的时钟脉冲到达之后，in_v 上与 τ_u 相关的数据脉冲到达之前的最小延迟。T_{hold} 是 Gate_v 上的保持时间。

T_{skew} 的值被称为系统的时钟偏移，它是时钟信号到达不同时钟阱[33]的时间差值。但是，当我们考虑前面讨论的非确定性时，不能认为这个值是固定的，而应将其作为一个随机变量来处理。此外，其他高频环境变化，如时钟源中的噪声或任何异常都会导致时钟抖动[33]。与时钟偏移类似，时钟抖动要求的时间约束更强，迫使设计系统时需考虑更大的裕度，从而限制了性能[16, 32, 33]。

正如参考文献[32]所定义的，CDN 是用来产生时钟信号波形并将其发送到各寄存器进行同步的网络。传统上，通用的 CDN 结构基于等电位定时（equipotential clocking），整个网络必须在半个时钟周期内达到特定的电压。

即便在 CMOS 工艺下，CDN 的设计也不是一件简单的工作，特别是高频 CDN 的设计更加复杂，原因如下。

- 反向缩放[36]，内部互连机制与器件的缩放速度不同。当沟道长度减小时，门延迟减小，但互连延迟增大。这使插入延迟(insertion delay)——从时钟源到时钟阱的延迟——保持不变，但时钟周期减少。时钟偏移值的概率密度函数(pdf)依赖于延迟的绝对值，所以插入延迟必须最小化。较大的插入延迟会导致时钟偏移更大的非确定性[37]。

- 在高频时，由于寄生效应，时钟波形偏离了理想的阶跃响应，Elmore 延迟[38]——通常用于内部互连机制的延迟模型——变得不那么准确[32]。

- 在高频条件下，片上电感和传输线损耗开始显现，这也增加了延迟的非确定性。

在 CMOS 中有几种 CDN 技术，例如网格[33, 37]、H 树[33]、蛇形传输[37]和脊[33]。实际上，高性能芯片[37]通常采用混合方法，使用三级分布[39]：(1)全局 CDN——使用对称缓冲树，所有导线均做屏蔽，使用静态或主动脱偏移(deskew)方法；(2)区域 CDN——常常使用脊或网格；(3)局部 CDN——将区域网络的所有时钟阱作为局部时钟缓冲器，然后用平衡树来定时局部区域。

13.2.3　SFQ 中的时钟

如前所述，设计用于 CMOS 高频时钟的 CDN 是非常具有挑战性的。在 SFQ 中，挑战的难度更大，原因如下。

- 更多的变量。

- 由于没有明显的组合逻辑延迟，对时钟偏移、建立和保持时间变化有着更高的灵敏度。

- 由于门级流水线而导致的极高数量的时钟阱。

- 在 SFQ 中不清楚如何进行脱偏移。特别是监测时钟偏移，以及调整可编程延迟线的机制还没有得到很好的研究。

- 因为量子传输，所以网格似乎在物理上与 SFQ 脉冲不兼容。

因此，高频下的 CDN 和对 SFQ 的定时是具有挑战性的问题。参考文献[5]解释了 SFQ 的两种基本时钟，一种是适合高性能的并发流时钟，另一种是能提供更健壮解决方案的逆流时钟。然而，由于式(13.2)中所述的时钟偏移守恒，计算过程中不可避免会存在算法性的循环，从而阻碍了该技术的使用。这些循环加剧了时钟的复杂性。人们已经尝试过采用 SFQ 构建处理器：FLUX[19]和 CORE[15]都使用了修改后的全局异步局部同步(GALS)方法。TIPPY[20]采用数据驱动自定时技术[40]，参考文献[21]中的处理器采用参考文献[41]的异步技术。所有这些处理器都依赖于不可避免的手动和定制优化，这些处理器没有一个使用全同步的 CDN。即使对于线性流水线，参考文献[42, 43]中的工作建议使用异步的脉冲流水线结构来实现 8 位 ALU 和 16 位稀疏树加法器。基于这些情况，我们认为 SFQ 中的算法循环的时钟仍然是一个未解决的问题，正如参考文献[16]中所述的那样。

在规模非常大的 SFQ 芯片上无法使用无时钟偏移平衡树的原因可以总结如下。

- 由于制造和参数波动[12, 44]造成的物理设计的非确定性与无偏移方案不可调和，无偏移方案需要了解每个分支的每个参数的详尽信息。
- 携带高速波的大型感应时钟网络容易受到各种电磁效应的影响，特别是在 SFQ 中无法自然地实现网格或自适应偏移缓冲器[39]。
- 片上温度波动会加剧时钟抖动和偏移[31, 44]。
- 通量捕获[13]影响电流偏置分布网络[45]，从而改变了树形设计的对称性。

13.3　异步时钟分布网络

在本节中，我们将解释 ACDN[1]的基础知识。首先对 MG 理论的某些方面进行背景分析，为研究结果奠定基础，然后再来讨论 ACDN 理论。

13.3.1　MG 理论

Petri 网(PN)是一个图形化的数学建模工具[46]，包含了带有标记的位置(画为圆圈，表示为 p)，标记或令牌(画为实点)处于某位置中，表示此位置需要满足的条件，变迁(画为条形，表示为 t)代表一些动作或事件。弧形用作位置和变迁之间的相互关联，以表示因果依赖。PN 可以将特定的执行时间值赋予位置或变迁来安排时间。若一个变迁的所有输入位置都有令牌，则称该变迁被启用；如果为此变迁赋予了时间值，则在其执行时间之后，则称该变迁被激发(fire)，表示此事件的完成。一旦变迁被激发，每个输入位置将删除一个令牌，每个输出位置将添加一个令牌。这就是所谓的激发规则(fire rule)。

标记图(MG)是 PN 的一个子类，其每个位置仅能有一个输入变迁和一个输出变迁[46]。为了本章的描述方便，还需要一些额外的相关定义。如果一个 MG 总是有可能激发一个变迁——例如建模无死锁操作，则此 MG 具有活性(live)。如果每个位置的令牌数量不超过一个，则认为此 MG 是安全的(safe)。源(source)是最初启用的变迁。一条有向路径(directed path)是位置和变迁的交替序列。有向路径延迟(directed path delay)是该路径上所有变迁的执行时间之和。有向线路(directed circuit)是一条有向路径，开始和结束于同一变迁，但所有其他节点都是不同的。关键环路(critical circuit)是一个有向线路，要求关键环路延迟除以关键环路内部的令牌总数等于所有有向线路上的最大延迟 T_{sys}。

考虑到 PN 和 MG 的性质，时间约束的 MG 非常适合用于对无选择操作且周期性的定时电路进行建模。任何门都可以建模为一个变迁，该变迁的执行时间与门延迟相同。对于 SFQ，任何互连都可以建模为连接到一个变迁的输入位置。图 13.3 给出了一些基本的异步 SFQ 元件及其 MG 模型。图 13.3(a) 所示的分流器可以解决 SFQ 单扇出问题[5]。由于交汇缓冲器 (CF) 的特性，无法将其建模为 MG。然而，将 CF 和启动 GO 信号视为一体，如后面的图 13.7(a) 所示，就能将此组合建模为图 13.3(b) 中描述的 MG，此时假设这个 GO 信号是系统中发生的第一个事件，并且如 13.4.3 节所述，它只发生一次。图 13.3(c) 的并存结 (C 结)[47] 对应的启动的 C 结如图 13.3(d) 所示。

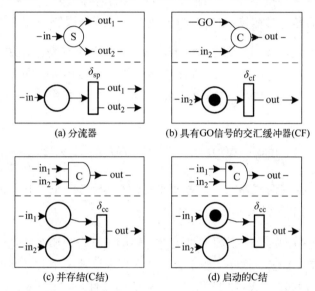

(a) 分流器　　　　　　(b) 具有GO信号的交汇缓冲器(CF)

(c) 并存结(C结)　　　　　　(d) 启动的C结

图 13.3　基本的异步 SFQ 元件及其 MG 模型[1]

13.3.2　ACDN 理论

在本节中，我们将解释 ACDN 的基本原理。特别地，我们讨论了到达时钟阱的定时信号的定时特性，以及异步系统为了实现这些特性必须满足的约束条件。

13.3.2.1　同步时钟阱

如果我们将 CDN 建模为定时 MG，那么可以将变迁作为时钟阱或 CDN 的其他部分，但都必须满足 13.2.2 节介绍的同步性质，此性质形式化地描述为式 (13.1)。根据参考文献[1]，可得到以下定理。

定理 13.1　对于安全且具有活性的 MG，如果 (1) 每个有向线路中都仅有一个令牌，(2) 此 Petri 网仅有一个源 t_s，并且 (3) 该源属于一个关键环路，那么当 $i \geqslant 0$ 时，对于图中的所有变迁 t_n，有

$$\tau_n^{(i)} = (\max_{h \in \mathscr{H}(t_s, t_n, 0)} \Delta(h)) + i \cdot T_{\text{sys}} \tag{13.5}$$

其中, $\tau_n^{(i)}$ 是变迁 t_n 的第 i 个激发信号, $\hat{\mathscr{H}}(t_s, t_n, 0)$ 是所有从 t_s 到 t_n 的零令牌有向路径, $\Delta(h)$ 是有向路径 h 的延迟。

13.3.2.2 非确定性

定理 13.1 的第三个条件对源变迁做了一个强假设, 即需要知道系统中每个有向线路的确切延迟, 以确保它保持不变。同时, 本章讨论的内容主要是分析高层次(行为描述)的非确定性。幸运的是, 参考文献[1]中的定理放宽了这个限制, 如下所示。

定理 13.2　对于安全且具有活性的 MG, 如果(1)每个有向线路中都仅有一个令牌, (2)此 Petri 网仅有一个源 t_s, 并且(3)该源不属于任何关键环路, 那么

$$\exists t_n \in C_n \in \mathscr{L}(t_s), \quad 并且 \exists t_u \in \mathscr{T}, \ t_u \neq t_s$$

那么

$$\tau_s^{(i)} + \max_{h \in \hat{\mathscr{H}}(t_s, t_n, 0)} (\Delta(h)) < \tau_u^{(i - M(h_{u \to n}))} + \Delta(h_{u \to n}), \quad \forall i \geq i_{\text{up}} \tag{13.6}$$

其中, t_n 与 t_s 都在一条有向线路上, t_u 是此 Petri 网中的另一个变迁。$h_{u \to n}$ 是从 t_u 到 t_n 的一条路径, $M(h_{u \to n})$ 是沿此路径的令牌数。

这个定理的意思是, 如果一个源不是关键环路的一部分, 那么总是可以通过探测确定的相邻变迁来得出 T_{sys} 的值。此外, 如果有可能合理地修改某个源环路的延迟, 迫使其达到临界状态, 则系统将遵守式(13.1)和式(13.5)的同步性质。这些内容将在 13.4.3 节和 13.4.4 节详细讨论。

13.4　同构三叶草形时钟的层级链

本节回顾了 $(HC)^2$ LC 方法[1, 24], 这种定时技术适用于通用和复杂流水线, 具有健壮性和自适应性。时钟网络的健壮性源于(1)各种变化源的空间相关性[6, 7, 11, 12, 14, 25], 以及(2)传统逆流时钟的定时健壮性[5]。在权衡合理的面积和功耗开销的同时, 这种方法具有更高的可靠性, 可伸缩性也有所提升。

13.4.1 节首先描述了层次化时钟结构的主体。然后 13.4.2 节和 13.4.3 节分别讨论了底层时钟架构和顶层时钟架构, 对应了层次结构的启动和终止。之后, 13.4.4 节讨论了架构的理论, 13.4.5 节讨论了其定时属性。最后, 13.4.6 节解释了架构评估流程并提供了一些初步结果。

13.4.1　层级链

图 13.4(a)给出了架构基础，即层次链(HCL)。一个 HCL 具有单输入和单输出。假设 CLK_{in} 上有一个周期为 T_{in} 的周期信号，则 CLK_{out} 上输出信号的周期为

$$T_{HCL} = \max(T_{in}, \delta_{ov} + T_{core}) \tag{13.7}$$

其中，δ_{ov} 是 HCL 开销延迟，T_{core} 是黑盒表示的核的传播延迟。

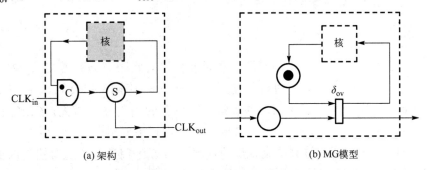

(a) 架构　　　　　　　　　　　　　(b) MG模型

图 13.4　层次链的环节[1]

注意，由于图 13.4(a)中的核也具有一个输入和一个输出，因此也可以是 HCL。使用 HCL 作为分形分层架构的构建块就是基于此性质。现在我们将这些环节连接在一起形成一条 HCL 链，如图 13.5 所示。此外，可以将一条 HCL 链视为一个 HCL。与之类似，假设 T_{in} 已知，输出周期可以如下所示：

$$T_{chain} = \max(T_{in}, \quad (C+1)\cdot\delta_{ov}, \quad \max_i T_{HCL_i}) \tag{13.8}$$

其中，C 是链中的环节数，$\max_i$ 对应链上的第 i 个环节。

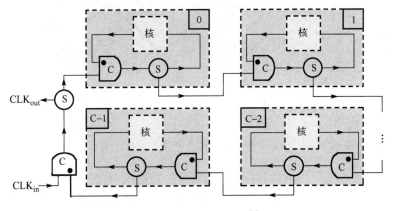

图 13.5　一条 HCL 链[1]

如果假设有大量的具有延迟 T_{core_i} 的核，然后将每个核连接到图 13.4(a) 的 HCL 电路，并将它们连接起来，使用图 13.5 的 HCL 链向上构建层次结构，那么最终得到一条具有顶层 HCL 的层级链。因此，顶层 HCL 的 CLK_{in} 具有周期 T_{in}，每一个第 j 个底层核输入处的信号周期 T_{core_j} 为

$$T_{\text{core}_j} = \max\left(T_{\text{in}}, \ (C_{\max}+1)\cdot\delta_{\text{ov}}, \ \ \delta_{\text{ov}}+\max_i \delta_{\text{core}_i}\right) \tag{13.9}$$

其中，$C_{\max}$ 是一条 HCL 链中的最大环节数。

13.4.2　底层

本节介绍了如何在层次结构的底层对逻辑元件进行定时。与参考文献[22]的混合三叶草形时钟类似，$(\text{HC})^2\text{LC}$ 底层时钟仅使用逆流时钟，如图 13.6 所示。每棵三叶草的门分布在叶子上，每片叶子有 L 个门，并且该三叶草有 N 片叶子。首先，CLK_{in} 被送到分流器树，每片叶子获得一个输入。在一片叶子内使用逆流时钟[5, 16]（见 13.2.1 节），并且 L 个分流器形成序列，采用与数据流相反的顺序，为 L 个门定时。这自然就以更严格的建立约束为代价，提供了保持约束的健壮性。之后，我们使用 C 结树来汇集叶子的输出，产生单个 CLK_{out} 信号对所有门定时。

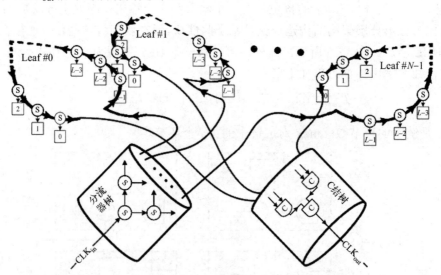

图 13.6　具有 N 片叶子的同构三叶草，每片叶子有 L 个门[1]

值得一提的是，流的同构性（即所有叶子都使用逆流时钟）无法适用于任意形式的流水线——数据通路不能始终与逆流时钟一致。例如，两个不同的三叶草或 HCL 之间可以存在连接，并且与这些连接相关的时钟并不会符合逆流时钟特征。当然也存在某种"门到时钟阱"的分派方案，可以使同构性实现尽可能接近完美。实际上，可以创建不同的

顺序来优化同构性，最小化保持/建立缓冲区的开销[24]，最大化性能，以及在这些不同目标之间取得平衡。

基于图 13.6，T_{core} 或者称为三叶草延迟 δ_{clover}，表示从 CLK_{in} 到 CLK_{out} 之间的延迟，可以写为

$$\delta_{clover} = [\log_2 N] \cdot \delta_{ov} + L_{max} \cdot \delta_{sp} \tag{13.10}$$

其中，N 是每棵三叶草的叶子数，L_{max} 是该三叶草的每片叶子的最大门数。

13.4.3　顶层环路

本节解释如何管理顶层 HCL（简称为顶层环路），图 13.7(a) 给出了环路的框图。$(HC)^2LC$ 需要一个独立的 GO 脉冲来初始化定时系统。该信号通过交汇缓冲器耦合到回路［见图 13.3(b)］。初始激发后，当 GO 端口上不再产生脉冲时，缓冲器将仅作为 JTL 工作。此时产生一个振荡环，充当了时钟源。请注意，使用一个有实点的 C 结和一个分流器，将层次结构的其余部分类似于 HCL 结构连接起来。输出信号 CLK_{out} 可用于从片外探测系统进行测试或通信，其周期为

$$T_{top} = \max(T_{L1}, T_{L2}) = \max(\delta_{ov} + \delta_{sp} + T_{hrcl}, + \delta_{cf} + 2\delta_{sp} + \delta_{ov} + \delta_{ctrl}) \tag{13.11}$$

其中，T_{L1}、T_{L2} 和 T_{hrcl} 分别是环路 $L1$、环路 $L2$ 和顶层 HCL 的周期，如图 13.7(a) 中的层次化框图所示。

除了考虑增减延迟的可编程性情形中环路的稳定性分析，图中具有可变控制延迟的灰色结构的电路设计将留作未来的研究。

我们初步采用此行为模型来验证所提出技术的性能。该模型作为具有延迟 δ_{ctrl} 的可编程延迟线，其值取决于两个输入：自身的输出，以及 CLK_{FB}——顶层 HCL 的 CLK_{out}。这样可以确保环路 $L1$ 上的延迟始终长于 $L2$ 的延迟。在最终的结构中，$L1$ 的延迟比 $L2$ 的长将保证时钟路径中的关键路径通过图 13.7(a) 顶层环路中的 C 结。我们将在下面详细讨论。

13.4.4　$(HC)^2LC$ 理论

本节将 $(HC)^2LC$ 结构与 13.3.2 节中的 ACDN 定时理论联系起来。本节表明定理 13.1 和定理 13.2［见式(13.5) 和式(13.6)］可应用于定时技术。

首先，$(HC)^2LC$ 电路可作为一个 CDN，因此可被建模为一个定时 MG，如 13.3.1 节所述。具体来说，HCL 结构和顶层环路的 MG 模型如图 13.4(b) 和图 13.7(b) 所示。其次，如果证明 $(HC)^2LC$ 满足这些定理的约束，那么可以将其看作 ACDN，从而用于同步 SFQ 芯片的定时。这些约束的确可以满足，如下所述。

1. 具有活性且安全的 MG。基于参考文献[46]中的定理 6，该定理指出有向线路中

的令牌数量不会随着激发而改变,可以推断出每个 HCL 都可以抽象地建模为一个位置和一个变迁的序列。此外,底层(不包含任何环路,因此没有令牌)可以抽象地建模为一个位置和一个变迁,即具有单个延迟值的门。如果我们递归考虑,将每个 HCL 替换为一系列单个位置和单个变迁,并向上爬升层次,则顶层环路模型将变成一个 3 个位置和 3 个变迁的交替序列,每个变迁中都包含一个令牌。显然,这样一个简单的环路是具有活性且安全的 MG。

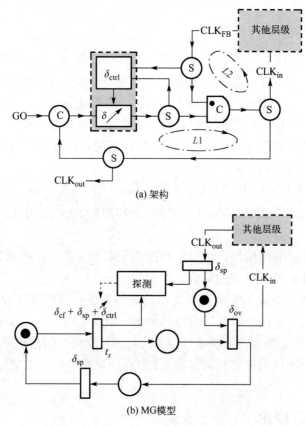

(a) 架构

(b) MG模型

图 13.7　顶层环路结构[1]

2. 每个电路有一个单令牌。类似地,每个 HCL 都有一条单令牌有向线路,根据定义,不允许在环路中有任何重复节点,因此我们可以抽象 HCL 模型并递归地向上爬升层次来证明有向线路必须有且仅有一个令牌。

3. 单一源。底层没有初始令牌,因此 HCL 结构不包含源。这样,GO 信号产生的源[见图 13.3(b)]是唯一的源,顶层环路是唯一包含源的有向线路。

4. 源是否属于关键环路? 假设存在高度非确定性,如 13.2.1 节讨论的 SFQ 中的情况,那么答案可以是肯定的也可以是否定的。在肯定的回答下,源一定属于一个关键环路，即顶层环路是最慢的，那么可以应用定理 13.1［见式 (13.5)］，并且定时技术在启动后立即起作用。此外，如果顶层环路不是关键环路，则可以应用定理 13.2［见式 (13.6)］。在这种情况下，令定理中的 t_n 为图 13.7 (a) 中有实点的 C 结。因此，通过探测其输入，在 i_{up} 激发后，未启动输入上的第 i 个脉冲将出现在启动输入上的第 $(i-1)$ 个脉冲之前，这意味着顶层环路需要变慢。然后，随着逐渐变慢，式 (13.6) 的不等性将在某个时刻翻转，顶层环路将变为关键环路。从这一点开始，电路将遵循式 (13.5)，这意味着它将满足式 (13.1) 的同步特性，因此可被用作 ACDN。

13.4.5　周期和时钟偏移

基于 13.2.2 节和 13.3 节的讨论，所有层级链都有相同的周期 T_{sys}。将式 (13.7) 替换到式 (13.11)，T_{sys} 可以定义为

$$T_{sys} = \max \begin{cases} ([\log_2 N_{max}]+1) \cdot \delta_{ov} + L_{max} \cdot \delta_{sp} \\ (C_{max}+1) \cdot \delta_{ov} \\ (C_{top}+1) \cdot \delta_{ov} + \delta_{sp} \\ \delta_{cf} + 2\delta_{sp} + \delta_{ov} + \delta_{ctrl} \end{cases} \tag{13.12}$$

其中 C_{max} 是最大的链长，C_{top} 是顶层 HCL 的长度［见图 13.7 (a) 中的灰色结构］。

然而，这不足以完全确定芯片的定时并执行 STA。可以发现式 (13.1) 中 T_{skew_n} 的值是式 (13.5) 中的 $\max\limits_{h \in \hat{\mathscr{H}}(t_s, t_n, 0)} \Delta(h)$，必须明确定义。幸运的是，在 $(HC)^2LC$ 结构中，只有一条从 t_s 到任意变迁 t_n 的零令牌路径。

因此，我们可以得出结论，对于任何时钟阱（即门 n），偏移由两个部分组成：

$$T_{skew_n} = \Delta_{hrcl}(n) + \Delta_{local}(n) \tag{13.13}$$

其中，$\Delta_{hrcl}(n)$ 称为层次延迟，可用于计算路径 $h_{s \to clv(n)}$ 的延迟，该路径是从 t_s 到包含门 n 的三叶草（底部）输入，该三叶草是一个底层 HCL 的核［见图 13.4 (a)］。此外，$\Delta_{local}(n)$ 是三叶草内局部分布的延迟（见图 13.6），即从三叶草结构的输入到反馈给时钟阱 n 的分流器输出。

我们可以进一步分解层次延迟。对于具有 H 层的层次，其中第 0 层是底层 HCL，顶层环路是第 $(H-1)^{①}$ 层，$R(h, n)$ 计算第 H 层属于路径 $h_{s \to clv(n)}$ 的 HCL 核的秩（或次序）：

$$\Delta_{hrcl}(n) = \delta_{cf} + \delta_{sp} + \delta_{ctrl} + \delta_{ov} \cdot \left[H+1 + \sum_{h=0}^{H} R(h, n) \right] \tag{13.14}$$

注意，由于逆流时钟，$R(h, n)$ 为反序。

---

① 原书为 $(H+1)$，有误。——译者注

我们还可以更精确地定义三叶草内的局部延迟。如果 $N_{sp}(n)$ 是从包含门 n 的三叶草的输入到其特定叶子的输入之间的分流器数量，并且 $L_{sp}(n)$ 是通向门 n 的叶子内分流器的数量，那么

$$\Delta_{local}(n) = \delta_{sp} \cdot [N_{sp}(n) + L_{sp}(n)] \tag{13.15}$$

注意，在 N 是 2 的幂次的情况下，$N_{sp}(n)$ 等于 $\log_2 N$，并且由于逆流时钟，$L_{sp}(n)$ 也为反序。

13.4.6 与传统 CDN 的比较

我们通过将 $(HC)^2LC$ 与基础设计（一个基于零偏移时钟树的传统 CDN）进行比较来评估 $(HC)^2LC$。我们利用参考文献[1]中的评估流程，在 SFQ 网表上实现这两个 CDN [$(HC)^2LC$ 和零偏移时钟树]，采用组合 ISCAS-85 基准电路[48]对其进行测试。初步结果的部分实例见图 13.8。该结果可通过执行以下步骤获得。

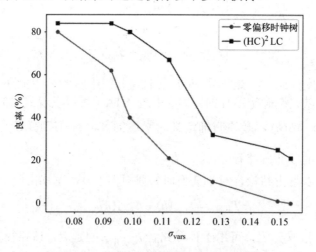

图 13.8　c880 基准的蒙特卡洛结果[48]

1. 选择 CDN 并配置相应参数。采用 $(HC)^2LC$ 时确定以下内容：叶子长度、每棵三叶草的叶子数和每条链的环节数。

2. 修改并使用 Berkeley 开源综合工具 ABC[49]：

● 对门级流水线的组合图进行平整化。

● 将时钟网络构建为异步电路，无须将其连接到逻辑门。

● 生成一个门到时钟阱的分派映射。值得一提的是，在采用 $(HC)^2LC$ 的情况下可采用任意映射。可以优化此分派映射，以最小化保持/建立的固定开销（在步骤 2 中描述），但此优化将留作未来研究。

- 检查潜在的建立违规并添加延迟以修复它们。对于在时间 τ_i 开始定时的门到时间 τ_j 的门之间的每一个数据连接，插入的触发器数量等于

$$N_{\text{FF}} = \max\left(0, \left\lceil \frac{\tau_i - \tau_j + \Delta_{\text{DATA}} + T_{\text{setup}} - T_{\text{sys}}}{T_{\text{sys}} - \Delta_{\text{FF}} - T_{\text{setup}}} \right\rceil \right) \tag{13.16}$$

其中，Δ_{FF} 是触发器的最大 C-Q 延迟。

- 重新层次化图。注意，在这一步和上面一步添加的触发器均由相关时钟阱在其局部触发。

- 检查潜在的保持违规并添加缓冲区以修复它们，如下所示：

$$N_{\text{buf}} = \max\left(0, \left\lceil \frac{T_{\text{hold}} - \tau_i + \tau_j - \delta_{\text{DATA}}}{\delta_{\text{buf}}} \right\rceil \right) \tag{13.17}$$

其中，N_{buf} 是缓冲区的数量，δ_{buf} 是一个保持缓冲的延迟。

3．使用内部（in-house）脚本修改图形，将其转换为行为级 SystemVerilog SFQ 接口，元件模型实例化的方法见参考文献[22]。

4．为每个基准电路生成随机的组合输入。

5．运行动态协同仿真，将其功能同 Verilog 基准电路进行比较，并如参考文献[22]中所述，使用内置 SystemVerilog 定时检查。

6．使用基于网格的变化模型，该模型可以表示许多变化源之间的空间相关性[50-52]，每次运行时使用蒙特卡洛方法生成不同的延迟值。

7．如果比较了软硬件协同仿真的输出，也没有定时违规，那么这个功能性的报告就是完美的，则该运行被视为通过，否则即为失败。

图 13.8 中的每个点都是对 ISCAS-85 基准电路的 c880 基准[48]运行 100 次蒙特卡洛方法获得的良率。x 轴是层次化地应用基于网格的递归分形模型后的标准偏差变化，而 y 轴是先前定义的良率。在零偏移时钟树中，平均周期 T_{sys} 是在所有运行中固定的指定值。此外，$(\text{HC})^2\text{LC}$ 运行时遵循最慢的环路，此环路延迟值因门延迟的变化而变化。关于零偏移时钟树的实现，图中所示的值是基于深度差严格为零的完美平衡树。此外，没有考虑时钟源抖动，所以也有利于零偏移时钟树。

图 13.8 中的初步结果表明，平均而言，未优化的"门到时钟阱"的分派的 $(\text{HC})^2\text{LC}$，比理想和无抖动的零偏移时钟树的良率提升了 80.65%。这种改进是以 31.59% 的面积开销和 5.49% 的环路时间开销为代价的。我们未来的工作重点集中于改进"门到时钟阱"的分派，从而进一步提升这些好处。

13.5 结论

本章所阐述的工作的主要动机源于许多 SFQ 论文[6, 7, 19, 21, 25, 40, 43, 53-57]中都报告了低良率。尽管一些芯片故障是由于制造和/或其他问题造成的，但据报道，许多故障是功能性的。我们认为，由于未预料到的非确定性和其他影响，定时违规和时钟分布可能是许多此类故障的根源，因此，我们认为使用 CMOS 传统零偏移平衡树恐怕不是为大尺度数字 SFQ 芯片定时的最佳选择。

由于以下两个关键特性，$(HC)^2LC$ 对变化具有更高的容错性。

1. 自适应：顶层环路自适应于任何低层环路的最坏延迟。此外，顶层环路相应地增加了其自身的固有延迟，以便可以精确定义每个时钟阱的时钟偏移（见 13.4.4 节）；也就是说，到达任意门的时钟边沿和参考线网[图 13.7(a) 中的 CLK_{in}]之间的相对时间间隔均可被确定，与低层环路的最坏延迟无关。总之，这提供了一个稳定的定时参考，可用于确保整个电路中的建立时间和保持时间得到满足。此方法与同步时钟树形成鲜明对比，同步时钟树在时钟路径的一段固定了建立/保持延迟（使用参考文献[58, 59]中的可调延迟线），可能会导致树的其他段出现建立/保持问题。

2. 逆流时钟方案中各种变化的空间相关性：在这里，我们强调保持违规具有高恢复性，其原因在于底层使用逆流时钟，也在于对所有 HCL 和三叶草的分级。此外，我们断言，在这种主要具有局部定时约束的系统中，相邻时钟和数据电路之间的空间相关性使所提出的架构比零偏移时钟更能抵抗建立和控制违规，因为数据流和时钟流之间及保持/建立缓冲器/触发器和时钟偏移路径之间的内置相关性可能会导致违规。参考文献[60]对 CMOS 逻辑分析了此概念，其中将数据和时钟路径一起使用来提升时钟阱之间的相关性，以降低时钟偏移的敏感性[39]。

我们相信这种定时方案对 SFQ 来说更自然，这使得尽管存在性能和功耗开销，但相比零偏移时钟树，这种方法可以更方便地解决 SFQ。确实，零偏移时钟树简单且更直观；但是，经过数十年的尝试，它们在面对 SFQ 的可变性和可伸缩性挑战时力有不足。此外，对于更实际的解决方案而言，$(HC)^2LC$ 在功能性和可靠性上更具潜力。

总之，考虑到很大的非确定性，这种方法的主要优点是时钟遵循电路的可变性，并且与零偏移时钟树相比，对元件延迟的假设更少。$(HC)^2LC$ 时钟路径以其独特的方式自适应于数据通路，因而整个时钟分布网络也跟随了这种自适应。

参考文献

[1] Tadros RN, Beerel PA. A robust and self-adaptive clocking technique for SFQ circuits. IEEE Transactions on Applied Superconductivity. 2018;28(7): 1–11.

[2] Reed DA, Dongarra J. Exascale computing and big data. Communications of the ACM. 2015;58(7):56–68.

[3] Mukhanov OA. Energy-efficient single flux quantum technology. IEEE Transactions on Applied Superconductivity. 2011;21(3):760–769.

[4] ITRS. International Technology Roadmap for Semiconductors 2.0: Beyond CMOS; 2015.

[5] Likharev K, Semenov V. RSFQ logic/memory family: A new Josephson-junction technology for sub-terahertz-clock-frequency digital systems. IEEE Transactions on Applied Superconductivity. 1991;50(1):3–28.

[6] Bunyk P, Likharev K, Zinoviev D. RSFQ technology: Physics and devices. International Journal of High Speed Electronics and Systems. 2001;11(01): 257–305.

[7] Vernik IV, Herr QP, Gaij K, et al. Experimental investigation of local timing parameter variations in RSFQ circuits. IEEE Transactions on Applied Superconductivity. 1999;9(2):4341–4344.

[8] Gaj K, Herr QP, Adler V, et al. Tools for the computer-aided design of multigigahertz superconducting digital circuits. IEEE Transactions on Applied Superconductivity. 1999;9(1):18–38.

[9] Fourie CJ, Volkmann MH. Status of superconductor electronic circuit design software. IEEE Transactions on Applied Superconductivity. 2013;23(3): 1300205–1300205.

[10] IRDS. International Roadmap for Devices and Systems (IRDS): 2017 Edition, Beyond CMOS; 2017.

[11] Fourie CJ, Perold WJ, Gerber HR. Complete Monte Carlo model description of lumped-element RSFQ logic circuits. IEEE Transactions on Applied Superconductivity. 2005;15(2):384–387.

[12] Gaj K, Herr Q, Feldman M. Parameter variations and synchronization of RSFQ circuits. In: Conference Series-Institute of Physics. vol. 148. IOP Publishing Ltd; 1995. pp. 1733–1736.

[13] Polyakov Y, Narayana S, Semenov VK. Flux trapping in superconducting circuits. IEEE Transactions on Applied Superconductivity. 2007;17(2): 520–525.

[14] Çelik ME, Bozbey A. A statistical approach to delay, jitter and timing of signals of RSFQ wiring cells and clocked gates. IEEE Transactions on Applied Superconductivity. 2013;23(3):1701305–1701305.

[15] Ando Y, Sato R, Tanaka M, et al. Design and demonstration of an 8-bit bit-serial RSFQ microprocessor: CORE e4. IEEE Transactions on Applied Superconductivity. 2016;26(5):1–5.

[16] Gaj K, Friedman EG, Feldman MJ. Timing of multi-gigahertz rapid single flux quantum digital circuits. Journal of VLSI Signal Processing Systems for Signal, Image and Video Technology. 1997;16(2–3):247–276.

[17] Kameda Y, Polonsky S, Maezawa M, et al. Primitive-level pipelining method on delay-insensitive model for RSFQ pulse-driven logic. In: Advanced Research in Asynchronous Circuits and Systems, 1998. Proceedings. 1998 Fourth International Symposium on. IEEE; 1998. pp. 262–273.

[18] Ito M, Kawasaki K, Yoshikawa N, et al. 20 GHz operation of bit-serial handshaking systems using asynchronous SFQ logic circuits. IEEE Transactions on Applied Superconductivity. 2005;15(2):255–258.

[19] Dorojevets M, Bunyk P, Zinoviev D. FLUX chip: Design of a 20-GHz 16-bit ultrapipelined RSFQ processor prototype based on 1.75-μm LTS technology. IEEE Transactions on Applied Superconductivity. 2001;11(1):326–332.

[20] Yoshikawa N, Matsuzaki F, Nakajima N, et al. Design and component test of a tiny processor based on the SFQ technology. IEEE Transactions on Applied Superconductivity. 2003;13(2):441–445.

[21] Gerber HR, Fourie CJ, Perold WJ, et al. Design of an asynchronous microprocessor using RSFQ-AT. IEEE Transactions on Applied Superconductivity. 2007;17(2):490–493.

[22] Tadros RN, Beerel PA. A robust and tree-free hybrid clocking technique for RSFQ Circuits—CSR application. In: 2017 16th International Superconductive Electronics Conference (ISEC); 2017. pp. 1–4.

[23] Mancini CA, Vukovic N, Herr AM, et al. RSFQ circular shift registers. IEEE Transactions on Applied Superconductivity. 1997;7(2):2832–2835.

[24] Tadros RN, Beerel PA. A robust and self-adaptive clocking technique for RSFQ circuits—The architecture. In: 2018 IEEE International Symposium on Circuits and Systems (ISCAS); 2018. pp. 1–5.

[25] MIT Lincoln Laboratory. MIT-LL 10 kA/cm^2 SFQ Fabrication Process: SFQ5ee Design Rules; 2015. Version 1.2.

[26] Barone A, Paterno G. Physics and Applications of the Josephson Effect. vol. 1. Wiley Online Library; 1982.

[27] Gheewala T. The Josephson technology. Proceedings of the IEEE. 1982;70(1): 26–34.

[28] Sprangle E, Carmean D. Increasing processor performance by implementing deeper pipelines. In: ACM SIGARCH Computer Architecture News. vol. 30. IEEE Computer Society; 2002. pp. 25–34.

[29] Beerel PA, Ozdag RO, Ferretti M. A Designer's Guide to Asynchronous VLSI. Cambridge: Cambridge University Press; 2010.

[30] Ebert B, Ortlepp T, Uhlmann FH. Experimental study of the effect of flux trapping on the operation of RSFQ circuits. IEEE Transactions on Applied Superconductivity. 2009;19(3):607–610.

[31] Malakhov A, Pankratov A. Influence of thermal fluctuations on time characteristics of a single Josephson element with high damping exact solution. Physica C: Superconductivity. 1996;269(1):46–54.

[32] Friedman EG. Clock distribution networks in synchronous digital integrated circuits. Proceedings of the IEEE. 2001;89(5):665–692.

[33] Weste N, Harris D. CMOS VLSI Design: A Circuits and Systems Perspective. Boston, MA: Addison Wesley Publishing Company Incorporated; 2011.

[34] Hulgaard H, Burns SM, Amon T, et al. An algorithm for exact bounds on the time separation of events in concurrent systems. IEEE Transactions on Computers. 1995;44(11):1306–1317.

[35] Hua W, Manohar R. Exact timing analysis for asynchronous systems. IEEE Transactions on Computer-Aided Design of Integrated Circuits and Systems. 2017;37(1):203–216.

[36] Havemann RH, Hutchby JA. High-performance interconnects: An integration overview. Proceedings of the IEEE. 2001;89(5):586–601.

[37] Restle PJ, Deutsch A. Designing the best clock distribution network. In: VLSI Circuits, 1998. Digest of Technical Papers. 1998 Symposium on. IEEE; 1998. pp. 2–5.

[38] Elmore WC. The transient response of damped linear networks with particular regard to wideband amplifiers. Journal of Applied Physics. 1948;19(1):55–63.

[39] Guthaus MR, Wilke G, Reis R. Revisiting automated physical synthesis of high-performance clock networks. ACM Transactions on Design Automation of Electronic Systems (TODAES). 2013;18(2):31.

[40] Deng ZJ, Yoshikawa N, Whiteley SR, et al. Data-driven self-timed RSFQ digital integrated circuit and system. IEEE transactions on applied superconductivity. 1997;7(2):3634–3637.

[41] Müller L, Gerber H, Fourie C. Review and comparison of RSFQ asynchronous methodologies. In: Journal of Physics: Conference Series. vol. 97. IOP Publishing; 2008. p. 012109.

[42] Filippov T, Dorojevets M, Sahu A, et al. 8-bit asynchronous wave-pipelined RSFQ arithmetic-logic unit. IEEE Transactions on Applied Superconductivity. 2011;21(3):847–851.

[43] Dorojevets M, Ayala CL, Yoshikawa N, et al. 16-bit wave-pipelined sparse-tree RSFQ adder. IEEE Transactions on Applied Superconductivity. 2013; 23(3):1700605–1700605.

[44] Pankratov AL, Spagnolo B. Suppression of timing errors in short over-damped Josephson junctions. Physical Review Letters. 2004;93(17):177001.

[45] Mukhanov OA. Rapid single flux quantum (RSFQ) shift register family. IEEE Transactions on Applied Superconductivity. 1993;3(1):2578–2581.

[46] Murata T. Petri nets: Properties, analysis and applications. Proceedings of the IEEE. 1989;77(4):541–580.

[47] Mukhanov O, Rylov S, Semonov V, et al. RSFQ logic arithmetic. IEEE Transactions on Magnetics. 1989;25(2):857–860.

[48] Bryan D. The ISCAS'85 benchmark circuits and netlist format. North Carolina State University. 1985;25.

[49] Mishchenko A, et al. ABC: A system for sequential synthesis and verification.

[50] Nassif SR. Design for variability in DSM technologies [deep submicron technologies]. In: Quality Electronic Design, 2000. ISQED 2000. Proceedings. IEEE 2000 First International Symposium on. IEEE; 2000. pp. 451–454.

[51] Xiong J, Zolotov V, He L. Robust extraction of spatial correlation. IEEE Transactions on Computer-Aided Design of Integrated Circuits and Systems. 2007;26(4):619–631.

[52] Agarwal A, Blaauw D, Zolotov V, et al. Statistical delay computation considering spatial correlations. In: Proceedings of the 2003 Asia and South Pacific Design Automation Conference. ACM; 2003. pp. 271–276.

[53] Vernik I, Kaplan S, Volkmann M, et al. Design and test of asynchronous eSFQ circuits. Superconductor Science and Technology. 2014;27(4):044030.

[54] Volkmann MH, Vernik IV, Mukhanov OA. Wave-pipelined eSFQ circuits. IEEE Transactions on Applied Superconductivity. 2015;25(3):1–5.

[55] Kirichenko AF, Vernik IV, Vivalda JA, et al. ERSFQ 8-bit parallel adders as a process benchmark. IEEE Transactions on Applied Superconductivity. 2015;25(3):1–5.

[56] Sakashita Y, Yamanashi Y, Yoshikawa N. High-speed operation of an SFQ butterfly processing circuit for FFT processors using the 10 kA/cm^2 Nb process. IEEE Transactions on Applied Superconductivity. 2015;25(3):1–5.

[57] Narama T, Yamanashi Y, Takeuchi N, et al. Demonstration of 10k gate-scale adiabatic-quantum-flux-parametron circuits. In: Superconductive Electronics Conference (ISEC), 2015 15th International. IEEE; 2015. pp. 1–3.

[58] Tam S, Rusu S, Desai UN, et al. Clock generation and distribution for the first IA-64 microprocessor. IEEE Journal of Solid-State Circuits. 2000;35(11): 1545–1552.

[59] Geannopoulos G, Dai X. An adaptive digital deskewing circuit for clock distribution networks. In: Solid-State Circuits Conference, 1998. Digest of Technical Papers. 1998 IEEE International. IEEE; 1998. pp. 400–401.

[60] Guthaus MR, Sylvester D, Brown RB. Clock tree synthesis with data-path sensitivity matching. In: Proceedings of the 2008 Asia and South Pacific Design Automation Conference. IEEE Computer Society Press; 2008. pp. 498–503.

第 14 章 归零逻辑的融合平台：NCL 设计工具

本章作者：Ryan A. Taylor[1]   Robert B. Reese[2]

Uncle(unified NULL convention logic environment，归零逻辑的融合平台)是一个用于设计归零逻辑(NCL)电路的工具，可以免费下载。本章讨论 Uncle 内部结构和实例设计的详细步骤。

14.1 简介

Uncle 由 Python 脚本、C 语言编写的二进制可执行文件、Verilog 库文件和各种工艺文件组成。Uncle 工具流程如图 14.1 所示。

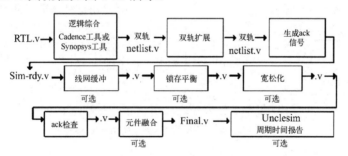

图 14.1 Uncle 工具流程

Uncle 设计始于寄存器传输级(RTL)Verilog 刻画。与时钟系统的 RTL 不同，术语"刻画"特定表示该 RTL 通常无法模拟。在工具流程中经过多次转换后会生成 Verilog 网表用于模拟。

Uncle 支持两种不同的设计风格，即数据驱动和控制驱动(这是融合的由来)。这两种风格的区别在于设计中如何控制 NCL 数据流。在这两种风格中，组合逻辑门都将转换成它们的 NCL 双轨等效电路。

1 Department of Electrical and Computer Engineering, The University of Alabama, Tuscaloosa, AL, USA

2 Department of Electrical and Computer Engineering, Mississippi State University, Starkville, MS, USA

在数据驱动的设计中，只有控制网络是应答(ack)网络；数据在到达并被应答时，就会通过网络移动。图 14.2 显示了一个数据驱动的有限状态机，所有原本网表的 D 触发器都已转换为 3 个双轨半锁存器。外部半锁存器(L1/L2 drlatn)的数据 t/f 轨复位为 NULL，而内部锁存器(L2)复位为 DATA1 或 DATA0(内部锁存器必须复位为 DATA 以便系统流转)。

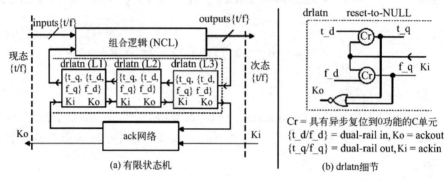

图 14.2　有限状态机

在设计控制驱动时，控制网络和数据寄存器是与实现数据通路逻辑的 NCL 组合逻辑分开的。控制网络使用 Balsa 风格的控制单元来选择性地读/写数据寄存器，这些双轨寄存器基于置位–复位(SR)锁存器。图 14.3 给出了 1 位双轨(DR)寄存器的实现，并说明了如何连接两个读端口。rd0/rd1 信号用于读取网络并由 Balsa 风格的控制单元驱动。

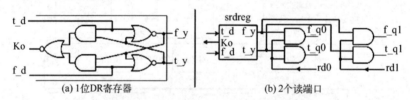

图 14.3　基于 SR 锁存器的双轨寄存器

图 14.4 给出了两个 Balsa 控制单元(S 单元和 T 单元)的实例。这些单元通常连接成链，链元素的一个 Ia 输出连接到下一个元素的 Ir 输入。Or 输出连接到寄存器的读端口，用于启动数据。Oa 输入是数据通路操作已完成的 ack 信号。T 单元会在 Oa 输入返回低电平之前使输出 Ia 有效，从而提供了更多的并发性。还可以添加其他单元，以形成循环(loop-while)或选择(if-else)状态机。

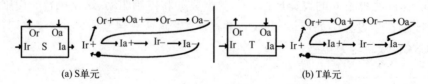

图 14.4　Balsa 控制单元

以下准则可用于确定要使用的设计风格。

- 就线性流水线的性能而言，数据驱动风格是最佳选择。为了达到晶体管数量/能耗要求，设计本身决定了更好的选择（数据驱动/控制驱动）。
- 如果一个模块具有反馈（例如累加器和有限状态机等）功能，并且在每个计算周期中，都会读取/写入所有寄存器/所有端口，则数据驱动风格通常是性能各方面的最优选择。可以使用 Uncle 工具流程的自动延迟平衡工具对模块进行性能优化。如果需要使能耗/晶体管量最少，那么控制驱动风格通常更好。
- 如果一个模块中的寄存器存在条件性的读/写，或者其端口的活动基于某些条件，那么在考虑了晶体管数量/能耗之后，控制驱动风格是更好的选择。性能上控制驱动可以比数据驱动的实现更好，但取决于具体的模块。

可以在一个设计中混合使用不同的设计风格，但设计中的每个 Verilog 模块都应该遵循同一种设计风格。

14.2　详细流程

本节详细介绍 Uncle 工具流程的每个步骤。

14.2.1　单轨网表的 RTL 刻画

流程的第一步是使用逻辑综合工具（支持 Synopsys 和 Cadence）将 RTL 刻画转换为单轨门级网表。对于组合逻辑，综合库包含 2 输入 AND/OR/XOR 门、反相器和众所周知的几个 NCL 实现的高效复杂元件（MUX2、全加器）。对于时序逻辑，综合库提供了数据触发器（DFF）和各种锁存器。库中还有许多用于设计控制驱动的专用元件。这些门可以在 RTL 刻画中使用参数化的 Verilog 模块手动生成，可以实现控制驱动设计（例如，分配器和融合器）的通用功能。这一综合步骤的输出是一个由综合库中的门构成的门级网表。

14.2.2　单轨网表转双轨网表

第二步将单轨网表中的门等效扩展为双轨的。为了便于比较，图 14.5 显示了 NCL 型 AND2 函数及相应等效的延迟非敏感的最小项综合结果（DIMS）[1]。可以看到双轨 NCL 逻辑需要的晶体管更少，并且比对应的 DIMS 的速度更快（例如，对于静态双轨 AND2 函数而言，NCL 需要 31 个晶体管，而 DIMS 需要 56 个晶体管）。双轨 2 输入选择器（MUX2）的 NCL 实现也在图 14.5 中给出。

在控制驱动的设计中，基于逻辑门单元的单轨和双轨信号都会使用。

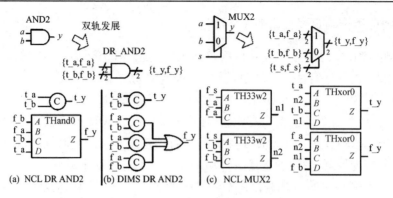

图 14.5　NCL 中 AND2 和 MUX2 的实现

14.2.3　ack 网络生成

双轨扩展后，Uncle 工具将会自动构建由 C 单元树组成的 ack 网络。通过配置文件选项，Uncle 既支持融合的 ack 网络（以减少逻辑门的数量），也支持非融合的 ack 网络（通过位级流水线提高性能）。通过在 RTL 刻画文件中使用特殊的分配器，Uncle 还可以识别何时必须对来自分配目标的 ack 信号进行 OR 运算，以支持前进波转向[2]，因为在这种情况下，只有一个分配目标能提供起作用的 ack 信号。在 ack 网络生成步骤之后，将得到一个完整的生成网表，并且可以随时进行模拟。

14.2.4　线网缓冲、锁存平衡（可选步骤）

Uncle 发行版本中的实例元件库包含 65 nm 工艺的定时数据，以工业标准非线性延迟模型（NLDM）查找表格式表示输出变迁时间和传播延迟。这种定时信息可用于对重负载线网进行缓冲，以实现通过配置选项指定的最小变迁时间。

定时数据的另一个用途是在数据驱动的设计中执行锁存延迟平衡，以减少周期时间。图 14.6 给出了基于有限状态机（FSM）的数据驱动的工作原理。图 14.6(a) 中网络的周期时间是数据延迟加上穿过网络的反向延迟。通过在从 D 触发器扩展出的三个半锁存器之间插入一些逻辑，就可以减少总周期时间，如图 14.6(b) 所示。锁存平衡也适用于数据驱动的线性流水线。在所有情况下，只移动现有的锁存器层级，不添加新的锁存器层级。

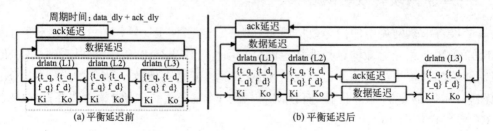

图 14.6　锁存平衡以减少周期时间

14.2.5　宽松化、ack 检查、元件融合和周期时间报告

宽松化[3]是一种可选优化方法，可以在组合网表中搜索一组主输入和主输出之间的冗余路径。eager 双轨函数减少了会放置在冗余路径中的晶体管数量。要求任何主输入到主输出的路径中至少有一条路径上不含 eager（即输入完备）双轨函数。这种面积驱动的优化方法可应用于网表中的组合逻辑块。

ack 检查层级对 ack 网络进行逆向处理并检查其正确性。在开发和生成新的 ack 网络时，此层级作为流水线的错误检查机制。

元件融合步骤是可选的，可用于面积优化，其中没有扇出的相邻门会融合成更复杂的门。图 14.7 给出了两种 Uncle 支持的融合器实例，Uncle 共支持 15 种类型的融合器。

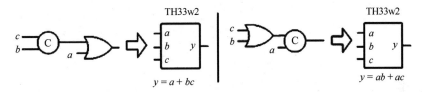

图 14.7　融合器实例

在进行完整的 Verilog 模拟之前，可以使用 Uncle 内部的模拟器（Unclesim）来模拟最终的门级网表。该工具使用之前讨论过的定时特征数据，支持随机生成的输入向量或用户提供的输入向量，能够报告网表的平均周期时间。模拟器还能报告错误/异常情况，例如循环失败（错误）、复位后的 X 值、双轨线网同时有效（错误）和孤立/毛刺（警告）。孤立/毛刺意味着扇出到 NCL 门的线网翻转了，但没有引起任何 NCL 扇出门翻转。一般来说，Uncle 中使用的双轨扩展方法不会导致组合逻辑中的孤立门，在生成 ack 信号时力求不生成孤立门。孤立门的长链可能会导致 NCL 中的定时问题。设计人员使用分配器或融合器可能会导致孤立现象。孤立[4]是一种不寻常的情况，应由设计人员进行检查。

14.3　实例——16 位 GCD 电路

一组数字的最大公约数（GCD）是可以整除该集合中的所有数字且余数为 0 的最大数。最具有吸引力的 GCD 算法是欧几里得逐次求减算法，可用于求解两个数字的 GCD。

该算法的简单实现见图 14.8 的算法状态机（ASM）。起初，读者可能会意识到只有一种状态，该状态仅作为复位状态。但这是错误的，欧几里得逐次求减算法通常具有三种状态：第一种接收输入，第二种计算结果，第三种将结果输出到外部。图 14.8 中的 ASM 只描述了第二种状态中进行的计算。

该算法需要两个数据输入，而后进入一个计算循环，该循环仅在两个数字相等时终

止。如果两个数字相等，那么这个数字就是系统求解的 GCD。需要注意的是，GCD 可能是最初输入的值。如果数字不相等，则从较大的数字中减去较小的数字，用这个结果替换较大的数字，然后再次检查其是否相等。最终的两个数字一定会相等，从而得到 GCD，而且两个输入的 GCD 是唯一的。

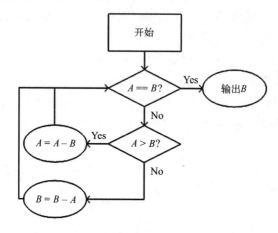

图 14.8　欧几里得逐次求减算法的简单 ASM

14.3.1　同步实现

　　为了实现同步硬件电路系统，就要从控制和数据电路开始设计。如前所述存在三种状态，第一种状态简单地捕获一对输入；第二种状态应该不断计算较大和较小数字的差值，只有在数字相等时才退出；第三种状态应该将结果输出到接收对象。

　　还需要一组寄存器来存储当前和下一种状态的值。控制通路中还包括比较器，用于确定何时退出第二种状态，以及在第二种状态下的计算期间内，确定哪个数字较大及哪个数字较小。

　　数据通路很简单。第二种状态下使用一对减法器模块执行计算。其余的数据通路部分仅包含选择器，它们由来自控制通路的信号控制。

14.3.2　数据驱动的 NCL 实现

　　同样，NCL 实现的 GCD 电路的数据驱动也将依托相同的有限状态机构建，由和前面相同的三个状态组成。数据通路基本相同，减法器模块用于计算，并使用选择器来确定当前值。同步和数据驱动型设计之间的主要区别在于数据进出电路的方式，以及数据流经电路的方式。

　　为了让 DATA 信号通过系统，就必须具有一种机制，仅在新的 DATA 信号做好准备时，电路才接收数据。Uncle 系统将此控制模块称为读端口，在系统准备好接收数据时，读端口向系统提供数据。物理上读端口由单个控制线实现，即图 14.9 中的 read_control。当 read_control 信号有效时，读端口模块将数据从 data_in 提供给 data_out；否则，为 data_out 信号提供无效(dummy)数据。

图 14.9　基本的读端口模块

读端口模块的工作原理如图 14.10 所示。来自环境的输入向第一个 D 锁存器提供数据，该 D 锁存器将这些数据原封不动地提供给 RTL 描述的 demux_half1_noack 模块。此模块不能映射，目前在 Cadence 或 Synopsys 库中都没有库定义，所以在综合过程中将保持不变，Uncle 的映射器将以特定方式处理这种控制信号。在模块的另一侧，提供给 demux_half0_noack 模块的是由恒定零信号实现的无效数据。然后两个模块的输出路由到融合器，并应用于 data_out 信号。通过这种方式，Uncle 系统可以用上一级系统的控制信号有条件地将输入送到新系统。在数据驱动的 NCL 设计中，以这种方式将数据有条件地移入系统的能力对于 DATA 和 NULL 信号的正确操作至关重要。

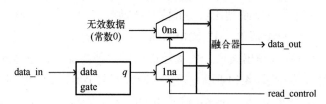

图 14.10　读端口模块的工作原理

图 14.11 显示了 demux_half0_noack 和 demux_half1_noack 控制模块的工作原理。可以看出，通过给 Uncle 提供一个标志，Uncle 就能恰当地生成 read 和 ack 的混合控制信号。考虑到需要为接收数据的模块提供无效数据和 data_in 两种类型的数据，所以用两个不同的模块实现。由于 read_control 信号的值将决定哪些单元向融合器提供数据，因此在两者之间分轨，ack 信号也将分送。如果 read_control 信号是 DATA1 且 ack 信号有效，则 data_in 值将传递到系统的其余部分。此外，如果 read_control 信号是 DATA0 且 ack 信号有效，则将提供无效数据。本模块与图 14.10 中的网络一起，完整实现了读端口模块。

该读端口模块可以结合到 GCD 设计中，从而有效地将数据移入系统。但还需要一个能够有条件地将数据从数据驱动的 NCL 系统中移出的模块。为此，Uncle 提供了一个写端口模块，实现写操作和控制。

Uncle 中的写端口模块用于控制 NCL 系统中写入输出端口的方法。当 DATA 信号通过电路时，最终会通过输出端口传出系统，到达更大系统中的另一部分电路上。写端口模块控制此接口，基本的写端口模块见图 14.12。

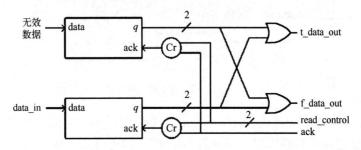

图 14.11　demux_half0_noack 和 demux_half1_noack 控制模块的工作原理

图 14.13 给出了写端口模块的 RTL 表示。可以清楚地看到，写端口只是一个双输出分配器，其中一个输出与网络断开连接。基本选择器将输入数据信号（data_in）复制到某一路输出，具体选择哪一路取决于控制信号（write_control）的值。如果 write_control 信号

图 14.12　基本的写端口模块

是 DATA1，则 data_in 信号被复制到 data_out 信号；否则，如果 write_control 信号是 DATA0，则 data_in 信号被复制到分配器的"0"输出通路，在当前的写端口实现中，此通路保持断开连接，以防止输出被写入输出端口。也就是说在后一种情况下，不写入输出，由分配器"消耗"数据。这种行为在图 14.14 所示的写端口模块的门级实现中得到了进一步的解释。

如图 14.14 所示，如果 write_control 信号为 DATA0，则双轨 data_in 信号通过 NOR 门组合（反相和组合），Uncle 工具将其添加到 ack 网络。DATA 信号返回到控制网络，"消耗"并应答数据。

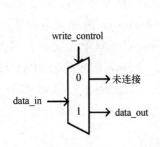

图 14.13　写端口模块的 RTL 表示

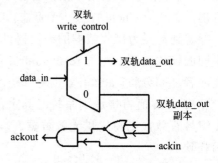

图 14.14　写端口模块的门级实现

使用这两个新模块，即读端口和写端口，以及其他一些通用单元，我们可以实现前面描述的 GCD 电路。其中数据到达读端口，并由处于第一种状态的 rd 信号选通。由于本章前面讨论的内容很简单，因此未给出该信号的生成方式。之后，每个信号立即被存储到寄

存器中，系统进入第二种状态。该状态通过将 rd 和 wr 信号置为有效来标识。当两个信号都为低电平时，电路将连续进行减法计算。图 14.15 左下角的比较器判断这些值是否相等，如果不相等，则指出哪个值更大；如果相等，则 FSM 进入第三种状态，并将 wr 信号置为有效，以输出结果。此外，从较大的 a 或 b 中减去较小的值并存储在适当的寄存器中，一直持续到比较器将系统移入第三种状态。

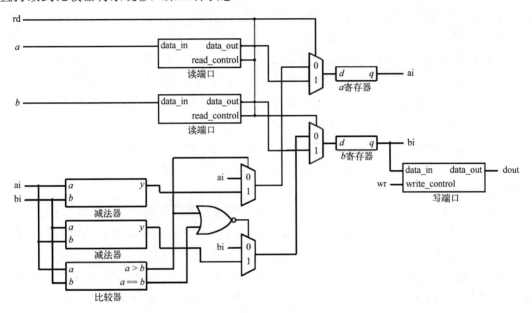

图 14.15 GCD 电路的数据驱动的 NCL 实现

使用 Uncle 实现这样的电路并不复杂。尽管图 14.15 电路中的多个元素可以通过简单的赋值语句和算术运算符在标准 Verilog 中实现，但在应用 Uncle 时，正确方法是使用提供的参数化模块来确保每个模块的刻画和预期架构。图 14.16 给出了如何在 Verilog 级 RTL 代码中实现该系统的数据通路的实例。

```
// assign a lt b = ai < bi;
// assign a eq b = ai == bi;
compare 16 compmod (.a(ai), .b(bi), .agb(a_gt_b), .aeqb(a_eq_b));
assign a_lt_b = ~(a_gt_b | a_eq_b);

wire [15:0] sub_a_b, sub_b_a;
subripple n #(.WIDTH(16)) subcompa (.s(sub_a_b), .a(ai), .b(bi));
subripple n #(.WIDTH(16)) subcompb (.s(sub_b_a), .a(bi), .b(ai));

// assign ai_val = a_gt_b ? sub_a_b : ai;
// assign bi_val = a_lt_b ? sub_b_a : bi;
mux2 n #(.WIDTH(16)) u_mux0 (.y(ai_val), .a(sub_a_b), .b(ai), .s(a_gt_b));
mux2 n #(.WIDTH(16)) u_mux1 (.y(bi_val), .a(sub_b_a), .b(bi), .s(a_lt_b));

wire [15:0] ai_rd, bi_rd;
mux2 n #(.WIDTH(16)) u_mux2 (.y(ai_rd), .a(a_in), .b(ai_val), .s(rd));
mux2 n #(.WIDTH(16)) u_mux3 (.y(bi_rd), .a(b_in), .b(bi_val), .s(rd));
```

图 14.16 数据驱动的 NCL 型 GCD 数据通路的 Verilog 级 RTL 代码

控制图 14.15 的 rd 和 wr 信号的控制通路的代码并没有在这里给出，它与同步系统的代码相同。

14.3.3 控制驱动的 NCL 实现

正如本章前面所讨论的，数据驱动和控制驱动 NCL 设计风格之间的主要区别在于，控制驱动设计风格中的寄存器是有条件地读取和写入的。在数据驱动设计风格中，在每个 DATA 信号传输期间无条件读取和无条件写入所有寄存器。与这种模型相反，控制驱动寄存器仅在需要相关数据时读取，并且仅在必要时写入。因此，这种系统的控制逻辑往往更复杂一些，但与可比较的传统数据驱动的 NCL 系统相比，可以节省面积和功耗。

由于细粒度控制用于读取和写入的寄存器，因此目前无法参考同步版本而需要独立设计。这有利于设计人员做出设计风格方面的改进。

在这种设计方法中，由于需要对系统进行细粒度控制，因此状态相对较多。但是，在每个状态中所需的操作通常较少。该框架的平均处理时间更长，但变迁更少，因此功耗更低。

例如，考虑图 14.17 中的 ASM。在 s0 中，外部输入端口进行通信，并无条件地转到 s1，开始计算来自比较器的控制标志(数据驱动设计的类似部分如图 14.15 的左下角所示)。一旦计算并存储了这些值，系统就会决定是否应该立即退出。如果"相等"比较器标志为真，则进入 s5，然后在输出端口上输出结果并无条件地返回 s0。如果标志为假，则移至 s2，而后读取比较器的另一个输出以确定哪个值更大。根据确定的更大的值，进入 s3 或 s4 进行关于 a 或 b 值的减法运算和更新，然后无条件返回到 s1。

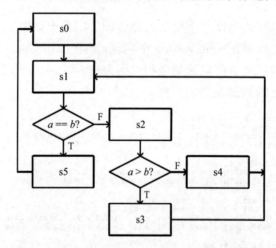

图 14.17　控制驱动的 NCL 型 GCD 电路控制 ASM

图 14.18 显示了控制驱动的 NCL 型 GCD 电路的数据通路。因为控制上的轻微变化，

对图 14.9 到图 14.11 中的读端口进行简单更改后，就能用于当前的控制驱动系统。因为用户负责实现控制通路，所以也要负责连接控制信号。在这种情况下，s0 从外部系统读取这些值，并在融合器的帮助下将其存储在相应的寄存器中。

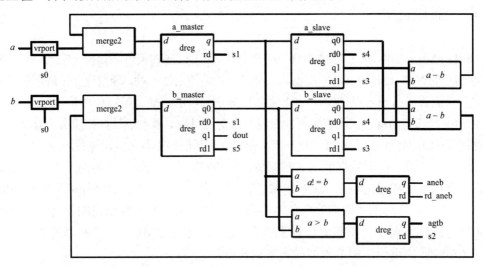

图 14.18 控制驱动的 NCL 型 GCD 电路的数据通路

存储这些值后，s1 从寄存器中读取两个值，并使用它们计算比较器标志，如图 14.18 的右下角所示。图 14.17 中未显示的"半状态"是等价性检查。因为 aneb 寄存器必须先写入，然后再读取，所以必须拆分这些处理。控制通路中称为 while 循环的单元用于设置 s1 到 s5 的循环，以及检查迭代是否终止。该单元向数据通路提供 rd_aneb 信号，但并未显示在图中。

读取 aneb 信号之后，就会确定是输入到 s5 还是 s2 中。如果是 s5，则读取 b 寄存器上的附加端口的信号以发送到写输出端口（图 14.18 中未显示）。这是控制驱动设计风格所独有的特点，正如本章前面所讨论的，寄存器可能有多个端口。

如果 aneb 信号为真，那么我们继续来到 s2，其中使用 s1 中的另一个计算标志选择两个数字中较大的一个。这个 agtb 标志会将信息发送到 s3 或 s4，从另一个值中减去适当的值，并同样在融合器的帮助下将结果重新存储到适当的 a 或 b 寄存器中。

如前所述，使用 Uncle 的控制驱动 NCL 电路的设计人员责任更大，必须自己连接控制信号，并要完全了解 ack 网络将如何连接这些信号。

在控制驱动和数据驱动这两种设计风格下，Uncle 的 ack 网络生成步骤略有不同。在为数据驱动系统生成 ack 网络时，Uncle 需要生成源和目标寄存器与端口之间的双向通信。在为控制驱动系统生成 ack 网络时，需要实现三路通信协议。首先，电路的控制通路在设计中的某些元素集上将读信号置为有效，然后这些元素（并且仅有这些元素）向其目标提供数据，最后这些目标为系统的控制通路提供 ack 信号。以上方法实现了持续的三路通信循环(取代了传统的两路 DATA/NULL 信号)。

14.4 结论

Uncle 是用于创建 NCL 系统的软件综合工具集。Uncle 的美妙之处在于它允许数据驱动和控制驱动的 NCL 设计风格，并由设计人员自行决定使用哪一种。通过充分了解两种设计风格的优缺点，设计人员可以在设计 NCL 系统时做出更好的选择。正如本章所讨论的，除非系统在使用条件读写的寄存器时有更好的表现，否则使用数据驱动设计风格通常更有益。复杂的控制系统(如微处理器)通常属于这一类，但设计人员应根据具体情况进行区分。

表 14.1 显示了使用数据驱动和控制驱动的 NCL 设计风格设计的两个电路的最终特性。第一个是本章描述的 16 位 GCD 电路;第二个是 Viterbi 译码器的路径度量单元(PMU)子模块，具有每个周期读取和写入的寄存器。可以看出，通过使用控制驱动设计风格，在 GCD 电路的实现中面积和能耗显著减小。然而，对于 PMU，一种看似最适合数据驱动的 NCL 实现的设计，所节省的成本微乎其微。

表 14.1 使用 Uncle 设计的 NCL 电路特点

设计	数据驱动			控制驱动		
	晶体管数量	周期时间(ns)	能耗(pJ)	晶体管数量	周期时间(ns)	能耗(pJ)
16 位 GCD	16 192	105.7	32.4	8658	75.7	10.2
Viterbi 译码器的 PMU	20 184	13.4	5.1	18 838	13.3	4.6

总之，Uncle 可用于协助异步数字设计人员将传统的同步设计转换为数据驱动和控制驱动的 NCL 设计风格。两种设计风格都有其自身的优点和缺点，因此最好将优化此选择的工作留给设计人员。内置的面积和速度优化功能及模拟器，使 Uncle 与 Cadence 或 Synopsys 等商业综合工具的强大功能相结合，成为一个完整的端到端工具集。Uncle 可以免费下载，其可扩展的领域还有很多，例如如何定量确定数据驱动或控制驱动的设计风格是否适合某种电路，以及自动控制通路生成。正在进行的研究将继续为此工具集开发新功能并进一步将其优化。

参考文献

[1]   J. Sparsø, J. Staunstrup, and M. Dantzer-Sorensen, "Design of Delay Insensitive Circuits Using Multi-Ring Structures," in *European Design Automation Conference, 1992. EURO-VHDL '92, EURO-DAC '92.* 1992, pp. 15–20.

[2] S.C. Smith and J. Di, "Designing Asynchronous Circuits using NULL Convention Logic (NCL)," *Synthesis Lectures on Digital Circuits and Systems*, Morgan & Claypool Publishers, San Rafael, CA, Vol. 4/1, July 2009.

[3] J. Cheoljoo and S.M. Nowick, "Optimization of Robust Asynchronous Circuits by Local Input Completeness Relaxation," in *Asia and South Pacific Design Automation Conference, 2007. ASP-DAC '07.* 2007, pp. 622–627.

[4] A. Kondratyev, L. Neukom, O. Roig, A. Taubin, and K. Fant, "Checking Delay-Insensitivity: 10^4 Gates and Beyond," *IEEE International Symposium on Asynchronous Circuits and Systems*, pp. 149–157, April 2012.

第 15 章　NCL 电路的形式化验证

本章作者：Ashiq Sakib[1]　Son Le[2]　Scott C. Smith[3]　Sudarshan Srinivasan[2]

商业设计流程的关键组成部分之一是核验。在确保设计的正确性时，基于测试的方法占主导地位。形式化验证是另一种核验设计正确性的方法，其正确性基于数学证明。由于一个证明过程可对应大量的测试用例，因此无论是确定设计正确性，还是检测常被传统测试忽略的边界情况的错误，形式化方法都极其有用。由于著名的浮点除法（FDIV）错误（即 1994 年 Intel Pentium 处理器的浮点单元在出厂后被发现的错误，Intel 花费了 5 亿美元进行召回），半导体行业已经积极地将形式化验证纳入其设计周期。

在半导体设计中，等价性检测是一种极为流行的形式化验证方法，具有极高的可扩展性和实用性。通常需要投入大量的时间、金钱和精力来确保设计的正确性。然而设计本身从来不是静态的，而是不断修正和优化的（人工检测无法应对这种动态设计过程）。等价性检测技术可以高度自动化和高效地检查黄金模型（即已验证的设计）及其修正或优化后的生成电路在功能上是否等价。可扩展性则基于黄金模型及其生成电路的结构相似性。商业等价性检测器包括 IBM 的 Sixth Sense、Jasper Gold 的 Sequential Equivalence Checker、Calypto 的 SLEC、Mishchenko 的 EBCCS13 和 Cadence 的 Encounter Conformal Equivalence Checker。

在本章中，我们介绍一种归零逻辑（NCL）电路的等价性检测方法。请注意，目前还没有用于准延迟非敏感（QDI）电路的商业等价性检测程序。对于商业应用，NCL 电路和 QDI 电路通常由同步设计综合而来，由此产生的 NCL 设计可以进一步进行优化和修正。因此，我们设计了一个等价性检测器，可以通过两种方式使用：(1) 验证两个 NCL 设计；(2) 验证 NCL 设计和同步设计之间的等价性。

15.1　方法概述

Vidura 等人[1]之前开发了一种方法，用于验证 NCL 电路与同步电路的等价性。这种

1　Department of Electrical and Computer Engineering, Florida Polytechnic University, Lakeland, FL, USA

2　Department of Electrical and Computer Engineering, North Dakota State University, Fargo, ND, USA

3　Department of Electrical Engineering and Computer Science, Texas A&M University Kingsville, Kingsville, TX, USA

方法使用基础牢固的等价互模拟 (WEB) 精化理论[2]作为等价的概念。在 WEB 精化时，待验证电路 (此处为 NCL 电路) 和规约电路 (此处为同步电路) 都被建模为变迁系统 (TS)，这种系统将电路的行为刻画成一组状态和状态之间的变迁。WEB 精化本质上定义了两个 TS 在功能上等价的含义，方法是对 NCL 电路和同步电路进行符号模拟，生成对应于两个电路的 TS。然后使用决策过程来验证这两个 TS 是否满足 WEB 精化性质。

在使用上述方法时，我们发现，由于 NCL 电路表现出高度非确定性行为，因此相应的 TS 非常复杂，即使对于相对简单的电路也是如此。这种复杂性导致了两个问题：(1) 状态空间爆炸；(2) 极难计算并获取 TS 的可达状态。计算可达状态非常重要，因为通常要对不可达状态标记大量假反例，这使得验证非常困难。

因此，我们开发了一种替代方法来规避无法舍弃的 NCL 到 TS 的处理过程。抽象来说，基于 NCL 电路网表执行结构转换，将 NCL 电路转换为等价的同步电路，然后比较转换后的同步电路与规约同步电路，使用 WEB 精化作为正确性的理论基础。我们采用可满足性模理论库 (SMT-LIB) 语言来自动编码和描述转换后的同步电路、规约同步电路与 WEB 精化性质[3]，然后使用 SMT 求解器检查生成的等价性质。除此之外，还需要进行额外的活性检测，以确保 NCL 电路保持活性 (即无死锁)。因此，完整的验证包含三个高层次步骤：(1) 从 NCL 到同步电路的转换；(2) 验证转换后的同步电路及其规约；(3) 对原本的 NCL 电路进行额外检测，以确保其活性。该方法还可用于检测两个 NCL 电路的等价性，方法是将转换技术应用于两个 NCL 电路，以获得两个对应的同步电路，然后相互对比验证这两个同步电路，并对两个原本的 NCL 电路进行活性检测。

15.2　与验证异步方案相关的工作

针对有界延迟和 QDI 这两种主要的异步方案，已经实现了多种形式化验证技术。有界延迟模型基于以下假设：所有电路部件和导线上的延迟都是有界限的，即可以计算出最差情况下的延迟。由于这些定时 (timing) 限制，大多数赋时 (timed) 异步模型的验证方案涉及路径理论、信号变迁图[4]和赋时 Petri 网。参考文献[5]给出了一种基于路径理论的门级验证方法，电路及其正确性性质被建模为 Petri 网，并采用基于时间驱动的 Petri 网展开方法来验证由逻辑门和微流水线组成的异步电路中是否存在冒险[6]。然而，基于时间模型的验证方法不适用于 QDI 电路，因此 QDI 电路基于完全相反的假设，即电路延迟是无界的，因此是不确定的。

当然，也有一些针对 QDI 电路的验证方案。Verbeek 和 Schmaltz[7]提出了基于 Click 库[8]的 QDI 电路死锁验证方案。采用这种基本库的电路在结构上不同于其他 QDI 方案，如 NCL。此外，该方法不能验证电路的功能正确性 (安全性)。但基于精化的形式化方法已经成功地用于验证有界延迟和 QDI 异步模型。如参考文献[9]所述，基于有界延迟结构的去同步(desynchronized)电路可通过基于精化的方法进行验证。如前所述,参考文献[1]中提出了一种使用 WEB 精化检查 NCL 电路与同步电路功能等价性的方法;参考文献[10]中提出了一种基于模型检测的方法,用于检查预充电半缓冲(PCHB)电路的安全性和活性。然而,由于这两种方法中的 QDI 电路建模为 TS,因此 QDI 方案的不确定性行为导致大型电路模型变得非常复杂,二者都受到状态空间爆炸的影响。所以采用依托 WEB 精化的转换技术,类似于本章所述但应用于 PCHB 电路的方法,就能够验证组合 PCHB 电路与其布尔规约的等价性。这种方法已证明是高度可扩展的,并且比以前的技术快得多[11]。该方法目前正在扩展到时序 PCHB 电路。

除了安全性和活性,输入完备性和可观测性是 NCL 电路的两个关键性质,必须对其进行验证,以确保延迟非敏感,因为输入不完备或不可观测的电路在正常工作条件下可能功能正常,但在极端的定时情况下,例如由工艺、电压或温度变化引起的情况下,会发生故障。参考文献[12]中概述了检查输入完备性的手动方法,需要对每个输出项进行分析。例如,为了使输出 Z 相对于输入 A 输入完备,Z 所有轨的每个乘积项[积之和(SOP)形式]必须包含 A 的所有轨。这确保了直到 A 是 DATA 之后 Z 才能是 DATA;如果 Z 完全由迟滞 NCL 门构成,那么迟滞门就确保了直到 A 从 DATA 变迁为 NULL 之后 Z 才能从 DATA 变迁为 NULL。因此,Z 相对于 A 是输入完备的。然而,这种方法不能确保宽松 NCL 电路[13]的输入完备性,因为并非所有的门都是迟滞的。此外,这种方法的可扩展性也是一个问题,因为需要验证的乘积项数量随着输入数量的增加呈指数形式增长。Kondratyev 等人[14]为可观测性验证提供了一种形式化的验证方法,该方法需要确定 $gate_i$ 的所有输入组合有效,然后强制 $gate_i$ 保持无效状态,同时检查这些输入组合是否导致所有电路输出变成 DATA。这种方法检查所有门,以确保电路的可观测性;如果将该方法用于每个电路的输入(即在可观测性检查说明中用 $input_i$ 替换 $gate_i$),则将保证输入完备性。15.3.5 节详述了我们的可观测性检查方法,该方法与参考文献[14]中所述的非常相似,而我们的方法同时检查所有输入的输入完备性,如 15.3.4 节详述。

15.3　NCL 组合电路的等价性验证

在工业领域,异步 NCL 电路通常从同步电路综合而出。在整个综合和优化过程中,同步电路规约经历多次转换,导致最终得到的 NCL 电路与同步规约电路之间存在重大结构差异。针对这种情况,可以采用等价性检测这种广泛使用的形式化验证方法,检查电路之间的逻辑和功能等价性。

基于等价性检测的 NCL 验证已被证明是一种统一、快速和可扩展的方法,可消除以前该领域验证方法中的大部分限制因素。NCL 等价性验证方法需要五个步骤,如下所述。

步骤 1: 将待验证的 NCL 电路网表转换为相应的布尔/同步网表,这种布尔网表可用 SMT-LIB 语言描述,可采用我们开发的自动化脚本完成转换。然后使用 SMT 求解器根据相应的布尔/同步规约来检测转换所得的网表,以测试功能等价性,详见 15.3.1 节。

步骤 2: 步骤 1 仅检查与原始 NCL 电路的 1 轨(rail^1)信号对应的转换所获电路中等价的布尔/同步规约端口输出信号或寄存器输出信号。因此,必须依托 15.3.2 节详述的不变性检测,确保原本 NCL 电路的 0 轨(rail^0)信号与对应的 rail^1 信号相反,即执行步骤 1 是安全的。

步骤 3: NCL 网表自动转换为图结构,与握手控制相关的信息通过遍历图来获取。该信息用于分析电路的握手正确性,可检测死锁,详见 15.3.3 节。

步骤 4 和 5: 一旦 NCL 电路通过步骤 2,就需要验证各组合逻辑(C/L)块的输入完备性(步骤 4)和可观测性(步骤 5),以保证电路在所有定时场景下的活性。我们将分别在 15.3.4 节和 15.3.5 节中详细说明。

15.3.1　功能等价性检测

我们利用图 15.1(a)中所示的 NCL 3 × 3 乘法器来说明 NCL 组合电路的等价性验证过程。NCL 乘法器使用输入不完备的 NCL AND 函数(在 AND 符号内用 I 表示)、输入完备的 NCL AND 函数(在 AND 符号内用 C 表示)、NCL 半加器(HA)和 NCL 全加器(FA),它们都由 NCL 阈值门组合而成,分别如图 15.1(b)、(c)、(d)和(e)所示。图 15.1(a)中的所有信号均为双轨信号;所有寄存器都为 reset-to-NULL 型,表示为 REG_NULL。除了 I/O 寄存器,图 15.1(a)中的乘法器还包含一个级间寄存器以提高吞吐量。

NCL 3 × 3 乘法器的网表如图 15.2(a)所示,前两行分别表示主输入和主输出。第 3～44 行对应于 NCL 的 C/L(阈值)门,其中第 1 列为门的类型,第 2 列以逗号分隔的格式列出门的输入,从输入 A 开始,最后一列是门的输出。第 45～64 行对应于 1 位 NCL 寄存器,其中第 1 列是寄存器的复位类型(即_NULL、_DATA0 或_DATA1 分别复位为 NULL、DATA0 或 DATA1),第 2 列表示寄存器的层级(即不考虑寄存器内部或者之间的 C/L 电路,计算得出穿过寄存器的路径深度。以 3 × 3 乘法器为例有三层寄存器,从输入寄存器开始的层级为 1、2 和 3),第 3 列和第 4 列分别为寄存器的 rail^0 和 rail^1 数据输入,第 5 列和第 6 列分别为寄存器的 Ki 输入和 Ko 输出,第 7 列和第 8 列分别为寄存器的 rail^0 和 rail^1 数据输出。第 65～72 行对应了握手控制电路中使用的 C 单元(即 THnn 门),其中第 1 列是 Cn,n 表示 C 单元的输入数量,第 2 列以逗号分隔的格式列出输入,最后一列是 C 单元的输出。例如,第 65 行的 C4 是 4 输入 C 单元。

NCL 网表被输入到一个转换算法,该算法将其转换为等价的布尔网表,如图 15.2(b)所示。其中每个 NCL C/L 门都替换为其相应的布尔门,该门具有相同的置位功能,但无迟滞性;各内部双轨信号表示为两个布尔信号,第一个用于 rail^1,第二个用于 rail^0,因此不需要对其更改;各主双轨输入都替换为 rail^1 的信号,对应于布尔信号。然后将主输入 rail^1

反转，就会产生主输入 $rail^0$ 对应的内部信号。这些信号将在内部逻辑中使用。转换所获网表中的前两行分别为主输入和主输出，其中主输入对应于原本 NCL 网表的 $rail^1$ 输入，主输出包括 $rail^0$ 和 $rail^1$ 输出。转换所获网表中的第 3～8 行是添加的反相器，可产生与原本 $rail^0$ 输入等价的信号，它们在转换过程中被删除了。所有逻辑门的格式与上面描述的 NCL 网表的格式都相同。在转换过程中也删除了所有 REG_NULL 寄存器，该寄存器在布尔等价电路中没有相应的功能，所以将其数据输出设置为布尔等价电路的数据输出。纯 C/L 电路不包括 Reg_DATA 寄存器，它们对应同步寄存器，将在 15.4 节中讨论。

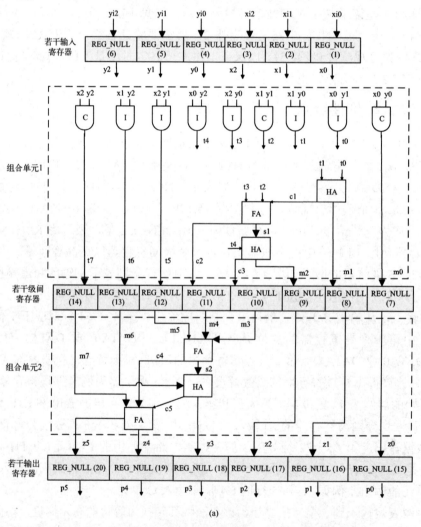

(a)

图 15.1　(a) 3 × 3 乘法器电路；(b) 输入不完备的 NCL AND 函数；(c)
输入完备的 NCL AND 函数；(d) NCL 半加器；(e) NCL 全加器

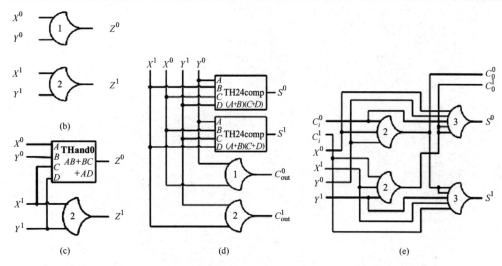

图 15.1（续）　(a) 3×3 乘法器电路；(b) 输入不完备的 NCL AND 逻辑；(c)
输入完备的 NCL AND 逻辑；(d) NCL 半加器；(e) NCL 全加器

使用我们的转换工具，上述布尔网表自动编码为 SMT-LIB 语言[3]，然后作为 SMT 求解器的输入来检测其与规约的功能等价性。对于 3×3 乘法器而言，SMT 求解器检查以下安全性质：$F_{NCL\_Bool\_Equiv}$(x2_1, x1_1, x0_1, y2_1, y1_1, y0_1) = MUL(x, y)，其中 (x2_1, x1_1, x0_1) 和 (y2_1, y1_1, y0_1) 分别是 x 和 y 的 rail[1] 输入，从最高有效位（MSB）开始。我们使用 Z3 SMT 求解器检测其等价性[15]，当然也可以使用任何其他组合电路等价性检测器。注意，此处只需检查 rail[1] 输出，因为它们对应于布尔规约电路输出。rail[0] 输出将用于不变性检测，如下所述。

15.3.2　不变性检测

由于在功能等价性检测时仅考虑 rail[1] 输出，因此还需检测 rail[0] 输出以确保安全。为了确保 rail[0] 输出的正确性，还需针对原始 NCL 电路进行面向 SMT 的不变性证明，此性质要求在任何可达的 NCL 电路状态中，若输出均为 DATA，则每个 rail[0] 输出必须与其对应的 rail[1] 输出相反。

检测上述性质的一种方法是将所有寄存器初始化为 NULL，将所有 C/L 门输出初始化为 0，将所有寄存器 Ki 输入初始化为 rfd（即逻辑 1），然后使所有主输入为 DATA（即在 SMT 中表示为所有有效 DATA 的组合）且单步运行电路，令输入 DATA 流经电路的所有层级，在主输出端生成所有可能的有效数据组合。之后对于每个主双轨输出，检测其不变性：rail[0] 输出与其对应的 rail[1] 输出相反。对于 C/L 电路，其拥有 j 个寄存器 $r^1, \cdots, r^j$，k 个 C/L 门 $g^1, \cdots, g^k$，q 个双轨输入 $i^1, \cdots, i^q$ 和 l 个双轨输出 $o^1 < R^0, R^1 >, \cdots, o^l < R^0, R^1 >$，

(a)
1. xi0_0,xi0_1,xi1_0,xi1_1,…,yi1_0,yi1_1,yi2_0,yi2_1
2. p0_0,p0_1,p1_0,p1_1,…,p5_0,p5_1
3. th22 x0_1,y0_1 m0_1
4. thand0 y0_0,x0_0,y0_1,x0_1 m0_0
5. th22 x0_1,y1_1 t0_1
6. th12 x0_0,y1_0 t0_0
7. th22 x0_1,y2_1 t4_1
8. th12 x0_0,y2_0 t4_0
9. th22 x1_1,y0_1 t1_1
10. th12 x1_0,y0_0 t1_0
11. th22 x1_1,y1_1 t2_1
12. thand0 y1_0,x1_0,y1_1,x1_1 t2_0
13. th22 x1_1,y2_1 t6_1
14. th12 x1_0,y2_0 t6_0
15. th22 x2_1,y0_1 t3_1
16. th12 x2_0,y0_0 t3_0
17. th22 x2_1,y1_1 t5_1
18. th12 x2_0,y1_0 t5_0
19. th22 x2_1,y2_1 t7_1
20. thand0 y2_0,x2_0,y2_1,x2_1 t7_0
21. th24comp t0_0,t1_0,t0_1,t1_1 m1_1
22. th24comp t0_0,t1_1,t1_0,t0_1 m1_0
23. th22 t0_1,t1_1 c1_1
24. th12 t0_0,t1_0 c1_0
25. th23 t3_0,t2_0,c1_0 c2_0
26. th23 t3_1,t2_1,c1_1 c2_1
27. th34w2 c2_0,t3_1,t2_1,c1_1 s1_1
28. th34w2 c2_1,t3_0,t2_0,c1_0 s1_0
29. th24comp s1_0,t4_0,s1_1,t4_1 m2_1
30. th24comp s1_0,t4_1,t4_0,s1_1 m2_0
31. th22 s1_1,t4_1 c3_1
32. th12 s1_0,t4_0 c3_0
33. th23 m5_0,m4_0,m3_0 c4_0
34. th23 m5_1,m4_1,m3_1 c4_1
35. th34w2 c4_0,m5_1,m4_1,m3_1 s2_1
36. th34w2 c4_1,m5_0,m4_0,m3_0 s2_0
37. th24comp s2_0,m6_0,s2_1,m6_1 z3_1
38. th24comp s2_0,m6_1,m6_0,s2_1 z3_0
39. th22 s2_1,m6_1 c5_1
40. th12 s2_0,m6_0 c5_0
41. th23 m7_0,c4_0,c5_0 z5_0
42. th23 m7_1,c4_1,c5_1 z5_1
43. th34w2 z5_0,m7_1,c4_1,c5_1 z4_1
44. th34w2 z5_1,m7_0,c4_0,c5_0 z4_0
45. Reg_NULL 1 xi0_0 xi0_1 KO3 ko1 x0_0 x0_1
46. Reg_NULL 1 xi1_0 xi1_1 KO3 ko2 x1_0 x1_1
47. Reg_NULL 1 xi2_0 xi2_1 KO3 ko3 x2_0 x2_1
48. Reg_NULL 1 yi0_0 yi0_1 KO3 ko4 y0_0 y0_1
49. Reg_NULL 1 yi1_0 yi1_1 KO3 ko5 y1_0 y1_1
50. Reg_NULL 1 yi2_0 yi2_1 KO3 ko6 y2_0 y2_1
51. Reg_NULL 2 m0_0 m0_1 ko15 ko7 z0_0 z0_1
52. Reg_NULL 2 m1_0 m1_1 ko16 ko8 z1_0 z1_1
53. Reg_NULL 2 m2_0 m2_1 ko17 ko9 z2_0 z2_1
54. Reg_NULL 2 c3_0 c3_1 KO4 ko10 m3_0 m3_1
55. Reg_NULL 2 c2_0 c2_1 KO4 ko11 m4_0 m4_1
56. Reg_NULL 2 t5_0 t5_1 KO4 ko12 m5_0 m5_1
57. Reg_NULL 2 t6_0 t6_1 KO4 ko13 m6_0 m6_1
58. Reg_NULL 2 t7_0 t7_1 KO5 ko14 m7_0 m7_1
59. Reg_NULL 3 z0_0 z0_1 Ki ko15 p0_0 p0_1
60. Reg_NULL 3 z1_0 z1_1 Ki ko16 p1_0 p1_1
61. Reg_NULL 3 z2_0 z2_1 Ki ko17 p2_0 p2_1
62. Reg_NULL 3 z3_0 z3_1 Ki ko18 p3_0 p3_1
63. Reg_NULL 3 z4_0 z4_1 Ki ko19 p4_0 p4_1
64. Reg_NULL 3 z5_0 z5_1 Ki ko20 p5_0 p5_1
65. C4 ko7,ko8,ko9,ko10 KO1
66. C4 ko11,ko12,ko13,ko14 KO2
67. C2 KO1,KO2 KO3
68. C3 ko18,ko19,ko20 KO4
69. C2 ko19,ko20 KO5
70. C3 ko4,ko5,ko6 KO6
71. C3 ko1,ko2,ko3 KO7
72. C2 KO7,KO6 KO

(b)
1. xi0_1,xi1_1,xi2_1,yi0_1,yi1_1,yi2_1
2. p0_0,p0_1,p1_0,p1_1,…,p5_0,p5_1
3. not xi0_1 xi0_0
4. not xi1_1 xi1_0
5. not xi2_1 xi2_0
6. not yi0_1 yi0_0
7. not yi1_1 yi1_0
8. not yi2_1 yi2_0
9. th22 xi0_1,yi0_1 p0_1
10. thand0 yi0_0,xi0_0,yi0_1,xi0_1 p0_0
11. th22 xi0_1,yi1_1 t0_1
12. th12 xi0_0,yi1_0 t0_0
13. th22 xi0_1,yi2_1 t4_1
14. th12 xi0_0,yi2_0 t4_0
15. th22 xi1_1,yi0_1 t1_1
16. th12 xi1_0,yi0_0 t1_0
17. th22 xi1_1,yi1_1 t2_1
18. thand0 yi1_0,xi1_0,yi1_1,xi1_1 t2_0
19. th22 xi1_1,yi2_1 t6_1
20. th12 xi1_0,yi2_0 t6_0
21. th22 xi2_1,yi0_1 t3_1
22. th12 xi2_0,yi0_0 t3_0
23. th22 xi2_1,yi1_1 t5_1
24. th12 xi2_0,yi1_0 t5_0
25. th22 xi2_1,yi2_1 t7_1
26. thand0 yi2_0,xi2_0,yi2_1,xi2_1 t7_0
27. th24comp t0_0,t1_0,t0_1,t1_1 p1_1
28. th24comp t0_0,t1_1,t1_0,t0_1 p1_0
29. th22 t0_1,t1_1 c1_1
30. th12 t0_0,t1_0 c1_0
31. th23 t3_0,t2_0,c1_0 c2_0
32. th23 t3_1,t2_1,c1_1 c2_1
33. th34w2 c2_0,t3_1,t2_1,c1_1 s1_1
34. th34w2 c2_1,t3_0,t2_0,c1_0 s1_0
35. th24comp s1_0,t4_0,s1_1,t4_1 p2_1
36. th24comp s1_0,t4_1,t4_0,s1_1 p2_0
37. th22 s1_1,t4_1 c3_1
38. th12 s1_0,t4_0 c3_0
39. th23 t5_0,c2_0,c3_0 c4_0
40. th23 t5_1,c2_1,c3_1 c4_1
41. th34w2 c4_0,t5_1,c2_1,c3_1 s2_1
42. th34w2 c4_1,t5_0,c2_0,c3_0 s2_0
43. th24comp s2_0,t6_0,s2_1,t6_1 p3_1
44. th24comp s2_0,t6_1,t6_0,s2_1 p3_0
45. th22 s2_1,t6_1 c5_1
46. th12 s2_0,t6_0 c5_0
47. th23 t7_0,c4_0,c5_0 p5_0
48. th23 t7_1,c4_1,c5_1 p5_1
49. th34w2 p5_0,t7_1,c4_1,c5_1 p4_1
50. th34w2 p5_1,t7_0,c4_0,c5_0 p4_0

图 15.2 (a)3×3 乘法器网表；(b)转换所获的布尔网表

其中，R^0 和 R^1 分别是输出的 rail^0 和 rail^1，此不变性检测方法的证明法则如下所示，即证明法则 1(PO1)。谓词 P1 声明所有内部寄存器都为 reset-to-NULL。P2 和 P3 声明所有阈值门和 Ki 寄存器输入分别初始化为逻辑 0 和 1。P4 声明所有输入都是 DATA。P5 声明当电路进行符号化单步调试时，所有阈值门置 0，所有输入置 DATA，阈值门的新值存储在 $(g_B{}^1, \cdots, g_B{}^k)$ 中。P6 声明每个双轨输出的轨是互补的。PO1 声明，如果允许数据从主输入传到主输出，那么对于所有可能的有效 DATA 输入，每个 rail^0 输出的 R^0 总是与其各自的 rail^1 输出的 R^1 相反。

证明法则 1

P1: $\wedge_{n=1}^{j}(r_A{}^n = 0b00)$
P2: $\wedge_{n=1}^{k}(g_A{}^n = 0)$
P3: $\wedge_{n=1}^{j}(Ki_A{}^n = 1)$
P4: $\wedge_{n=1}^{q}(i_A{}^n = 0b01) \vee (i_A{}^n = 0b10)$
P5: $(g_B{}^1, \ldots, g_B{}^k) = \text{NCLStep}(i_A{}^1, \ldots, i_A{}^q)$
P6: $\wedge_{n=1}^{n} o_B{}^n < R^0 > = \neg o_B{}^n < R^1 >$
PO1: $\{P1 \wedge P2 \wedge P3 \wedge P4 \wedge P5 \Rightarrow P6\}$

另一种检测不变性的更快方法是独立检查每个 NCL 电路层级。为此，我们开发了一种算法，读取原始 NCL 电路网表并分别提取各电路层级。然后对于每个提取的层级，将所有门输出置为 0，将此层级的输入全部置为 DATA，并单步运行电路，以便层级输出成为有效数据的所有可能组合。最后再检测每层级的双轨输出的不变性，以确保其 rail^0 与其对应的 rail^1 相反。第二种不变性检测方法的证明法则如证明法则 2(PO2)所示，其中提取的层级具有 j 个双轨输入 $i^1, \cdots, i^j$，m 个阈值门 $g^1, \cdots, g^m$，k 个双轨输出 $o^1 < R^0, R^1 >, \cdots,$ $o^k < R^0, R^1 >$，其中 R^0 和 R^1 分别是 rail^0 和 rail^1 的输出。谓词 P1 声明所有层级输入都是有效 DATA。P2 声明层级中的所有 NCL 阈值门初始化为 0。P3 声明层级会从 NULL 到 DATA 变迁。P4 声明每个双轨输出的轨是互补的。PO2 声明，在层级从 NULL 变迁到 DATA 后，考虑所有可能的有效 DATA 输入，每个 rail^0 输出的 R^0 总是与对应 rail^1 输出的 R^1 相反。

证明法则 2

P1: $\wedge_{n=1}^{j}(i_A{}^n = 0b01) \vee (i_A{}^n = 0b10)$
P2: $\wedge_{n=1}^{m}(g_A{}^n = 0)$
P3: $(g_B{}^1, \ldots, g_B{}^m) = \text{NCLStep}(i_A{}^1, \ldots, i_A{}^j)$
P4: $\wedge_{n=1}^{k} o_B{}^n < R^0 > = \neg o_B{}^n < R^1 >$
PO2: $\{P1 \wedge P2 \wedge P3 \Rightarrow P4\}$

第二种不变性检测方法比第一种快得多，因为它将问题分解为一组较小的不变性检测过程(即每层级一个),而第一种方法一次检测整个电路的不变性。例如,对于两级 10×10 乘法器,方法 2 的速度快 38%,当电路包括额外层级时,速度甚至更快。注意,对于这两种不变性检测方法,NCL 门都被建模为 SMT 要求的布尔函数(即无迟滞性),因为不变性检测只考虑 NULL 到 DATA 的变迁,只用到门的复位功能,所以与布尔和 NCL 状态保持门的实现机制一样。这种优化可以把不变性检测时间减少约一半(例如,对于非流水线 10×10 无符号乘法器,时间从 377 s 减少为 192 s)。

15.3.3 握手机制检测

活性意味着电路中没有死锁。对于 NCL 组合电路,握手信号之间的正确连接及 C/L 的可观测性和输入完备性确保了活性。图 15.2(a) 中所示的 NCL 网表不但用于功能等价性和不变性检测,也用于活性检测。在进行握手机制检测时,NCL 网表会自动转换为图结构,而后回溯握手路径和 C 单元的连接来验证握手是否正确,确保每个寄存器能够应答它前一层级所有状态寄存器的输出,这些前一层级寄存器参与计算本层级寄存器的输入。对于一个 NCL 寄存器 i,从其双轨输入向前回溯 C/L 电路,直到生成扇入列表 reg_fanin(i) 时为止,识别出每个参与计算扇入的 NCL 寄存器的前一层级双轨输出。例如,参考图 15.1(a),因为 x0、x1、y0 和 y1 都用于生成 m1,所以 reg_fanin(8) 为 1, 2, 4, 5。此外,对于每个 NCL 寄存器 i,其输出 Ko 通过回溯 C 单元握手电路来识别出所有前一层级 NCL 寄存器的输入 Ki,寄存器 register$_i$ 的 Ko 参与计算并生成 Ko 的扇出列表 ko_fanout(i)。例如,参考图 15.3,该图显示了 3×3 乘法器的握手电路,因为 Ko8 参与生成了前一层级所有寄存器的输入 Ki(即 1~6),故 ko_fanout(8) 为 1, 2, 3, 4, 5, 6。

如图 15.4 所示,计算每个 NCL 寄存器的 reg_fanin 和 ko_fanout 后,对于 3×3 乘法器的所有寄存器,接着就要检测 reg_fanin(k) 以确保它是 ko_fanout(k) 的子集。注意,reg_fanin 中的 0 表示主数据输入;ko_fanout 中的 0 表示外部输出 Ko。比特位完备性要求 reg_fanin(k) 等于 ko_fanout(k),整字完备性要求 reg_fanin(k) 是 ko_fanout(k) 的一个真子集,同时要求属于 ko_fanout(k) 且不属于 reg_fanin(k) 的寄存器必须是寄存器 k 紧邻的前一层级寄存器。如果 reg_fanin(k) 不是 ko_fanout(k) 的子集,可能会导致死锁;此外,如果 reg_fanin(k) 是 ko_fanout(k) 的真子集,但违反了相邻前溯层级的约束,可能会导致死锁或降低电路性能。因此,如果确保 reg_fanin(k) 是 ko_fanout(k) 的真子集,则自动检查 ko_fanout(k) 和 reg_fanin(k) 差集中的所有寄存器,以确保其满足相邻前溯层级的约束。如果不满足此约束,则会生成一条警告消息,指出该特定寄存器的 ko_fanout 列表中有额外的寄存器,便于随后手动核验。对于图 15.3 的例子,第一层级要求整字完备性,而第二层级要求比特位完备性。

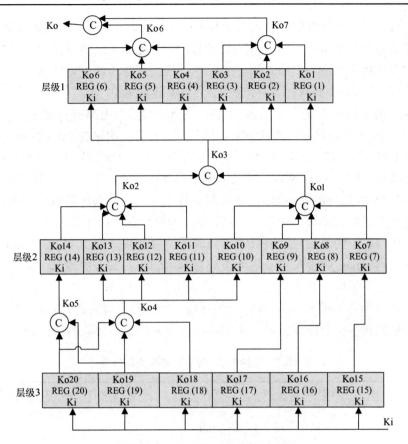

图 15.3　3 × 3 乘法器中的握手连接

```
 1: reg_fanin: 0                    ko_fanout: 0
 2: reg_fanin: 0                    ko_fanout: 0
 3: reg_fanin: 0                    ko_fanout: 0
 4: reg_fanin: 0                    ko_fanout: 0
 5: reg_fanin: 0                    ko_fanout: 0
 6: reg_fanin: 0                    ko_fanout: 0
 7: reg_fanin: [1, 4]               ko_fanout: [1, 2, 3, 4, 5, 6]
 8: reg_fanin: [1, 2, 4, 5]         ko_fanout: [1, 2, 3, 4, 5, 6]
 9: reg_fanin: [1, 2, 3, 4, 5, 6]   ko_fanout: [1, 2, 3, 4, 5, 6]
10: reg_fanin: [1, 2, 3, 4, 5, 6]   ko_fanout: [1, 2, 3, 4, 5, 6]
11: reg_fanin: [1, 2, 3, 4, 5]      ko_fanout: [1, 2, 3, 4, 5, 6]
12: reg_fanin: [3, 5]               ko_fanout: [1, 2, 3, 4, 5, 6]
13: reg_fanin: [2, 6]               ko_fanout: [1, 2, 3, 4, 5, 6]
14: reg_fanin: [3, 6]               ko_fanout: [1, 2, 3, 4, 5, 6]
15: reg_fanin: [7]                  ko_fanout: [7]
16: reg_fanin: [8]                  ko_fanout: [8]
17: reg_fanin: [9]                  ko_fanout: [9]
18: reg_fanin: [10, 11, 12, 13]     ko_fanout: [10, 11, 12, 13]
19: reg_fanin: [10, 11, 12, 13, 14] ko_fanout: [10, 11, 12, 13, 14]
20: reg_fanin: [10, 11, 12, 13, 14] ko_fanout: [10, 11, 12, 13, 14]
```

图 15.4　3 × 3 乘法器的 reg_fanin 和 ko_fanout 列表

设计人员需要进行额外的检查，以确保外部输入 Ki 的正确连接，即外部 Ki 应该是产生主数据输出的每个寄存器的 Ki 输入。如果 NCL 电路无法满足任何握手机制检测，我们开发的算法将生成适当的错误消息。此外，这个算法还能检测电路，以确保数据信号不会用于握手电路，同样握手信号也不会用作数据信号。

我们提出的方法已在多个乘法器和 ISCAS-85 的组合电路基准测试上应用[16]，如表 15.1 所示，umult$N$ 表示非流水线 $N \times N$ 无符号乘法器。实验在 Intel Core i7-4790 CPU 上进行，该 CPU 具有 32 GB 的 RAM，运行频率为 3.60 GHz，采用 Z3 SMT 求解器进行安全性和不变性检测，NCL 到布尔网表的转换时间可以忽略不计[15]。为了测试该方法，我们注入了几个故障。umult10-Bn 表示具有 n 种不同故障的乘法器电路，在功能检测、不变性检测或握手机制检测列中的(B)表示相应的检测方法检测到的注入错误。−B1 表示错误地交换双轨中的轨信号；−B2 表示错误的数据连接，例如 NCL 门 gate$_i$ 的输出 F 应连接到 NCL 门 gate$_j$ 的输入 X，但是 X 连接到 NCL 门 gate$_k$ 的输出，从而导致逻辑错误；−B3 对应于不正确的握手连接；外部 Ki 和 Ko 故障表示为−B4。−B5 表示轨复制错误，其中特定信号的 rail^0 和 rail^1 为同一根导线。Z3 通过反例报告所有功能性和不变性的故障，我们的握手机制检测工具可识别并报告完备性逻辑故障的位置。

表 15.1　多种 NCL 的 C/L 电路验证结果

电路	功能检测(s)	不变性检测(s)	握手机制检测(s)	总时间(s)
ISCAS c17	0.01	0.01	0.0020	0.0220
umult2	0.02	0.01	0.0997	0.1297
umult3	0.04	0.02	0.1087	0.1687
umult6	0.32	0.33	0.8238	1.4738
umult8	10.62	6.79	9.3090	26.719
umult10	683.49	192.39	70.370	946.25
ISCAS c432	1.03	1.06	3.0111	5.1011
umult10−B1	0.08(B)	0.10(B)	70.370	70.550
umult10−B2	0.06(B)	192.39	70.370	262.82
umult10−B3	683.49	192.39	69.1538(B)	945.034
umult10−B4	683.49	0.08(B)	72.0235(B)	755.5935
umult10−B5	0.1(B)	0.09(B)	70.37	71.37

15.3.4　输入完备性检测

输入完备性要求组合电路的所有输出在所有输入从 NULL 变迁为 DATA 之前不得从 NULL 变迁为 DATA，并且组合电路的所有输出在所有输入从 DATA 变迁为 NULL 之前不得从 DATA 变迁为 NULL[12]。对于具有多个输出的电路，根据 Seitz 提出的延迟非敏感信号的"弱条件"，只要所有输出不会在所有输入到达之前变迁，那么输入部分到达的同时，一些输出就可以改变了[17]。因为 NCL 电路是 QDI 型电路，所以要保证 C/L 层级的输入完备性；在某些定时场景中，输入不完备的层级可能导致电路死锁。

验证输入完备性需要两种证明法则，分别适应于两种情况，第一种是电路从 NULL 变迁为 DATA，第二种是从 DATA 变迁为 NULL。这两种证明法则已被泛化，并适用于所有 NCL 组合电路。此外，这两种证明法则已编码为一系列的一阶逻辑公式，可使用 SMT 求解器自动检测。

15.3.4.1　输入完备性证明法则：NULL 到 DATA

假设 NCL 电路有 m 个阈值门、p 个双轨输入和 q 个双轨输出。令 $g_A^1, \cdots, g_A^m$ 表示步骤 A 之前与 NCL 阈值门现态对应的布尔变量，令 $g_B^1, \cdots, g_B^m$ 表示步骤 A 之后的相应变量。令 $i_A^1, \cdots, i_A^p$ 表示步骤 A 的电路输入，令 $i_B^1, \cdots, i_B^p$ 表示步骤 B 的电路输入。根据电路输入 $i_A^1, \cdots, i_A^p$ 和阈值门状态 $g_A^1, \cdots, g_A^m$，令 $o_A^1, \cdots, o_A^q$ 为符号化单步调试后的电路输出。同理，根据电路输入 $i_B^1, \cdots, i_B^p$，以及阈值门状态 $g_B^1, \cdots, g_B^m$，令 $o_B^1, \cdots, o_B^q$ 为符号化单步调试后的电路输出。表 15.2 给出了输入完备性证明法则中使用的谓词。

表 15.2　输入完备性证明法则中使用的谓词

Pn	谓　词	Pn	谓　词
P0	$\bigwedge\limits_{n=1}^{n=p} \sim (i_A^n = 0b11)$	P5	$(g_B^1, \cdots, g_B^m) = \mathrm{NCLStep}(i_A^1, \cdots, i_A^p)$
P1	$\bigwedge\limits_{n=1}^{n=m} (g_A^n = 0)$	P6	$\bigwedge\limits_{n=1}^{n=p} ((i_B^n = i_A^n) \vee (i_B^n = 0b00))$
P2	$\bigvee\limits_{n=1}^{n=p} (i_A^n = 0b00)$	P7	$\bigvee\limits_{n=1}^{n=p} (i_B^n = i_A^n)$
P3	$\bigvee\limits_{n=1}^{n=q} (o_A^n = 0b00)$	P8	$\bigvee\limits_{n=1}^{n=q} ((o_B^n = 0b01) \vee (o_B^n = 0b10))$
P4	$\bigwedge\limits_{n=1}^{n=p} ((i_A^n = 0b01) \vee (i_A^n = 0b10))$		

P0 声明没有双轨输入处于非法状态。P1 声明所有阈值门的当前输出值均为 0，意味着电路在 DATA 变迁前处于 NULL 状态。P2 声明至少有一个双轨输入为 NULL，P3 声明至少有一个双轨输出为 NULL。下面的证明法则 3（PO3）用于检查电路从 NULL 到 DATA 变迁的输入完备性。本质上，PO3 声明，如果没有一个输入是非法的且所有阈值门的当前输出都是 0，并且至少有一个双轨输入为 NULL，那么至少有一个双轨输出必然为 NULL。由于证明法则中的双轨输入是符号化的，SMT 求解器将根据所有可能的输入组合来检测此性质。

$$PO3 : \{P0 \wedge P1 \wedge P2\} \rightarrow P3$$

15.3.4.2 输入完备性证明法则：DATA 到 NULL

当 NCL 电路设计仅使用迟滞门构建时，NULL 到 DATA 变迁的输入完备性就能保证 DATA 到 NULL 变迁的输入完备性，因为迟滞门要求所有输入变为 0 之前输出不能变为 0。然而，宽松 NCL 电路的情况并非如此[13]，它由迟滞门和布尔门组成。所以，对于宽松 NCL 电路，还必须检查 DATA 到 NULL 变迁的输入完备性。

为了将 DATA 到 NULL 的证明法则形式化，那么从 NULL 到 DATA 变迁之后，必须根据所有可能的阈值门输出将电路初始化为符号表示。将电路初始化为 NULL 状态（即所有阈值门置为 0），然后将有效的符号化 DATA（即非 NULL 且合法）作为输入来单步运行电路，这一步称为步骤 A。基于步骤 A 中阈值门的符号值，使用新的输入再次单步运行电路，这一步称为步骤 B，表示 DATA 到 NULL 的变迁。

P1 声明在步骤 A 之前，所有阈值门输出都已初始化为 0。P4 声明步骤 A 的所有输入都是 DATA。P5 声明当电路进行符号化单步调试时，所有阈值门置为 0，所有输入置为 DATA，阈值门的新值存储在 $(g_B^1, \cdots, g_B^m)$ 中。P6 声明步骤 B 的输入要么保持与步骤 A 的 DATA 值相同，要么已变迁为 NULL。P7 声明至少有一个步骤 B 的输入仍然是 DATA，并且 P8 声明步骤 B 的输出中至少有一个保持 DATA。DATA 到 NULL 变迁的输入完备性的最终证明法则如 PO4 所示，声明在将电路初始化为 NULL 状态，并根据所有可能的 DATA 输入来符号化单步运行电路以生成所有可能的 DATA 状态后，如果双轨输入变迁为 NULL 但至少有一个双轨输入保持 DATA，则至少有一个输出必然保持 DATA。这意味着电路尚未完全变迁为 NULL 状态，其原因是所有输入尚未变迁为 NULL。与 NULL 到 DATA 的证明法则一样，所有输入都是符号化的，因此 SMT 求解器会检测所有组合。

$$\text{PO4}: \{\text{P1} \wedge \text{P4} \wedge \text{P5} \wedge \text{P6} \wedge \text{P7}\} \rightarrow \text{P8}$$

15.3.4.3 输入完备性的验证结果

输入完备性的证明法则的验证并不依赖于特定的 SMT 求解器。我们开发了一种工具，可以自动从原电路网表［如图 15.2（a）中所示的 3 × 3 乘法器］生成电路模型和证明法则，二者均以 SMT-LIB 格式编码。这里用 $N \times N$ 无符号双轨 NCL 乘法器作为基准测试对象，其中 $3 \leqslant N \leqslant 15$，验证结果列在后面。除此之外，我们还使用了 ISCAS-85 C432 的 27 通道中断控制器电路作基准测试对象[18]。证明法则是在配置 Intel Core i7-4790 CPU 的计算机上使用 Z3 SMT 求解器验证的，该 CPU 具有 32 GB 的 RAM，运行频率为 3.60 GHz。

验证结果如表 15.3 所示，其中第 1 列为电路名称，第 2 列为当输入完备时 NULL 到 DATA 证明法则的验证时间，第 3 列为当输入不完备时 NULL 到 DATA 证明法则的验证时间，第 4 列和第 5 列分别报告输入完备和输入不完备时 DATA 到 NULL 证明法则的验证时间。umult$N$ 表示仅使用 NCL 迟滞门构造的 $N \times N$ 无符号乘法器；r-umult$N$ 表示 $N \times N$ 乘法器的宽松实现，其中当输入完备性不需要迟滞时，NCL 门会替换为布尔门。如果验证时间超过 1 天，则将验证结果标注为 TO（Timeout，即超时）。

表 15.3　输入完备性验证时间（s）

电　路	N 到 D	N 到 D 有故障	D 到 N	D 到 N 有故障
umult3	0.02	0.01	0.03	0.04
umult4	0.02	0.05	0.06	0.06
umult5	0.09	0.05	0.12	0.11
umul16	0.I1	0.15	0.38	0.24
umult7	0.38	0.27	1.49	1.23
umult8	1.44	0.49	5.47	3.60
umult9	5.30	2.37	22.38	1.28
umult10	20.22	8.92	102.42	18.45
umult11	54.09	2.99	430.29	22.81
umult12	236.00	8.21	1909.44	23.17
umult13	885.30	3.85	7401.11	15.11
umult14	3424.89	114.41	34 961.6	8.26
umult15	9663.01	19.41	TO	112.55
r-umult3	0.02	0.02	0.04	0.07
r-umult4	0.02	0.02	0.06	0.07
r-umult5	0.05	0.04	0.10	0.08
r-umult6	0.15	0.12	0.42	0.07
r-umult7	0.39	0.12	1.48	0.11
r-umult8	1.38	1.43	6.38	0.17
r-umult9	4.74	5.17	28.03	0.20
r-umult10	16.26	19.02	146.95	0.20
r-umult11	58.04	46.53	642.80	0.31
r-umult12	215.75	228.47	3635.01	0.35
r-umult13	729.11	34.97	15 663.24	0.40
r-umult14	3045.99	4104.45	80 213.90	0.68
r-umult15	10 561.11	9974.39	TO	0.308
C432	0.062	0.068	0.074	0.94

乘法器的基本架构如图 15.1 中的 3×3 乘法器所示，采用输入完备的 AND 函数及输入不完备的 AND 函数分别生成对应设计的 $X_i Y_i$ 和 $X_i Y_j$ 部分积，其中 $i \neq j$，中间没有 NCL 级间寄存器(即只有输入和输出寄存器的独立层级[19])，具体操作如下：为了创建有故障的非宽松乘法器，随机选择 $1 \leqslant k \leqslant N$，将用于生成 $X_k Y_k$ 部分积的输入完备的 AND 函数替换为输入不完备的版本。NCL 的半加器(HA)和全加器(FA)本质上是输入完备的，当只使用 NCL 迟滞门实现时，输入不可能不完备。宽松乘法器将迟滞乘法器中输入不完备的 AND 函数和 HA 中的 TH22 门替换为 AND 门。所以有故障的宽松电路通过以下之一来构建：$X_i Y_i$ 部分积中 AND 函数的 TH22 门或 THand0 门，半加器 HA 中的 TH24comp 门，或者全加器 FA 中的 TH34w2 门或 TH23 门。我们在设计 ISCAS-85 C432 电路时应尽可能使用输入不完备函数，同时保持其输入完备性。对应的故障版本将 M3 模块中计算 RC 的一个输入完备的 3 输入 NAND 函数[20]替换为输入不完备的 NAND 函数。Z3 将报告所有的故障及相应反例。

15.3.5　可观测性检测

可观测性要求所有门变迁都能在输出端可见，这意味着每个待变迁的门都必须至少改变一个输出。NCL 电路的 QDI 要求 C/L 层级中的每个门具有可观测性；在某些定时情况下，任何层级的不可观测门都可能导致电路死锁。可观测性的证明类似于输入完备性的证明。每个 C/L 门都需要两个证明法则，一个用于从 NULL 到 DATA 的变迁，另一个用于从 DATA 到 NULL 的变迁。与输入完备性一样，证明法则已编码为一系列的一阶逻辑公式，使用 SMT 求解器自动检测。

15.3.5.1　可观测性证明法则：NULL 到 DATA

为了验证可观测性，必然要对每个 C/L 逻辑门进行检查。对于一系列门 $g^1, \cdots, g^m$，断言这些门第一次被计算，此断言表示为 $f_1, \cdots, f_m = 1$。令 $1 \leqslant n \leqslant m$，在验证 g^n 从 NULL 变迁到 DATA 的可观测性期间，g^n 的输出被强制置为 0。将 g^n 强制置为 0 的电路仿真称为 Gn0 仿真，结果函数为 nclcktGn0$(i^1, \cdots, i^p)$。为了形式化地描述从 DATA 到 NULL 的可观测性证明法则，首先用所有可能的阈值门输出来符号化电路，并断言从 NULL 到 DATA 后会得到 g^n。具体方法是先将电路初始化为 NULL 状态(即所有阈值门置为 0)，然后使用有效的符号化 DATA(即非 NULL 且合法)作为输入来单步运行电路，这一步称为步骤 A。基于步骤 A 中生成的阈值门的符号值 $g_B^1, \cdots, g_B^m$，使用新输入再次单步运行电路，这一步称为步骤 B，表示 DATA 到 NULL 的变迁。在验证 g^n 期间($1 \leqslant n \leqslant m$)，如果 g^n 的输出被强制置为 1，此时的电路仿真称为 Gn1 仿真，结果函数为 nclcktGn1$(i^1, \cdots, i^p)$。表 15.4 给出了可观测性证明法则中使用的额外谓词。

表 15.4　可观测性证明法则中使用的额外谓词

Pn	谓　　词	Pn	谓　　词
P9	$(o_A^1, \cdots, o_A^q) = \mathrm{nclcktGn0}(i_A^1, \cdots, i_A^p)$	P12	$\bigwedge\limits_{n=1}^{n=p}(i_B^n = 0b00)$
P10	$f_n = 1$	P13	$(o_B^1, \cdots, o_B^q) = \mathrm{nclcktGn1}(i_B^1, \cdots, i_B^p)$
P11	$\bigvee\limits_{n=1}^{n=q}(o_B^n = 0b00)$	P14	$\sim \bigwedge\limits_{n=1}^{n=q}(o_B^n = 0b00)$

　　P1 声明所有阈值门的当前输出值为 0，意味着电路在 DATA 变迁之前处于 NULL 状态。P4 声明每个电路输入都是有效 DATA。P9 声明 NCL 电路进行 Gn0 仿真，其中被测门的输出 g^n 被强制置为 0。P10 仅启用有效的输入组合，该组合用于在 P9 中单步运行电路的 g^n。最后，P11 声明至少有一个输出为 NULL。测试 NULL 到 DATA 的变迁的可观测性证明法则如 PO5 所示，此法则要求测试所有门 $g^1, \cdots, g^m$ 的可观测性。如果以上声明都为真，那么在 g^n 无效的情况下，使 g^n 有效的所有输入集至少会使一个电路主输出无效，因此证明了 g^n 对于 NULL 到 DATA 的变迁是可观测的。

$$\mathrm{PO5}: \bigwedge_{n=1}^{n=m}(\{\mathrm{P1} \wedge \mathrm{P4} \wedge \mathrm{P9} \wedge \mathrm{P10}\} \rightarrow \mathrm{P11})$$

15.3.5.2　可观测性证明法则：DATA 到 NULL

　　与输入完备性类似，对于仅由 NCL 迟滞门组成的电路，如果在 NULL 到 DATA 的变迁中是可观测的，则实质上在 DATA 到 NULL 的变迁中也是可观测的，因为门的迟滞性确保了在此门前面所有门的输出变成 0 之前，此门不能变为 0。但是宽松 NCL 电路的情况与之不同，因为宽松 NCL 电路由迟滞门和布尔门组成，所以对于宽松 NCL 电路，还必须检查 DATA 到 NULL 的变迁的可观测性。

　　P1 声明在步骤 A 之前，所有阈值门输出都已初始化为 0。P4 声明步骤 A 的所有输入都是 DATA。P5 声明当电路进行符号化单步调试时，所有阈值门置为 0，所有输入置为 DATA，阈值门的新值存储在 $(g_B^1, \cdots, g_B^m)$ 中。P10 声明在 P5 中单步运行电路时令 g^n 有效的输入组合。P12 声明在步骤 B，所有输入已变迁为 NULL。P13 声明针对 NCL 电路进行 Gn1 仿真，即被测门的输出 g^n 被强制置为 1。最后，P14 声明所有输出不为 NULL。测试 DATA 到 NULL 的变迁的可观测性证明法则如 PO6 所示，它测试所有 $g^1, \cdots, g^m$ 门的可观测性。如果以上声明都为真，那么在 g^n 有效的情况下，至少有一个输出在随后的 DATA 到 NULL 的变迁期间不会变为 NULL，因此证明 g^n 对于 DATA 到 NULL 的变迁是可观测的。

$$\mathrm{PO6}: \bigwedge_{n=1}^{n=m}(\{\mathrm{P1} \wedge \mathrm{P4} \wedge \mathrm{P5} \wedge \mathrm{P10} \wedge \mathrm{P12} \wedge \mathrm{P13}\} \rightarrow \mathrm{P14})$$

15.3.5.3 可观测性结果

可使用任何 SMT 求解器验证可观测的证明法则。我们开发了一种工具，可以自动从原始电路网表［如图 15.2(a) 中所示的 3 × 3 乘法器］生成电路模型和证明法则，二者均以 SMT-LIB 格式编码。这里用 $N \times N$ 无符号双轨 NCL 乘法器作为基准测试对象，其中 $3 \leqslant N \leqslant 13$。除此之外，我们还使用了 ISCAS-85 C432 的 27 通道中断控制器电路作为基准测试对象[18]。证明法则是在配置 Intel Core i7-4790 CPU 的计算机上使用 Z3 SMT 求解器验证的，该 CPU 具有 32 GB 的 RAM，运行频率为 3.60 GHz。

验证结果如表 15.5 所示，其中第 1 列为电路名称，第 2 列为 NULL 到 DATA 证明法则的验证时间，第 3 列为 DATA 到 NULL 证明法则的验证时间。umult$N$ 表示仅使用 NCL 迟滞门构造的 $N \times N$ 无符号乘法器。如果验证时间超过 1 天，则将验证结果标注为 TO。

表 15.5　可观测性的验证时间 (s)

电　路	N 到 D	D 到 N
umult4	0.001	0.001
umult5	8.203	8.944
umult6	13.7599	16.1921
umult7	27.8229	36.528
umult8	54.062	105.4979
umult9	138.3139	412.605
umult10	363.7079	1968.434
umult11	902.046	9657.475
umult12	2384.504	52 093.64
umult13	5797.037	TO
C432 M1	1.53	3.882

所测试的乘法器架构与用于测试输入完备性的乘法器架构完全相同（即采用输入完备的 AND 函数及输入不完备的 AND 函数分别生成对应设计的 $X_i Y_i$ 和 $X_i Y_j$ 部分积，其中 $i \neq j$）。为了创建输入完备但不可观测的故障乘法器，随机选择一个半加器 (HA)，并用不可观测的 XOR 函数替换 HA 中的 XOR 函数，生成半加器的和［即图 15.1(d) 中的两个 TH24comp 门］，如图 15.5 所示。为了检查宽松电路的可观测性，还使用了 ISCAS-85 C432 基准的 M1 模块[21]，生成 PA 的 9 输入 NAND 函数实现为：两个宽松且输入不完备的 4 输入 AND 函数，后接一个输入完备的 2 输入 AND 函数，然后接一个输入完备的 2 输入 NAND 函数，如图 15.6 所示。为了实现输入完备但不可观测的故障乘法器，可以宽松化图 15.6 中的 2 输入 AND 函数或 2 输入 NAND 函数的 4 个门之一。报告中的电路测试时间反映了每个门的可观测性测试时间，即使前面的门

是不可观测的(对于后面的门,也会测试其可观测性)。因此,检测故障电路的时间会小于或等于报告的时间,因为一旦识别出不可观测的门,其余的门将不再需要测试。Z3 将报告所有的故障及相应反例。

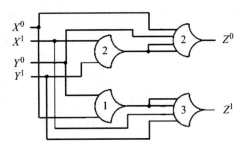

图 15.5　不可观测的 XOR 函数

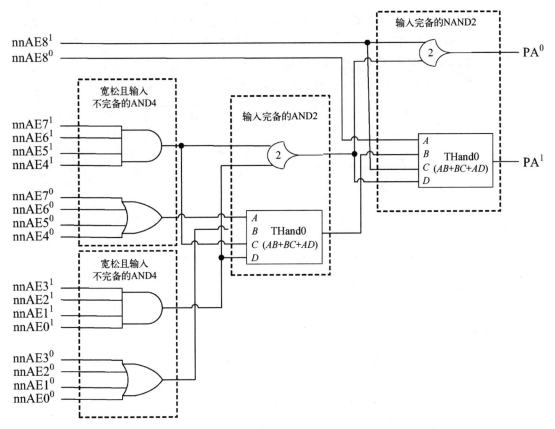

图 15.6　ISCAS-85 C432 基准的 M1 模块的 9 输入 NAND 函数,可生成 PA

15.4 NCL 时序电路的等价性验证

如 15.3.1 节所述，我们的等价性验证方法被证明是针对 C/L NCL 电路的一种快速且可扩展的方法。因此，本节扩展了该方法以验证 NCL 时序电路的安全性和活性。由于数据通路的反馈机制，NCL 时序电路更复杂。

我们以无符号乘法累加器(MAC)电路为例来描述这种方法。图 15.7(a) 给出了一种同步 MAC，其中 $A' = A + X \times Y$；图 15.7(b) 给出了等价的 NCL 版本。用于 NCL 电路的四相 QDI 握手协议要求在包含 N 个 DATA 令牌的反馈环路中至少有 $2N+1$ 个 NCL 寄存器，以避免死锁[12]。

因此，MAC 反馈回路中至少需要 3 个 NCL 寄存器以避免死锁，如图 15.7(b) 所示。虽然同步 MAC 和 NCL MAC 看起来很相似，但它们在结构上差异很大。同步寄存器用时钟定时，而 NCL 中的交替 DATA/NULL 变迁需要通过 C 单元和明确定义的握手系统来维持。Ki 和 Ko 分别是外部请求输入和应答输出。

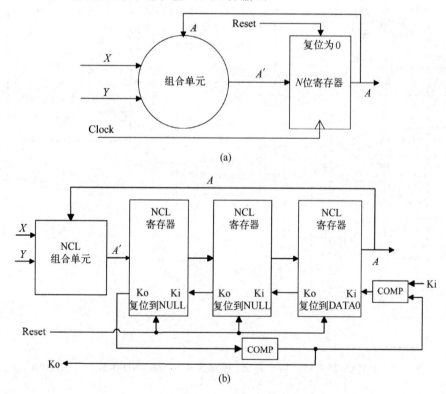

图 15.7　MAC 电路：(a)同步版本；(b)NCL 版本

　　图 15.8 显示了 $4 + 2 \times 2$ 架构的 NCL MAC 的数据通路，反馈回路中有两个 C/L 层级和 4 个寄存器（注意，与使用最低要求的 3 个寄存器相比，在反馈回路中包含第 4 个寄存器会增加吞吐量，因为这样可以令 DATA 和 NULL 对更独立地传递[12]）。$(xi1, xi0)$ 和 $(yi1, yi0)$ 分别是输入 xi 和 yi 的数据位。xi 和 yi 的乘积将加上 4 位累加器的输出 acci，其中 acci3 和 acci0 分别是最高有效位（MSB）和最低有效位（LSB）。图 15.8 所示的所有信号均为双轨信号。HA 和 FA 分别是 NCL 版本的半加器和全加器部件，见图 15.1（d）和（e）。FA 是无进位输出的全加器；因此，它利用两个 2 输入 NOR 函数来计算输出和，NOR 函数由两个 TH24comp 门组成［与图 15.1（d）中所示的 HA 输出和是一样的］。图 15.8 中用深灰色显示的部件是 NCL 寄存器。

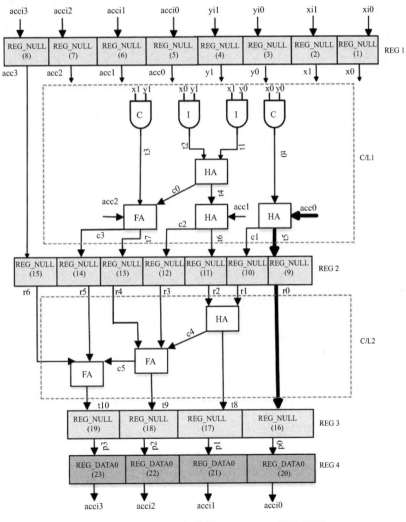

图 15.8　$4 + 2 \times 2$ 架构的 NCL MAC 数据通路

图 15.9(a)给出了 $4+2\times2$ 架构的 NCL MAC 网表，其结构与 15.3.1 节所述的相同。前两行分别为电路输入和输出，第 3～38 行表示 NCL 阈值门，第 39～61 行表示 NCL 寄存器，第 62～69 行表示握手电路中使用的 C 单元。

(a)

```
 1. xi0_0,xi0_1,xi1_0,xi1_1,yi0_0,yi0_1,yi1_0,yi1_1
 2. acci0_0,acci0_1,acci1_0,acci1_1,...,acci3_0,acci3_1
 3. th22     x0_1,y0_1  t0_1
 4. thand0   y0_0,x0_0,y0_1,x0_1  t0_0
 5. th12     x1_0,y0_0  t1_0
 6. th22     x1_1,y0_1  t1_1
 7. th12     x0_0,y1_0  t2_0
 8. th22     x0_1,y1_1  t2_1
 9. th12     x1_0,y1_0  t3_0
10. th22     x1_1,y1_1  t3_1
11. th24comp t2_0,t1_1,t1_0,t2_1  t4_0
12. th24comp t2_0,t1_0,t2_1,t1_1  t4_1
13. th12     t2_0,t1_0  c0_0
14. th22     t1_1,t2_1  c0_1
15. th24comp acc0_0,t0_1,t0_0,acc0_1  t5_0
16. th24comp acc0_0,t0_0,acc0_1,t0_1  t5_1
17. th12     acc0_0,t0_0  c1_0
18. th22     t0_1,acc0_1  c1_1
19. th24comp acc1_0,t4_1,t4_0,acc1_1  t6_0
20. th24comp acc1_0,t4_0,acc1_1,t4_1  t6_1
21. th12     acc1_0,t4_0  c2_0
22. th22     t4_1,acc1_1  c2_1
23. th23     t3_0,acc2_0,c0_0  c3_0
24. th23     t3_1,acc2_1,c0_1  c3_1
25. th34w2   c3_1,t3_0,acc2_0,c0_0  t7_0
26. th34w2   c3_0,t3_1,acc2_1,c0_1  t7_1
27. th24comp r1_0,r2_1,r2_0,r1_1  t8_0
28. th24comp r1_0,r2_0,r1_1,r2_1  t8_1
29. th12     r1_0,r2_0  c4_0
30. th22     r2_1,r1_1  c4_1
31. th23     r4_0,r3_0,c4_0  c5_0
32. th23     r4_1,r3_1,c4_1  c5_1
33. th34w2   c5_1,r4_0,r3_0,c4_0  t9_0
34. th34w2   c5_0,r4_1,r3_1,c4_1  t9_1
35. th24comp r5_0,r6_1,r6_0,r5_1  c6_0
36. th24comp r5_0,r6_0,r5_1,r6_1  c6_1
37. th24comp c5_0,c6_1,c6_0,c5_1  t10_0
38. th24comp c5_0,c6_0,c5_1,c6_1  t10_1
39. Reg_NULL 1 xi0_0 xi0_1 KO1 ko1  x0_0,x0_1
40. Reg_NULL 1 xi1_0,xi1_1 KO2 ko2  x1_0,x1_1
41. Reg_NULL 1 yi0_0 yi0_1 KO2 ko3  y0_0 y0_1
42. Reg_NULL 1 yi1_0 yi1_1 KO2 ko4  y1_0 y1_1
43. Reg_NULL 1 acci0_0 acci0_1 KO2 ko5  acc0_0 acc0_1
44. Reg_NULL 1 acci1_0 acci1_1 KO2 ko6  acc1_0 acc1_1
45. Reg_NULL 1 acci2_0 acci2_1 KO2 ko7  acc2_0 acc2_1
46. Reg_NULL 1 acci3_0 acci3_1 KO2 ko8  acc3_0 acc3_1
47. Reg_NULL 2 t5_0 t5_1 ko16 ko9  r0_0 r0_1
48. Reg_NULL 2 c1_0 c1_1 KO3 ko10 r1_0 r1_1
49. Reg_NULL 2 t6_0 t6_1 KO3 ko11 r2_0 r2_1
50. Reg_NULL 2 c2_0 c2_1 KO3 ko12 r3_0 r3_1
51. Reg_NULL 2 t7_0 t7_1 KO3 ko13 r4_0 r4_1
52. Reg_NULL 2 c3_0 c3_1 KO3 ko14 r5_0 r5_1
53. Reg_NULL 2 acc3_0 acc3_1 KO3 ko15 r6_0 r6_1
54. Reg_NULL 3 r0_0 r0_1 ko20 ko16 p0_0 p0_1
55. Reg_NULL 3 t8_0 t8_1 ko21 ko17 p1_0 p1_1
56. Reg_NULL 3 t9_0 t9_1 ko22 ko18 p2_0 p2_1
57. Reg_NULL 3 t10_0 t10_1 ko23 ko19 p3_0 p3_1
58. Reg_DATA0 4 p0_0 p0_1 KO4 ko20 acci0_0 acci0_1
59. Reg_DATA0 4 p1_0 p1_1 KO5 ko21 acci1_0 acci1_1
60. Reg_DATA0 4 p2_0 p2_1 KO6 ko22 acci2_0 acci2_1
61. Reg_DATA0 4 p3_0 p3_1 KO7 ko23 acci3_0 acci3_1
62. C4 ko9,ko10,ko11,ko12 KO1
63. C4 ko13,ko14,ko15,KO2
64. C3 ko17,ko18,ko19 KO3
65. C2 Ki,ko5 KO4
66. C2 Ki,ko6 KO5
67. C2 Ki,ko7 KO6
68. C2 Ki,ko8 KO7
69. C4 ko1,ko2,ko3,ko4  KO
```

(b)

```
 1. xi0_1,xi1_1,yi0_1,yi1_1
 2. acci0_0,acci0_1,acci1_0,acci1_1,...,acci3_0,acci3_1
 3. not      xi0_1  xi0_0
 4. not      yi0_1  yi0_0
 5. not      xi1_1  xi1_0
 6. not      yi1_1  yi1_0
 7. th12     xi0_0,yi0_0  t0_0
 8. th22     xi0_1,yi0_1  t0_1
 9. th12     xi1_0,yi0_0  t1_0
10. th22     xi1_1,yi0_1  t1_1
11. th12     xi0_0,yi1_0  t2_0
12. th22     xi0_1,yi1_1  t2_1
13. th12     x1_0,y1_0  t3_0
14. th22     x1_1,y1_1  t3_1
15. th24comp t2_0,t1_1,t1_0,t2_1  t4_0
16. th24comp t2_0,t1_0,t2_1,t1_1  t4_1
17. th12     t2_0,t1_0  c0_0
18. th22     t1_1,t2_1  c0_1
19. th24comp acci0_0,t0_1,t0_0,acci0_1  t5_0
20. th24comp acci0_0,t0_0,acci0_1,t0_1  t5_1
21. th12     acci0_0,t0_0  c1_0
22. th22     t0_1,acci0_1  c1_1
23. th24comp acci1_0,t4_1,t4_0,acci1_1  t6_0
24. th24comp acci1_0,t4_0,acci1_1,t4_1  t6_1
25. th12     acci1_0,t4_0  c2_0
26. th22     t4_1,acci1_1  c2_1
27. th23     t3_0,acci2_0,c0_0  c3_0
28. th23     t3_1,acci2_1,c0_1  c3_1
29. th34w2   c3_1,t3_0,acci2_0,c0_0  t7_0
30. th34w2   c3_0,t3_1,acci2_1,c0_1  t7_1
31. th24comp c1_0,t6_1,t6_0,c1_1  t8_0
32. th24comp c1_0,t6_0,c1_1,t6_1  t8_1
33. th12     c1_0,t6_0  c4_0
34. th22     t6_1,c1_1  c4_1
35. th23     t7_0,c2_0,c4_0  c5_0
36. th23     t7_1,c2_1,c4_1  c5_1
37. th34w2   c5_1,t7_0,c2_0,c4_0  t9_0
38. th34w2   c5_0,t7_1,c2_1,c4_1  t9_1
39. th24comp c3_0,acci3_1,acci3_0,c3_1  c6_0
40. th24comp c3_0,acci3_0,c3_1,acci3_1  c6_1
41. th24comp c5_0,c6_1,c6_0,c5_1  t10_0
42. th24comp c5_0,c6_0,c5_1,c6_1  t10_1
43. Reg_0 t5_0 t5_1 acci0_0 acci0_1
44. Reg_0 t8_0 t8_1 acci1_0 acci1_1
45. Reg_0 t9_0 t9_1 acci2_0 acci2_1
46. Reg_0 t10_0 t10_1 acci3_0 acci3_1
```

图 15.9　(a) $4+2\times2$ 架构的 NCL MAC 网表；(b)等价同步网表

15.4.1　安全性

安全验证需要两个步骤。首先，我们将 NCL 时序电路转化成等价的同步电路。基于 WEB 精化理论[2]，比较 NCL 电路生成的同步网表与原始同步规约，作为正确性验证的基础。我们不直接使用 NCL 电路，而是将 WEB 精化应用于生成的等价同步电路的主要优点是：与 NCL 电路相比，同步电路的确定性更高，这使得验证时间更快。生成的同步电路、同步规约电路和 WEB 精化性质都自动编码为 SMT-LIB 语言，然后使用 SMT 求解器检测生成的等价性质。其次，我们检查每个 C/L 层级的不变性，这与 15.3.2 节讨论的相同。

转换所获网表(NCL-SYNC)如图 15.9(b)所示。NCL 时序电路的转换算法与 15.3.1 节所述的组合逻辑 (C/L) NCL 电路的转换算法稍有不同，因为 NCL 时序电路包含 reset-to-DATA 寄存器，这种寄存器被替换为 2 位可复位同步寄存器，每比特对应 NCL 双轨寄存器的一条轨。与 C/L NCL 电路一样，NCL-SYNC 消除了全部的 reset-to-NULL 寄存器、握手信号和 C 单元；同时全部 NCL 组合逻辑门都替换为相应的宽松(即布尔)门。

接下来必须对照同步规约(SPEC-SYNC)网表验证其与 NCL-SYNC 网表的等价性。验证 C/L NCL 电路时，可以将电路功能描述为布尔函数。然而，由于时序电路涉及状态和变迁，我们使用变迁系统(TS)这种形式化模型来对 NCL-SYNC 网表和 SPEC-SYNC 网表进行行为建模。WEB 精化理论[2]定义了实现电路的 TS(实现 TS)在功能上等价于规约电路的 TS(规约 TS)的含义。因此，我们使用 WEB 精化理论验证时序电路的等价性。

WEB 精化理论允许实现 TS 和规约 TS 之间有卡顿(stutter)。这意味着实现 TS 中有限的多个变迁匹配规约 TS 中的单个变迁。秩函数(将电路状态映射为自然数的函数)用于区分有限卡顿和死锁(无限卡顿)。WEB 精化的另一个特点是使用精化映射，此函数用于实现 TS 状态映射到规约 TS 状态。精化映射允许在不同的抽象级别上描述实现和规约。但是由于 NCL-SYNC 的 rail^1 寄存器会一对一地映射到 SPEC-SYNC 的寄存器，因此这两个 TS 之间不存在任何卡顿。精化是实现 TS 状态的 rail^1 寄存器到规约 TS 状态的寄存器的投影。因此，验证 WEB 精化所需的正确性证明法则可以简化为图 15.10，其中 s 是 NCL-SYNC 状态；u 是从状态 s 的 rail^1 寄存器投影所得的 SPEC-SYNC 状态；Step$_{SYNC\_NCL}$ 和 Step$_{SYNC\_SPEC}$ 分别对应于单步运行 NCL-SYNC 电路和 SPEC-SYNC 电路的函数；w 是从状态 s 单步运行 NCL-SYNC 电路获得的状态；v 是从状态 u 单步运行 SPEC-SYNC 电路获得的状态。证明法则声明：如果对于 NCL-SYNC 电路的每个状态 s，w 状态的 rail^1 寄存器的对应投影值与 v 状态的相应寄存器的值相等，则两个电路在功能上是等价的。该证明法则可以用 SMT-LIB 语言编码，如 PO7 中所示，并使用 SMT 求解器来验证。

PO7: $\{\forall s :: s \, 2 \, S_{\text{SYNC\_NCL}} ::$

$[u = \text{Reg\_Proj}(s) \wedge w = \text{Step}_{\text{SYNC\_NCL}}(s) \wedge v = \text{Step}_{\text{SYNC\_SPEC}}(u)]$

$\Rightarrow \text{Reg\_Proj}(w) = v\}.$

验证功能等价性后，还必须检查每个 C/L 级的 rail^0 输出，以确保安全性，详见 15.3.2 节。请注意，对于包含数据通路反馈的时序电路，第一种同时检测整个电路的不变性方法将不起作用；因此，第二种针对每层级电路的更快的方法将用于检测不变性。

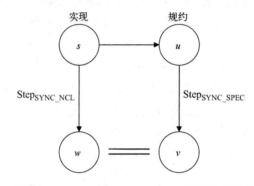

图 15.10   检测 NCL-SYNC 和 SPEC-SYNC 网表等价性的证明法则

15.4.2   活性

图 15.11 描述了 4 + 2 × 2 架构的 NCL MAC 的握手连接。输入寄存器 REG 1 使用整字完备性检测电路来生成单个 Ko。REG 1 和 REG 2 之间也使用整字完备性检测电路，因为比特位完备性检测电路与整字的延迟相同，但是需要更多的面积。在 REG 2 和 REG 3 之间使用部分比特位完备性检测电路，因为完全比特位完备性检测电路的延迟一样，但需要的面积更大。REG 3 和 REG 4 之间采用比特位完备性检测电路，对于输出寄存器 REG 4 也一样。NCL 时序电路的握手机制检测本质上与 15.3.3 节所述的 C/L NCL 电路的握手机制检测相同。唯一增加的是计算反馈寄存器的层级数，该数要么与共用其 Ki 输入的其他寄存器的层级数相同，要么如果不共用 Ki 输入，而且是此层级的前序相邻层级，则此层级数应比前序相邻寄存器的层级数多 1。对于图 15.11 中的 MAC 示例，反馈寄存器 5～8 将被分配为层级 1，因为它们与同属于层级 1 的寄存器 1～4 共用 Ki 输入；反馈寄存器 15 将被分配为层级 2，因为它与层级 2 的寄存器 9～14 共用 Ki 输入。图 15.12 已给出 4 + 2 × 2 架构的 NCL MAC 中每个寄存器的 reg_fanin 和 ko_fanout 列表。

在验证握手正确性后，还必须使用 15.3.4 节和 15.3.5 节详述的方法分别检查每层级 C/L 电路的输入完备性和可观测性，以保证活性。

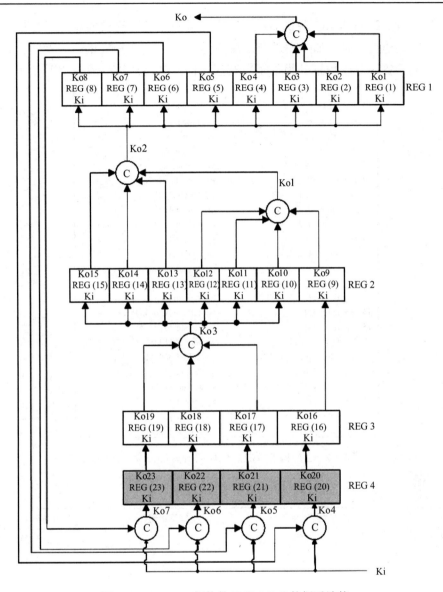

图 15.11　4+ 2×2 架构的 NCL MAC 的握手连接

15.4.3　NCL 时序电路的验证结果

NCL 时序电路的验证结果包括功能等价性和握手机制检测，如表 15.6 所示。由于 NCL 组合电路和 NCL 时序电路的不变性、输入完备性和可观测性检测和前述完全相同，因此这些结果不包含在表 15.6 中。测试电路包括多个 MAC 部件和一个 ISCAS-89 基准电路，即 s27。MAC 部件表示为 $A + M \times N$，其中 A、M 和 N 分别表示累加器、被乘数和乘法器的长度。针对 MAC 测试的故障类型与针对乘法器测试的相同，并且使用同一台机器执行时序电路验证，如 15.3.3 节末尾所述。Z3 报告了所有的故障及相应反例，我们的握手机制检测工具也识别并报告了所有注入的完备性逻辑故障的位置。

```
 1: reg_fanin: 0                      ko_fanout: 0
 2: reg_fanin: 0                      ko_fanout: 0
 3: reg_fanin: 0                      ko_fanout: 0
 4: reg_fanin: 0                      ko_fanout: 0
 5: reg_fanin: [20]                   ko_fanout: [20]
 6: reg_fanin: [21]                   ko_fanout: [21]
 7: reg_fanin: [22]                   ko_fanout: [22]
 8: reg_fanin: [23]                   ko_fanout: [23]
 9: reg_fanin: [1, 3, 5]              ko_fanout: [1, 2, 3, 4, 5, 6, 7, 8]
10: reg_fanin: [1, 3, 5]              ko_fanout: [1, 2, 3, 4, 5, 6, 7, 8]
11: reg_fanin: [1, 2, 3, 4, 6]        ko_fanout: [1, 2, 3, 4, 5, 6, 7, 8]
12: reg_fanin: [1, 2, 3, 4, 6]        ko_fanout: [1, 2, 3, 4, 5, 6, 7, 8]
13: reg_fanin: [1, 2, 3, 4, 7]        ko_fanout: [1, 2, 3, 4, 5, 6, 7, 8]
14: reg_fanin: [1, 2, 3, 4, 7]        ko_fanout: [1, 2, 3, 4, 5, 6, 7, 8]
15: reg_fanin: [8]                    ko_fanout: [1, 2, 3, 4, 5, 6, 7, 8]
16: reg_fanin: [9]                    ko_fanout: [9]
17: reg_fanin: [10, 11]               ko_fanout: [10, 11, 12, 13, 14, 15]
18: reg_fanin: [10, 11, 12, 13]       ko_fanout: [10, 11, 12, 13, 14, 15]
19: reg_fanin: [10, 11, 12, 13, 14, 15]  ko_fanout: [10, 11, 12, 13, 14, 15]
20: reg_fanin: [16]                   ko_fanout: [16]
21: reg_fanin: [17]                   ko_fanout: [17]
22: reg_fanin: [18]                   ko_fanout: [18]
23: reg_fanin: [19]                   ko_fanout: [19]
```

图 15.12　4 + 2 × 2 架构的 NCL MAC 的 reg_fanin 和 ko_fanout 列表

表 15.6　NCL 时序电路的验证结果

电　　路	功能性检测(s)	握手检测(s)	总时间(s)
ISCAS s27	0.01	0.0019	0.0119
4 + 2 × 2 MAC	0.01	0.0045	0.0145
8 + 4 × 4 MAC	0.05	0.7852	0.8352
12 + 6 × 6 MAC	0.77	2.331	3.101
16 + 8 × 8 MAC	47.55	21.7411	69.291 1
20 + 10 × 10 MAC	2643.99	163.6463	2807.6363
20 + 10 × 10 MAC−B1	0.11 (B)	163.6463	163.7563
20 + 10 × 10 MAC−B2	0.13 (B)	163.6463	163. 7763
20 + 10 × 10 MAC−B3	2643.99	169.8422 (B)	2813.8322
20 + 10 × 10 MAC−B4	2643.99	159.3253 (B)	2803.3153
20 + 10 × 10 MAC−B5	0.20 (B)	163.6463	163.8463

15.5 结论和展望

本章介绍了一种用于形式化验证组合和 NCL 时序电路的正确性（安全性及活性）的新方法，包括针对握手正确性、rail^1 和 rail^0 输出的功能正确性的验证方法，以及确保 NCL C/L 电路、流水线层级的输入完备性和可观测性的检测方法，这是所有定时场景下正确操作所必需的。本章所提出的方法既适用于迟滞型 NCL 电路，也可用于宽松 NCL 电路，当输入完备性和/或可观测性不需要迟滞时，可以将 NCL 迟滞门替换为等价的布尔门。

该验证方法的框架也可应用于其他 QDI 方案，如 MTNCL 和 PCHB。对于多阈值归零逻辑（MTNCL）而言，功能验证和不变性检测方法基本上与 NCL 的相同，但握手机制检测略有不同[22]。此外，MTNCL 电路不需要输入完备性或可观测性，因此也不用检测这些性质。对于 PCHB，握手机制检测基本上与 NCL 的相同，但功能检测方法略有不同[11]。由于 PCHB 门由双轨输入和输出组成，因此不需要进行不变性、输入完备性和可观测性检测，这些检测由基本 PCHB 门自身进行。

参考文献

[1] V. Wijayasekara, S.K. Srinivasan, and S.C. Smith, "Equivalence verification for NULL Convention Logic (NCL) circuits," *32nd IEEE International Conference on Computer Design* (ICCD), pp. 195–201, October 2014.

[2] P. Manolios, "Correctness of pipelined machines," in *FMCAD 2000*, ser. LNCS, W.A. Hunt, Jr. and S.D. Johnson, Eds., vol. 1954, Springer, New York, 2000, pp. 161–178.

[3] D. Monniaux, "A survey of Satisfiability Modulo Theory".

[4] C.W. Moon, P.R. Stephan, and R.K. Brayton, "Specification, synthesis, and verification of hazard-free asynchronous circuits," *Journal of VLSI Signal Processing* (1994) 7(1): 85–100.

[5] C.J. Myers, *Asynchronous Circuit Design*. New York: Wiley, 2001.

[6] A. Semenov and A. Yakovlev, "Verification of asynchronous circuits using time Petri net unfolding," *33rd Design Automation Conference*, Las Vegas, NV, USA, 1996, pp. 59–62.

[7] F. Verbeek and J. Schmaltz, "Verification of building blocks for asynchronous circuits," in *ACL2*, ser. EPTCS, R. Gamboa and J. Davis, Eds., vol. 114, 2013, pp. 70–84.

[8] A. Peeters, F. te Beest, M. de Wit, and W. Mallon, "Click elements: An implementation style for data-driven compilation," *IEEE Symposium on Asynchronous Circuits and Systems*, Grenoble, France, 2010, pp. 3–14.

[9] S.K. Srinivasan and R.S. Katti, "Desynchronization: design for verification," *FMCAD*, Austin, TX, 2011, pp. 215–222.

[10] A.A. Sakib, S.C. Smith, and S.K. Srinivasan, "Formal modeling and verification for pre-charge half buffer gates and circuits," *60th IEEE International Midwest Symposium on Circuits and Systems*, Boston, MA, 2017, pp. 519–522.

[11] A.A. Sakib, S.C. Smith, and S.K. Srinivasan, "An equivalence verification methodology for combinational asynchronous PCHB circuits," *61st IEEE International Midwest Symposium on Circuits and Systems*, Windsor, ON, Canada, 2018, pp. 767–770.

[12] S.C. Smith and J. Di, "Designing asynchronous circuits using NULL Convention Logic (NCL)," in *Synthesis Lectures on Digital Circuits and Systems*, Morgan & Claypool Publishers, San Rafael, CA, vol. 4/1, July 2009.

[13] C. Jeong and S.M. Nowick, "Optimization of robust asynchronous circuits by local input completeness relaxation," *Asia and South Pacific Design Automation Conference*, Jan. 2007, pp. 622–627.

[14] A. Kondratyev, L. Neukom, O. Roig, A. Taubin, and K. Fant, "Checking delay-insensitivity: 10^4 gates and beyond," *8th International Symposium on Asynchronous Circuits and Systems*, April 2002, pp. 149–157.

[15] L.M. de Moura and N. Bjørner, "Z3: An efficient SMT solver," *in TACAS*, ser. Lecture Notes in Computer Science, C.R. Ramakrishnan and J. Rehof, Eds., vol. 4963, Springer, New York, 2008, pp. 337–340.

[16] D. Bryan, "The ISCAS '85 benchmark circuits and netlist format".

[17] C.L. Seitz, "System timing," in *Introduction to VLSI Systems*, Boston, MA, USA: Addison Wesley Longman Publishing Co., Inc., 1979, pp. 218–262.

[18] "ISCAS-85 c432 27-channel interrupt controller".

[19] S.C. Smith, R.F. DeMara, J.S. Yuan, D. Ferguson, and D. Lamb, "Optimization of null convention self-timed circuits," *Integr. VLSI J.* (2004) 37(3): 135–165.

[20] "ISCAS-85 c432 27-channel interrupt controller Module M3".

[21] "ISCAS-85 c432 27-channel interrupt controller Module M1".

[22] M. Hossain, A.A. Sakib, S.K. Srinivasan, and S.C. Smith, "An equivalence verification methodology for asynchronous sleep convention logic circuits," *IEEE International Symposium on Circuits and Systems*, May 2019.

第16章 总 结

本章作者：Jia Di[1]，Scott C. Smith[2]

异步逻辑已经发展了50余年；但到目前为止，同步电路已经足以满足行业需求，因此异步电路主要用于细分市场和研究领域。然而，最近半导体技术的不断进步和新出现的商业需求已经引起了异步电路投资的复苏。本书重点介绍的若干应用中，异步电路因其一个或多个优点而优于同步电路，例如无时钟树、灵活的定时、健壮的操作、提升的性能、高能效、高模块化和可扩展性，以及低噪声和低电磁性。请注意，本书并没有列举出异步电路适用的所有应用；除了本书涵盖的主题，学术界和工业界正在研究新的应用，包括使用新兴器件设计的健壮的数字电路。

为了促进异步电路的发展和更广泛的行业应用，需要解决一系列挑战。商业级自动化设计流程，包括逻辑综合、形式化验证和测试，是最紧迫的需求之一。有了这样的设计流程，异步IC就可以很容易地从RTL等高级描述中生成，就像目前的同步电路一样，从而减轻了设计人员对异步设计细节和优化的负担，减少了设计工作量，缩短了设计时间、上市时间，并提高了设计质量/可靠性。另一个至关重要的挑战是异步设计工程师的培养。越来越多的行业期待更多了解异步逻辑的IC设计工程师，希望他们熟知异步电路的优缺点，以及何时何地可以利用异步逻辑而使他们的产品受益。

异步逻辑研究社区一直在积极尝试解决这些挑战。在开发自动化异步电路设计工具方面已经进行了许多努力，本书介绍了其中的一些；异步IC设计已纳入各类大学的本科生和研究生的课程中。比如美国耶鲁大学的EENG426/CPSC459/ENAS876硅编译（silicon compilation）课程，这是使用异步设计技术将计算编译成数字电路的高级课程。该课程的重点是在不确定的门和导线延迟下，如何通过程序实现电路综合。相关的主题包括实现并发程序的电路、延迟非敏感的设计技术、从程序综合为电路的方法、定时分析和性能优化、流水线化，以及复杂异步设计的案例研究。基于课程中的异步IC设计流程，学生

---

[1] Computer Science and Computer Engineering Department, University of Arkansas, Fayetteville, AR, USA

2 Department of Electrical Engineering and Computer Science, Texas A&M University-Kingsville, Kingsville, TX, USA

使用 QDI 和 BD 逻辑，可以从 RTL 代码一直学到异步芯片流片。其他课程实例还包括美国南加州大学的 EE552 异步 VLSI 设计、丹麦技术大学的 02204 异步电路设计、美国犹他州大学的 ECE/CS 5960/6960 相对定时的异步设计、美国北达科他州立大学的 ECE 475/773 高级数字设计和美国阿肯色大学的 CSCE4233 低功耗数字系统。

根据过去近 20 年的半导体行业趋势，国际半导体技术路线图预测，在价值巨大的半导体行业中，异步电路的使用将持续增加。在学术界继续研发新的异步设计技术及吸纳兼具同异步设计能力的工程师的同时，工业界，尤其是 EDA 公司的投资增加，将进一步加快异步逻辑被纳入商业 IC 的速度，有利于探索出更适合异步逻辑实现的应用场景。